Deniz Güney

Planda düzensiz yapıların deprem etkisi altındaki dinamik davranışı

AF881118

Deniz Güney

Planda düzensiz yapıların deprem etkisi altındaki dinamik davranışı

Türkiye Alim Kitapları

Impressum / Künye
Bibliografische Information der Deutschen Nationalbibliothek: Die Deutsche Nationalbibliothek verzeichnet diese Publikation in der Deutschen Nationalbibliografie; detaillierte bibliografische Daten sind im Internet über http://dnb.d-nb.de abrufbar.
Alle in diesem Buch genannten Marken und Produktnamen unterliegen warenzeichen-, marken- oder patentrechtlichem Schutz bzw. sind Warenzeichen oder eingetragene Warenzeichen der jeweiligen Inhaber. Die Wiedergabe von Marken, Produktnamen, Gebrauchsnamen, Handelsnamen, Warenbezeichnungen u.s.w. in diesem Werk berechtigt auch ohne besondere Kennzeichnung nicht zu der Annahme, dass solche Namen im Sinne der Warenzeichen- und Markenschutzgesetzgebung als frei zu betrachten wären und daher von jedermann benutzt werden dürften.

Deutsche Nationalbibliothek tarafından yayınlanan bibliyografik bilgiler: Deutsche Nationalbibliothek, bu yayını Deutsche Nationalbibliografie'de listeler; detaylı bibliyografik bilgi İnternet'te http://dnb.d-nb.de sitesinde mevcuttur.
Bu kitapta bahsedilen herhangi bir marka ve ürün adı, tescilli marka, marka veya patent korumasına tabidir ve ilgili sahiplerin ticari veya tescilli markalarıdır. Marka, ürün, ortak ve ticari adların, ürün açıklamalarının v.s. işbu eserde özel işaretleme olmadan bile kullanılması, bu çeşit adların, tescilli marka ve marka korunması kanunu açısından kısıtlanmamış ve böylece herkes tarafından kullanılabilir olarak hiç bir şekilde yorumlanamaz.

Coverbild / Kitap kapağı resmi: www.ingimage.com

Verlag / Yayıncı:
Türkiye Alim Kitapları
ist ein Imprint der / yayınevinin bir ticari markasıdır
OmniScriptum GmbH & Co. KG
Bahnhofstraße 28, 66111 Saarbrücken, Deutschland / Almanya
Email / E-posta: info@turkiye-alim-kitaplary.com

Herstellung: siehe letzte Seite /
Basım yeri: son sayfaya bakın
ISBN: 978-3-639-81198-8

Copyright / Telif hakkı © 2016 OmniScriptum GmbH & Co. KG
Alle Rechte vorbehalten. / Her hakkı saklıdır. Saarbrücken 2016

İÇİNDEKİLER

KISALTMALAR

ABBYYHY	: Afet bölgelerinde Yapılacak Yapılar Hakkında Yönetmelik
ACI	: American Concrete Institute
ASCE	: American Society of Civil Engineers
BST	: Burulma sonuç yüzeyi
CEB	: Committee en Euro-International
CSMIP	: California Strong Motion Instrumentation Program
DD	: Süneklik gereksinimi
EDD	: Elastik süneklik gereksinimi
EERC	: Earthquake Engineering Research Center
EMP	: Elastik mükemmel plastik
KEY	: Elastik veya plastik yer değiştirme kodları
KM	: Kütle merkezi
NBCC	: National Building Code of Canada and Supplement
N-S	: Kuzey güney doğrultusu
PC	: Plastic Center
PDD	: En yüksek süneklik gereksinimi
PM	: Plastik merkez
RM	: Rijitlik merkezi
SAP2000	: Structural Analysis Program 2000
SST	: Kat kesme kuvveti ve taban burulması yüzeyi
TU	: Burulması dengelenmemiş
UBC	: Uniform Building Code

SEMBOL LİSTESİ

α, β, γ	: Yönetmelik katsayıları
a	: Plandaki enine doğrultudaki uzunluk olmak
α, β	: Rayleigh sönüm oranı katsayıları
A_d	: Duvar eşdeğer bant alanı
$a_{g\theta}(t)$	: Deprem ivmesinin burulma bileşeni
a_{g1} (t), a_{g2} (t)	: 1. ve 2. akselorometrelerden alınan ivme yatay ivme kayıtları
b	: Yapının kuvvetli yer hareketine dik doğrultudaki plan boyutu
c	: Sönüm matrisi
c_x, c_y, c_θ	: Sönüm bileşenleri
d	: Elemanların birbirine uzaklıkları
DI	: Duvar kümülatif hasar parametresi
Δt	: Zaman farkı
e^*	: Dış merkezlik oranı
e^{At}	: Durum geçiş matrisi
E_d	: Duvar Elastisite modülü
e_d	: Tasarım dış merkezliği
e_p	: Yapı dayanım dış merkezliği
e_{pl}	: Plastik dış merkezlik
e_s	: Statik dış merkezlik
ε_m	: Duvar şekil değiştirmesi
ε_y	: Akma şekil değiştirmesi
ξ	: Sönüm oranı
f'_m	: Duvar prizma kesiti dayanımı
f_{ckd}	: Karakteristik duvar dayanımı
$F_e(t)$	: Dış kuvvet vektörü
f_s	: Kütle merkezinde yanal kuvvet
f_{SA}, f_{SB}, f_{SC},	: A, B, C çerçevelerine etkiyen yatay kuvvet
$f_x(i)$	: i. elemanın x doğ. kesme kuvveti dayanımı
F_y	: Akma kesme kuvveti
$f_y(i)$	: i. elemanın y doğ. kesme kuvveti dayanımı
$I_{\theta m}$	: Kat plağı polar atalet momenti
I_o	: Kat döşemesinin düşeyden geçen z ekseni etrafındaki atalet momenti
k	: Rijitlik matrisi
$k_{\theta\theta}$	: Kat burulma rijitliği
K_d	: Duvar başlangıç rijitliği
k_x	: Katın x doğ. yatay rijitliği
k_{xA}, k_{xB}, k_{xC}	: A, B, C çerçevelerinin yatay rijitliği
k_{xi}	: i. eleman x doğ. rijitliği
k_y	: Katın y doğ. yatay rijitliği

k_{yi}	: i. eleman x doğ. rijitliği
l_d	: Duvar eşdeğer bant boyu
m	: Kütle
M_y	: Akma momenti
μ_c	: Monotonik süneklik kapasitesi
μ_i	: i. eleman süneklik parametresi
N	: Kat sayısı
Ω	: Burulma frekansının yatay frekansa oranı
P_{eff}	: Efektif kuvvet
R	: Kuvvet azaltma parametresi (süneklik)
Rc	: Basınç için akmaya sebep olan kuvvet
Rt	: Çekme için akmaya sebep olan kuvvet
S_{p1}, S_{p2}	: Yük taşıma azalma hızını kontrol eden parametreler
T_θ	: Yapının burulma periyodu
t_0	: Başlangıç anı
T_0	: Kat burulma kapasitesi
T_1	: Ortogonal doğrultudaki taşıyıcı elemanların burulma kapasitesi
T_x, T_y	: Yapının x ve y yatay doğrultularındaki periyodu
θ, γ, β	: Wilson θ yöntemi katsayıları
$\ddot{\theta}_k(t)$	: Düşey eksen etrafında oluşan depremin dönme bileşeni
u	: Yer değiştirme matrisi
u_g''	: Yer hareketi
u_x, u_y	: Yapının x ve y yatay doğrultularındaki yer değiştirmesi
u_θ	: Yapının burulma dönmesi
$\ddot{u}_{g\theta}(t)$	: Depremin burulma bileşeni
$\ddot{u}_{gx}(t)$, $\ddot{u}_{gy}(t)$	: Deprem yer titreşiminin bileşenlerini x, y eksenlerindeki bileşenleri
$\ddot{u}_x^t$, $\ddot{u}_y^t$, $\ddot{u}_\theta^t$	: Kütle merkezindeki x, y ve θ doğrultularındaki ivme bileşenleridir
V_x	: x doğrultusundaki kat kesme kuvveti
V_{x0}	: x doğrultusundaki kat kesme kuvveti dayanım kapasitesi
V_{y0}	: y doğrultusundaki kat kesme kuvveti dayanım kapasitesi
V_{yc}	: Merkezdeki elemanların yatay dayanım kapasiteleri toplamı
V_{yu}	: Kattaki dayanım düzensizliğini ifade eden parametre
V_{ey}	: y doğrultusunda toplam akma kesme kuvveti dayanımı
$\hat{V}_x$	: Normalize edilmiş kat kesme kuvveti
x_p	: Dayanımın birinci momenti parametresi
$\ddot{x}_i$, $\ddot{x}_j$	: Depremin i ve j doğrultularındaki yatay ivme bileşenleri
y'	: Hız
y_c	: Basınç için akmanın başladığı yer değiştirme
y_{max}	: Maksimum yer değiştirme
y_t	: Çekme için akmanın başladığı yer değiştirme
y_y	: y doğrultusundaki yatay yer değiştirme
ω_x, ω_y	: Yapının x ve y yatay doğrultularındaki frekansı
ω_θ	: Yapının burulma frekansı
w	: Toplam kat ağırlığı
$z(t_0)$	: Durum vektörü

TAŞIYICI SİSTEMİ PLANDA DÜZENSİZ YAPILARIN DEPREM ETKİSİ ALTINDA LİNEER OLMAYAN BURULMA DAVRANIŞLARININ İNCELENMESİ

ÖZET

Bu çalışmanın amacı taşıyıcı sistemi planda düzensizlikler içeren yapı sistemlerinin deprem etkisi altındaki lineer olmayan burulma davranışlarının incelenmesi, burulma oluşturan kaynakların belirlenmesi ve burulma etkisini kontrol eden parametrelerin tanımlanarak çeşitli etkiler için değişimlerinin incelenmesidir.

Bilindiği gibi Türkiye, yüzölçümünün büyük bir kısmı ciddi deprem riski olan fay hatları tarafından kuşatılmıştır. Bu nedenle yaklaşık 2 yılda en az bir kez ülkede yıkıma ve can kaybına neden olan depremler gerçekleşmektedir. Bu depremlerde özellikle bina tipi yapılarda büyük yıkımlar veya hasarlar meydana gelmekte ve sonuçta büyük can ve mal kayıpları olmaktadır. Bu kayıpları engellemek için gerek tasarım, gerekse yapım aşamasında doğru yöntemlerin uygulanabilmesi için özellikle deprem etkisi altında yapıların gerçeğe en yakın davranışlarını bilinmesi oldukça önemlidir. Buna ek olarak deprem sonrası yapılan onarım ve güçlendirme çalışmaları gibi son dönemde yaygın olan mühendislik işlemlerinde yapıların gerçekten güvenli hale getirilmesinde yapıların onarım ve güçlendirmenin öncesinde ve sonrasında deprem yüklerine karşı nasıl davranacaklarını bilmek son derece önemlidir. Aksi taktirde yapıya ilave riskler yüklenmiş olacaktır. Burulma etkisi de bu açıdan yapı davranışını önemli ölçüde etkileyen konulardan birisidir. Bu nedenle gerek yurt içi gerekse yurt dışında bu alanda önemli çalışmalar yapılagelmiştir.

Çalışmanın birinci bölümünde problemin genel tanımı yapılmış, burulma etkisine sebep olan kaynaklarla ilgili bilgi ve tanımlamalar verilmiştir. Burulma davranışına sebep olan temel kaynaklarla ilgili olarak inceleme ve çalışmalar verilmiştir. Burulma etkisini temel olarak tanımlarsak, yapının çeşitli düzensizliklerinden dolayı, kütle merkezi ile rijitlik merkezi arasında oluşan farktan kaynaklanan dönme hareketi diyebiliriz. Bu temel tanıma ilave olarak ilerleyen bölümlerde gerek simetrik gerekse düzenli yapılarda da burulma etkisinin ortaya çıkabileceği gösterilmiştir. Özellikle 1957 Mexico depremi sonrasında yapılan incelemelerde yıkılan ciddi sayıdaki yapıda göçme sebebi olarak yapının burulma davranışının etken olduğu ortaya konulmuştur. Bu depremi takip eden çalışmalar ise statik yöntemlerin depremden kaynaklanan burulma davranışının yeterli yaklaşıklıkla önceden tahmin edilmesi için yeterli olmadığını göstermiştir. Burulma düzensizliğinin yönetmeliklere girmesi ilk olarak 1959 Mexico yönetmeliğinde mümkün olmuştur. Eşdeğer statik lineer hesap sistemine dayanan yönetmelikte çeşitli katsayılarla binanın plan düzensizliği yansıtılarak eşdeğer statik yükte artışlar yapılması yaklaşımı benimsenmiştir. Yönetmeliklerin de gelişmesi ile düzensizlik kaynaklarının tanımlarının artması ve daha sonra hesap yöntemlerinin ve yönetmelik kurallarının farklılaşması söz konusu olmuştur. Bu alanda yapılan çalışmaların literatür taraması ve tanımlamalar birinci bölümde ifade edilmiştir.

İkinci bölümde burulma davranışını etkileyen parametrelerin tanımlamaları ile sınıflandırılması verilmiştir. Bu parametrelerin burulma davranışına ne derece etken olduğu ile ilgili yapılan çalışmalar ve literatür taraması verilmiştir. Şu ana dek yapılan çalışmalarda burulma davranışına etkiyen altı temel parametreden bahsedilmiştir. Bu parametreleri başlık olarak; ortogonal doğrultudaki taşıyıcı elemanların dayanımı, rijitlik asimetrisi, dayanım asimetrisi, eleman dayanımlarının plandaki dağılımları, taşıyıcı elemanların sayısı, iki doğrultuda kuvvetli yer hareketi olarak tanımlamak mümkündür. Bu parametrelerin değişimini bir arada ifade edebilen çeşitli kavramlar geliştirilmesi, daha önce bazı çalışmalara konu olmuştur. Temel itibariyle parametrik değişimler, bazı çalışmalarda, gerek eleman, gerekse kat olarak deprem etkisinde ortaya çıkan kesme kuvvetleri ile ortaya konulmuştur. Yönetmeliklerde ifade edilen burulma davranışı ile ilgili pratik önlemler almayı hedefleyen temel katsayılarla ilgili değişim ve yaklaşımlardan bu bölümde bahsedilmiştir. Yine burulma davranışı için oldukça önemli bir parametre ise yapıdaki süneklik gereksinimidir. Ekonomik sebeplerden dolayı, yapıların geneli, yıkıcı deprem yükleri altında akma sınırı aşılacak şekilde tasarlanır. Bunların davranışlarını elasto-plastik veya bilineer kuvvet-yerdeğiştirme ilişkisi kullanılarak ifade etmek gerçeğe daha uygun bir davranıştır. Süneklik gereksinimi ise elastik olmayan yer değiştirmenin toplam yer değiştirmeye oranıdır ve genellikle bir hasar değerlendirme parametresi olarak kullanılır. Elastik sınırın ötesine geçen çalışmalarda süneklik parametresi oldukça önemli bir yer tutmaktadır. Elasto plastik davranışı baz alan böylece yapının burulma davranışını ifade etmeye çalışan çeşitli yapı modelleri ortaya konulmuştur. 70'li ve 80'li yıllarda bu konuda dünyada yapılan çeşitli çalışmalar, ve yapının süneklik gereksinimini ifade eden yapı modelleri ile ilgili literatür taraması bu bölümde ifade edilmiştir.

Üçüncü bölümde, örnek yapı modeli için lineer elastik yaklaşım kullanılarak sistemin idealize edilmesi, rijitlik, sönüm, kütle matrislerinin oluşturulması, dinamik hareket denkleminin yazılması tek katlı bir sistem için yapılmıştır. Oluşturulan dinamik hareket denklemine dış yük olarak El Centro depremi verilmiştir. Söz konusu denklem Wilson

θ yöntemi kullanılarak sayısal integrasyon ile her adımda sistem parametrelerinin artımlı olarak hesaplanması ile zaman alanında çözülmüştür. Bu yöntemin temel nitelikleri üçüncü bölümde detaylı olarak açıklanmıştır. Bu çözüm için zaman alanında hesap yapacak olan bilgisayar programının algoritması oluşturulmuş ve bu algoritmaya dayalı program yazılarak doğru şekilde çalışması ve hesap yapması sağlanmıştır. Söz konusu tek katlı yapı modeli deprem etkisi altında önce simetrik sonrada giderek artan dış merkezlikli olarak zaman alanında deprem yükleri altında çözülmüştür. Yapının bir bölgesindeki düşey taşıyıcı eleman boyutları adım adım arttırılarak, lineer elastik davranış için, dış merkezliğin giderek artması sağlanmıştır. Her adımda yapının yer değiştirme, burulma dönmesi, hız, ivme, taban kesme kuvvetleri gibi tepki bileşenleri hesaplanarak değişimleri zaman alanında kıyaslamalı olarak ifade edilmiştir. İki katlı ve daha sonrasında da üç katlı yapı modelleri için rijitlik, kütle, sönüm matrisleri ile deprem yükleri matrisleri oluşturulmuş, dinamik hareket denklemi tekrar yazılmış ve yazılan bu denklem, yeni algoritmalar kullanılarak yazılan bilgisayar programı yardımı ile çözülmüş ve yapı davranışı elde edilmiştir. Hesaplanan yapı tepki değerlerinin değişimi zaman alanında artan dış merkezlik değerleri için gösterilmiştir. Bu durum için değişen parametrelerin durumları da grafik olarak üçüncü bölümde detaylı bir şekilde verilmiştir.

Dördüncü bölümde lineer olmayan burulma davranışı ile ilgili çalışmalar yapılmıştır. Lineer olmayan yapı davranışının modellenmesinde kullanılan "Durum Uzayı" yöntemi açıklanmıştır. "Durum Uzayı" yöntemi kullanılarak oluşturulsan algoritma ile yazılan bilgisayar programı lineer elastik sistem için El Centro kaydı ile denenmiş ve Rayleigh sönüm katsayılarının kullanıldığı paket program çıktıları aynı yapı modeli ile kıyaslanarak yeterli yaklaşımı verdiği gösterilmiştir. Daha sonra lineer olmayan davranışını modellenmesi için ilk adım olan elasto plastik davranış açıklanmıştır. Elasto plastik davranış kabulüne dayalı olarak yapı modelinin çözümü için sistem matrisleri oluşturulmuş, daha sonrada dinamik hareket denklemi deprem etkisi için teşkil edilmiştir. Oluşturulan hareket denkleminin çözümü için "Durum Uzayı" yöntemi kullanılarak 0.02 sn aralıklı olarak çözüm algortiması yazılmış ve bu algortimaya dayalı bilgisayar programı oluşturulmuştur. Söz konusu bilgisayar programında çözüm yapabilmek için teşkil edilen yapı modeli dış merkezlikli sistem için elasto plastik davranış için zaman alanında çözülerek tepki değerlerinin zaman alanında değişimleri lineer sistemlerle kıyaslamalı olarak verilmiştir. Bu sistemlerde ortaya çıkan süneklik gereksinimleri incelenmiştir. Daha sonra yapının deprem altındaki davranışını daha gerçekçi olarak yansıtan bilineer yani iki parçalı lineer olmayan davranış modeli geliştirilmiştir. Bu sisteme yönelik olarak lineer olmayan yapı modellerini hesaplamak üzere program algoritması açıklanmış ve bu algortimaya dayalı olarak "Durum Uzayı" yöntemi ile zaman alanında sayısal artımlı hesap yapacak olan bilgisayar programı yazılmıştır. Zaman alanında yapılan hesaplamalarda ortaya çıkabilecek olan stabilite bozukluklarını engellemek için deprem ivme kaydının zaman aralığını 0.02 saniyeden 0.005 saniyeye lineer interpolasyon programı yazılarak uygulanmıştır. Böylece deprem etkisi altında yapılan zaman alanında hesaplamalarda daha hassas hesap yapılabilmiştir. Her adımda sistemin tepki değerleri hesaplanmış, hız, ivme ve yer değiştirme değerleri kontrol edilerek lineer olmayan davranışın hangi bölgesinde olduğu tespit edilmiş ve buna uygun sistem matrisleri ile hesap yapılmıştır.

Dördüncü bölümde yapılarda bulunan duvar elemanları sistem rijitlik matrisleri içine lineer olmayan davranışları dikkate alınarak dahil edilmiştir. Duvarlı duvarsız sistemlerin böylece kıyaslamasını yapabilmek mümkün olmuştur. Daha gerçekçi hesap yapabilmek için karakteristikleri birbirinden farklı olan beş adet deprem ivme kaydı kullanılmıştır. Bu kayıtların zaman aralıkları da daha önce açıklanan lineer interpolasyon tekniği ile 0.005 sn değerine çekilmiştir. Sistem davranışını etkilediği düşünülen parametrelerin değiştiği farklı yapı modelleri duvarların etkisinin olması ve olmaması durumları için dinamik olarak, bilineer yapı davranışı için beş farklı deprem etkisi altında çözülmüş ve sonuçların ortalaması alınmıştır. Yapının tepki karakteristikleri hesaplanarak değişimleri zaman alanında verilmiş, ve beş farklı deprem için ortalamaları alınarak parametrik değişimleri grafik olarak gösterilmiştir. Yapı modellerinde lineer olmayan yer değiştirme ve kuvvet tepkilerinin zaman alanındaki değişimleri, çevrimsel (histeretik) yükleme boşaltma ilişkileri kıyaslamalı olarak grafiksel ortamda gösterilmiştir.

Beşinci bölümde depremin burulma bileşeninin yapının burulma davranışına katkısı incelenmiştir. Depremle ilgili olarak yapılan zaman alanında ki dinamik hesaplamalarda uygulanan sistemde, depremin iki adet ötelenme doğrultusundaki ivme bileşeni dikkate alınmaktadır. Oysa depremin birde burulma yada dönme bileşeni vardır. Bu bileşen direkt ölçümle değil ancak dolaylı olarak elde edilebilir. CSMIP tarafından çeşitli binaların temel seviyesinde kaydedilen iki adet ivme ötelenme bileşeni arasındaki fark, iki kaydedici arsındaki mesafeye bölünerek depremin burulma bileşeni elde edilir. Hesaplamalarda ivme ötelenme bileşeni olarak, söz konusu iki bileşenin ortalaması kullanılır. Kayıtlarda verilen 0.02 sn aralığı stabilite sorunların engellemek amacıyla lineer interpolasyon teknikleri kullanılarak 0.005 sn aralığın dönüştürülmüştür. Bu yöntemle hesaplanan 14 adet burulma bileşenli deprem ivme kaydının, duvarlı ve duvarsız, dış merkezliği değişen yapı modellerine deprem etkisi olarak yansıtılan çözüm algoritması yazılarak ardından da zaman alanında lineer olmayan hesap yapabilen bilgisayar programı yazılmıştır. Yazılan bilgisayar programı yine 0.005 sn aralıklı olarak parametreleri ve dış merkezlikleri sürekli değişen farklı yapı modellerine uygulanarak, yapının depreme karşı tepki değerleri elde edilmiştir. Bulunan değerlerin zaman alanındaki değişimleri, çevrimsel (histeretik) yükleme boşaltma ilişkileri kıyaslamalı olarak grafiksel ortamda gösterilmiştir. Yapı modellerindeki genel parametrik değişimlerde aynı şekilde kıyaslamalı olarak grafik ortamda gösterilmiştir.

Yapılan tüm hesaplama, analiz ve incelemelerin nihayetinde elde edilen genel sonuçlar derlenerek altıncı ve son bölümde ifade edilmiştir. Varılan genel sonuçlar ışığında yapılması gerekenler yine son bölümde tartışılmıştır.

1. GİRİŞ

1.1 Giriş ve Çalışmanın Amacı

Türkiye bulunduğu konum itibariyle dünyanın önemli fay hatlarının üzerinde ve jeolojik olarak oldukça aktif bir bölgededir. Bu yapısından dolayı % 90 a yakın bölümü deprem açısından riskli olan ülkemizde dönüş aralığı sık sayılabilecek periyotlarla büyük olarak nitelenen depremler olmakta ve bu depremler sonucunda oldukça önemli insan kayıpları ve maddi hasarlar oluşmaktadır. Ülkemizde meydana gelen depremlerin büyüklüklerine oranla çok daha fazla hasara, can ve mal kaybına neden olmaları, bu büyük kayıpların kırsal alanlarda olduğu kadar yoğun yerleşim bölgelerinde ve toplu konut alanlarında meydana gelmiş olduğu gözlemlenmiştir.

Yakın dönemde meydana gelen depremlerin sonrasında yapılan yoğun incelemeler ve araştırmalar sonucunda, depremden hasar gören binaların genelinde aşağıdaki durumlar saptanmıştır:

a) Bilimsel kurallara ve yönetmeliklere aykırı hatalı ve eksik tasarımlar

b) Malzeme ve özellikle beton kalitesindeki yetersizlikler.

c) Projeye, yönetmeliklere ve temel mühendislik prensiplerine uygun olmayan hatalı, eksik ve yetersiz imalatlar.

Deprem etkisi altındaki binaların deprem anında yalnızca depremden oluşacak olan yatay kuvvetlerin etkisi dikkate alınarak hesabı yapıldığında önemli bir etki dikkate alınmamış olur. Çünkü binanın plandaki durumuna bağlı olarak oluşan düzensizlik mevcut ise binada ek bir burulma etkisi söz konusu olacaktır. Söz konusu burulma etkisinin, binadaki mevcut olan düzensizlik durumuna bağlı olarak dikkate alınması ve boyutlandırmaya esas olan hesap kuvvetlerine ilave edilmesi gerekmektedir.

Burulma etkisinin ortaya çıkma sebepleri incelendiğinde, yapının temelindeki dönme, yapı elemanlarının hem yatay hem de düşey doğrultularda ki rijitliklerindeki belirsizlikler, kütle merkezinin yerindeki belirsizlik, rijitlik ve kütlelerin katlara göre dağılımındaki belirsizlik gibi başlıklar sayılabilir. Ülkemizde binaların mimari tasarımında düzensizlik konusunda yeterli bilgi olmadığından uygulamada yatay ve düşeyde düzensizlik çok yoğun bir şekilde ortaya çıkmaktadır. Uygulamadaki yönetmelik ve şartnamelerde bu konuya yönelik detaylı yönlendirici ve zorlayıcı kural olduğunu söylemek mümkün değildir. Özellikle nüfus yoğunluğu fazla olan yerleşim merkezlerinde alan yetersizliğinden dolayı, kat planlarında düzensizlik çok yaygın olarak görülebilmektedir. Bunun sonucu olarak da katlarda kütle merkezi ile kat rijitlik merkezi arasında büyük miktarda dışmerkezlik ortaya çıkarak binanın burulma potansiyelini oluşturmaktadır.

Deprem esasında yapının dinamik davranışında burulma etkilerinin önem kazanması, katlarda kütle merkezi ile kat rijitlik merkezi arasında ki farkın oluşması ve artmasıyla mümkün olabilmektedir. Burulma etkisi temel tanımı; kütle merkezi ve rijitlik merkezi arasında ki farktan kaynaklanan dönme hareketi olarak yapılmaktadır. Bu tip sistemlerin hesabında daha önceden kullanılan elastik davranış modeline ek olarak zaman içinde elastik olmayan yani lineer sınırın ötesindeki hesap yöntemleri gelişmeye başlamıştır. Bu tarzda bir yapının deprem sırasında ki dinamik davranışının daha iyi anlaşılabilmesi için lineer olmayan hesap önem kazanmaktadır.

Binaların deprem etkisi altında hesabında, ani burulmanın dikkate alınması için;

1. Binanın yatay titreşim frekansı ve burulma frekansı arasındaki oran
2. Binanın plandaki boyutları arasındaki oranın, binanın kenar noktalarındaki burulma etkisinin sonucu olan yerdeğiştirmeye etkisi
3. Binanın kenarlarındaki bu yerdeğiştirme etkisindeki artışının (burulmadan dolayı), iç kısımlarda bulunan taşıyıcı elemanların yerdeğiştirme kapasitelerindeki artışa etkisinin tahmin edilmesi
4. Burulma yapmayan sisteme kıyasla, burulmalı sistemde, taşıyıcı elemanların boyutlandırılmasında kullanılan hesap kuvvetlerinin arttırılmasında kullanılan katsayıların belirlenmesi, burulma davranışının incelenmesi için önemli noktalardır [1].

Sistemin elastik olmayan burulma tepkisini kontrol eden parametreler:

1. Ortogonal doğrultudaki taşıyıcı elemanların dayanımı
2. Rijitlikteki asimetri
3. Dayanımdaki asimetri
4. Plandaki elemanların dayanımlarındaki asimetri

5. Taşıyıcı elemanların sayısı
6. Doğrultudan bağımsız kuvvetli yer hareketi

olarak belirlenebilir. Bunların arasında rijitlik ve dayanımdaki asimetri yapının burulma performansını esas olarak kontrol eden etkenlerdir [2].

Rijitlik ve dayanımı planda simetrik olmayan binalarda, deprem sırasında kısmi veya tamamen göçme olduğu oldukça sık olarak gözlenmiştir. Bu tip binalarda yatay hareket ve burulma dönmesinin sonucu olarak taşıyıcı elemanlarda üniform olmayan yerdeğiştirme gereksinimi ortaya çıkmaktadır. Araştırmalarda farklı yapı konfigürasyonlarına sahip binaların incelenmesindeki temel fikir, taban kesme ve burulma tepkilerinin plan asimetrisine bağlı olarak değişimlerinin dikkate alınmasıdır. Bu incelemede taban kesme kuvveti ve burulma arasındaki ilişki taban kesme ve burulma sonuç yüzeyi (BST) ile gösterilmiştir. BST yüzeyi, farklı göçme mekanizmaları olan bir grup taban kesme kuvveti ve burulmanın kombinasyonunun sistem içinde geliştirilmesi olarak tanımlanabilir: Bu yüzey sisteme ait elastik olmayan özellikleri tanımlamak için gerekli bilgileri de içermektedir [3].

Bina yapım şartnameleri, burulma etkisini, rijitlik merkezinden e_d kadar uzaklıktaki bir noktaya eşdeğer statik yük uygulayarak, kesme kuvveti ve moment değerlerinin artırılmasıyla dikkate almaktadır. Bu hesap dışmerkezliği bir çok şartnamede

$e_d=\alpha*e_s+\beta*b$ veya $e_d=\delta*e_s-\beta*b$ olarak alınmıştır. Burada e_s statik rijitlik dışmerkezliğidir. Kütle merkezi ve rijitlik merkezi arasındaki mesafe olarak alınır. b ise binanın kuvvetli yer hareketine dik doğrultudaki boyutudur. α, β, δ katsayılardır. e_d dışmerkezliğinin büyümesi, daha büyük hesap kuvvetlerinin dikkate alınmasını gerektirecektir. Binanın dinamik analizde bulunan davranışı ile yönetmelikteki kurallara göre göstermesi beklenilen v-davranışın kıyaslanması gerekecektir. Yapılan çalışmalarda binanın tepkisinde en önemeli etkiyi Ω oranının (burulma frekansının yatay frekansa oranı) yaptığı görülmüştür. Simetrik olmayan sistemlerle kıyaslandığında, simetrik sistemlerin deprem etkisinde dinamik analiz yapıldığında ani dışmerkezlik sonucu bulunan tepkilerden kaynaklanan artışın genelde daha büyük olduğu görülmüştür. Yani simetrik sistemlerin ani dışmerkezliğe daha duyarlı olduğu söylenilebilir [4].

Planda simetrik olan bir binada, yatay ve burulma hareketlerinin çiftlenmesi, yatay düzlemdeki taşıyıcı elemanlara üniform olmayan yerdeğiştirme gereksinimi ortaya çıkarır. Bu yerdeğiştirme ihtiyacı, taşıyıcı elemanların deprem karşı dayanımında yapılan boyutlandırma ve detaylandırma da birincil önem taşır. Son dönemde yapılan çalışmalar, temel olarak asimetrik tek katlı bir binanın elastik olmayan tepkilerinin incelenmesine yönelmiştir. Ancak problemin doğasındaki karmaşıklıktan dolayı bulunan sonuçların çok katlı binalara uygulanması zorlaşmaktadır. Yeni ve basitleştirilmiş analiz metodunda, her kat için süper-eleman modelinin kullanılmasıyla daha kısa zamanda ve pratik uygulamaya daha yatkın çözümler elde edilebilmektedir. Böylece mühendisler lineer-olmayan dinamik analizi daha güvenli ve ucuza yapabilmektedirler. Süper-eleman modeli, plastik teoriye dayalı, iyi bilinen yapı analizi ve daha önceden yapılmış araştırmalarda bulunan deprem tepkisini birleştiren iyi bir karma analiz-tasarım aracı olarak ortaya çıkmıştır [5].

Elastik asimetrik bir yapının deprem etkisi altındaki davranışı, rijitlik merkezine eşdeğer tekil eleman yerleştirerek ve bu elemana asıl yapının tüm dinamik özellikleri verilerek modellenebilir. Bu dinamik özellikler (tekil eleman ve asıl yapıda çakışması gereken özellikler) Tx; yatay periyot, Ω; burulma frekansının yatay frekansa oranı, ξ; sönüm oranı olmalıdır. Bu sayede, zaman alanında yapılan hesapta daha kısa sürede daha az çaba harcanarak sonuca gitmek mümkün olabilecektir. Bu modelin değiştirilmesiyle, söz konusu tekil eleman elastik merkeze değil, elastik olmayan merkeze yerleştirilmesi Sadek tarafından incelenmiştir. Dayanım merkezi, herhangi bir noktada, taşıyıcı elemanlardan birinin akma dayanım değerinin birinci momentini alarak bulunabilir. Bu model uzun veya orta uzunluktaki titreşim periyoduna sahip yapıların, sünek tepkilerinin daha iyi bir yaklaşımla bulunabilmesine imkân verir. Bu durumda tekil elemanın özellikleri, orijinal yapıdaki yatay periyot, burulma frekansının yatay frekansa oranı, taşıyıcı elaman sayısı ve akma dayanımı ile aynı olmalıdır [6].

Burulma etkisinden dolayı, yapının bazı bölgelerinde gerekli dayanım ve kat ötelenmeleri, sadece yanal ötelenmeden dolayı oluşacak etkinin üzerinde olacaktır. Rijitlik merkezi ile kütle merkezi arasındaki dışmerkezliğinin artması oluşacak burulma etkilerini de arttıracaktır. Bu etkiler, servis yükleri ve deprem zemin hareketi altında farklı değerler alacaktır. Elastik olmayan etkinin de dahil olduğu güvenlik seviyesinde, söz konusu etkiler, burulma dayanım merkezi konumuna ve bu merkezin ne şekilde olduğuna bağlı olarak önemli ölçüde artacaktır [7].

Geçmiş depremlerde, burulmaya karşı zayıf performans gösteren binaların ciddi hasar görmesine bazı örnekleri olduğu görülmüştür. Örneğin Ekim 1987 Mexico depreminde bir çok binada yıkıcı hasarın ana sebebi olarak burulma etkileri gösterilmektedir [8].

1985 Şili depremindeki El Faro binası da, binaların deprem etkisiyle göçmesinde, elastik olmayan burulmanın önemini gösteren önemli bir örnektir [9].

Burulma etkilerinin tasarım aşamasında elastik olarak dikkate alınması, burulma etkilerinin değerlendirilmesinde bir çelişki olarak ortaya çıkmaktadır. Birçok deprem hesabı şartnamesinde, depreme karşı belli bir güvenlik seviyesinin tutturulması temel yöntem olarak ortaya çıktığından, binada bu aşamada dikkate alınmayan, ciddi ölçüde elastik olmayan bir etki oluşması beklenecektir. Daha önceden yapılan birçok çalışma, sadece binanın elastik deprem tepkisini dikkate aldığından ve bu tip sistemlerde yatay kuvvet-burulma etkilerinin çiftlenmesi konusu iyi bilinen bir konu olduğundan, elastik burulma modeli yaygın olarak kullanılmıştır. Son yıllarda binaların hesabında elastik olmayan sistemlerin sonuçlarının elde edilmesi daha pratikleşmiş ve sonuçları uygulanabilir hale gelmiştir [10].

Burulmaya karşı güçlü binalarda burulma etkisinin çiftlenmesi genellikle lineer elastik sistemlerle kıyaslandığında, elastik olmayan sistemlerde daha büyük yerdeğiştirme etkisi ortaya çıkarmaktadır [11].

Burulmaya karşı zayıf binalarda elastik olmayan tepki için elde edilen maksimum yerdeğiştirme, elastik davranış için elde edilenden önemli ölçüde daha büyük olmaktadır [12].

Yapılan araştırmalar elastik olmayan burulma etkilerini kontrol edebilmek için, yapının depreme karşı verdiği tepki sırasında burulma mekanizmasının oluşmasının kontrol edilmesi gerekliliğini ortaya koymuştur [13].

Eksantrik sistemlerin, elastik olmayan tepkilerini etkileyen çok sayıda parametre vardır. Yapıdaki farklı elemanların yükleme, boşaltma ve akmaları sırasında yapıdaki dayanım merkezi sabit kalmaz. Daha önce yapılan çalışmalar, elastik olmayan burulma tepkisi ve dış merkezli sistemin yapı parametreleri arasında yeterli bir ilişki kurulmasında tatmin edici sonuçlar vermemiştir. Dayanım dışmerkezliği (dayanım merkezi ve kütle merkezi arasındaki fark), asimetrik yapının elastik olmayan tepkisinin çalışılmasında önemli bir parametredir. Bu çalışmada, yeterince basit olan tek kütleli üç elemanlı sistem, gerçek yapıdaki önemli karakteristikleri içerecek şekilde seçilmiştir. Yapılan çalışma sonucu bulunan formülasyonların, plan asimetrileri ve burulma esneklikleri fazla binalarda, yönetmeliklerde verilen değerlerden daha efektif ve ekonomik çözümler verdiği görülmüştür [14].

Kütlesi dış merkezli sistemin, rijit kenarlı elemanında ek süneklik ihtiyacı, eğer yapı dayanım dışmerkezliği e_p, yapı dışmerkezliği e (rijitlik merkezi ile kütle merkezi arasındaki dışmerkezlik) değerine çok yakınsa, azaltılabilir [15].

Rijitlik dışmerkezlikli sistemin esnek kenar elemanındaki ek süneklik ihtiyacı, yapı dayanım dışmerkezliği e_p sıfıra çok yakınsa düşürülebilir. Kütlesi dış merkezli ve rijitliği düzensiz sistemlerin dayanım özellikleri, süneklik gereksinimini minimize etmek için farklı nitelikte ortaya çıkar. e_p tüm dış merkezli binalarda etkili bir kriter olamaz [16].

Goel ve Chopra tarafından yapılan bu çalışmadaysa, tek katlı yapıların elastik olmayan tepkileri üzerinde, planda rijitlik, dayanım dağılımının (elemanların sayısı, yeri, akma deformasyonları) etkisi incelenmiştir. Bu yapılar rijit bir döşeme üzerindeki kütle ile idealize edilmiştir. Kuvvet-şekil değiştirme ilişkisi için her bir elemanda elastik-mükemmel-plastik (EMP) davranış kabul edilmiştir. Yapının taşıyıcı elemanlarının, kuvvetli yer hareketine dik doğrultuda olanlarının sistemin elastik olmayan tepkisini önemli ölçüde etkilediği görülmüştür. İvme duyarlı sistemlerin elastik olmayan kısa periyotlu tepkileri, dayanım ve rijitlik dışmerkezliği ilgili değerlerine bağlı olarak değişmektedir [17].

Colina ise yaptığı çalışmada, lineer olmayan burulması dengelenmemiş sistemin tepkisini etkileyen faktörlerin durumunu değerlendirmek için tam iki doğrultuda analiz yapmıştır. Bu faktörler : i) yük azaltma faktörü R , ii) hesap faktörleri α, δ , iii) kuplajsız yatay periyot T , iv) Rijitlik dışmerkezliği, e_s . Yapı modelini Wong ve

Tso'nun daha önce kullandıkları modelle aynı olan rijit dikdörtgen döşemeli, m kütleli (boyutları a, b=2a) bir yapıdır. m kütlesi üniform dağılmıştır. Döşeme 6 adet taşıyıcı elaman tarafından taşınmaktadır. Bazı yönetmeliklerde verilen

$$e_{d1}=\delta\alpha e_s+\beta b = \alpha e_s+e_a \tag{1.1}$$

$$e_{d2} = \delta e_s-\beta b = \alpha e_s-e_a \tag{1.2}$$

1.1 ve 1.2 eşitliklerinde verilen e_{d1} ve e_{d2} hesap dış merkezlikleridir. Burada e_s rijitlik dışmerkezliklidir (KM ve RM arasındaki fark), β ani dışmerkezliği e_a yı tahminde kullanılan katsayı, b dışmerkezlik doğrultusundaki döşeme boyutu, δ , α katsayılardır. R nin azalan değerleri, α katsayısı değerini arttırmaktadır. Döşemede oluşan dönme θ , R nin artan değerleriyle azalmaktadır [18].

Chandler, Correnza ve Hutchinson tarafından yapılan bir başka çalışmada, burulması dengelenmemiş sistemlerin elastik olmayan tepkileri ve bu davranışla ilgili iki anahtar durum incelenmiştir. Birinci olarak, yatayda yük taşıyan bir takım taşıyıcı elemanlarda çevrimsel enerji dağılımı sönümlenmesi incelenmiş, bu enerji sönümlenmesi dağılımı üzerine bazı deprem yönetmeliklerinin kuralları değerlendirilmiştir. İkinci olarak burulması dengelenmemiş (TU) sistemin elastik olmayan hasar etkisini kısıtlayıcı yönetmelik kurallarının yeterliliği değerlendirilmiş ve eşdeğer çevrimsel enerji sünekliğine dayalı enerji sönümleme indeksi önerilmiştir. Bu model bu tip sistemler için elastik olmayan hasar indeksine göre uygulanabilirlik için ilk adım olmaktadır. TU sistemler için iki analiz yapılmıştır. Birinci haldeki sistemler elastik olmayan dinamik burulma etkisine izin vermeyecek şekilde tanımlamış eleman dayanımları, yatay rijitliklerle doğru orantılı olarak alınmıştır. İkinci haldeyse beş ana deprem yönetmeliğinin statik burulma durumu önlemleri için hesap yapılmıştır. Deprem enerjisi sönümleme ihtiyacı (yapının kritik kenarlarında) asıl olarak dinamik burulma tepkisinin, dışmerkezlik nedeniyle artmasından etkilenmektedir [19].

Sünek betonarme bir çerçeveye tipik bir örnek, zayıf kiriş kuvvetli kolon seçimidir. Böylece yumuşak kat oluşumu engellenir. Katta plastik mafsallar kolonların her iki ucunda oluşuyorsa, yumuşak kat oluşumuna izin verilir, sonrasındaysa sünek yerdeğiştirme gereksinimi kattaki yerdeğiştirme kapasitesini aşmamalıdır. Bazı durumlarda, yatay-düşey yük taşıyıcı elemanların ötelenmeleri kat ötelenmesinden etkilediğinde, kat burulma momenti kontrol edilebilir. Diğer durumlarda, burulma mekanizmasının sünek sistemde tanımlanması, sistemdeki süneklik gereksiniminin kritik elemanlarda süneklik kapasitesinin aşılmamasıyla sınırlanması gerektiği gösterilecektir. Sistemde burulma ağırlıklı yerdeğiştirme oluştuğu zaman hesaplanan sistemde beklenen yerdeğiştirme gereksinimi, elemanların sünek yerdeğiştirme kapasitesinin altında olmalıdır. Özellikle dönme merkezinden uzakta üç boyutlu mekanizma basit denge kuralını sağlarsa, kinematik olarak sistemin kabul edilebilir olması gerekmektedir. Yapının sünek tepkisiyle ilgili önemli özellik rijitlik dışmerkezliğinden daha çok dayanım olmalıdır [20].

Plastik teori veya elasto-plastik teoriyle, çerçeve sistemlerde yapılan hesaplara göre, yapının yük taşıma kapasitesi gerçek durumun daha altında bulunmaktadır. Bu tez çalışmasında iki durum arasındaki farklılık % 16.5 civarındadır. Yapının tamamının göçmesi, sadece taşıyıcı elemanlardaki çatlakların ilerlemesi, mafsal oluşması ve çerçeve kararsızlığı nedeniyle değil bu etkilerin kombinasyonu sebebiyledir. Yapıdaki temelinde perdenin temelinde oluşabilecek küçük bir dönme bile yatay yüklerin çerçeve sisteme aktarılmasını değiştirecektir [21].

Yapı malzemelerinin orantı sınırından sonraki lineer olmayan davranışlarını ve geometri değişimlerinin denge denklemlerine etkilerini (ikinci mertebe etkilerini) dikkate alan ileri hesap yöntemlerinde son yıllarda meydana gelen gelişmelerden yararlanarak, yapı sistemlerinin dış yükler altındaki gerçek davranışlarının daha yakından izlenmesi ve göçme güvenliklerinin daha gerçekçi bir şekilde belirlenmesi mümkün olabilmektedir [22].

1.2 Burulma Düzensizliği Sınıflandırması ve Yönetmelik Kısıtları

Yapılan araştırmalara bağlı olarak burulma yapan yapıların 4 sınıfta incelenebileceği kabul edilmektedir.

1. Geometrik bakımdan düzensiz olan yapılar
2. Rijitlik dağılımı bakımından düzensiz olan yapılar
3. Geometri ve rijitlik dağılımı bakımından düzensiz olan yapılar

4. Gizli burulma düzensizliği olan yapılar

Düzenli olmayan yapıların deprem etkilerinden daha olumsuz etkilendikleri uzun yıllardır bilinmektedir. Düzensiz binaların bu hassasiyetleri, yönetmeliklerde, kütle merkeziyle rijitlik merkezi arasındaki uzaklığa bağlı olarak ilave statik kuvvetler dikkate alınarak, Şekil 1.1'de gösterildiği gibi yansıtılmaktadır.

Mexico şehri 1959 yönetmeliğini bu düzenlemelerin başlangıcı olarak alabiliriz [34]. Asimetrik binalardaki deprem hasarının lineer elastik analize dayalı olarak tasarım aşamasında kontrol edilmesi beklenmektedir. Böylece asimetrik yapıların deprem hesabındaki eşdeğer statik yükleme hesabında ilave eşdeğer statik yüklerin tanımlanması gerekecektir.

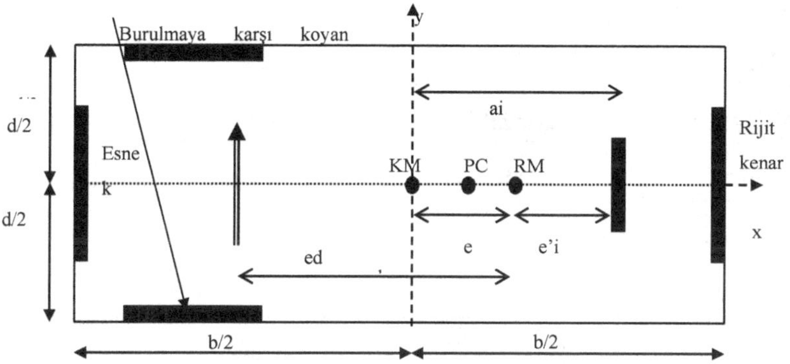

Şekil 1.1: Tek katlı monosimetrik yapı modeli planı

Statik hesaba dayalı deprem yönetmeliklerindeki önlemlerin çoğu geleneksel yöntem olan, atalet kuvvetlerinin eşdeğer statik yük olarak kütle merkezine (KM) uygulanması temeline oturur (Şekil 1.1). Asimetrik yapılarda bu bilinen form 1.3 eşitliğinde ifade edildiği gibi pratik olarak bulunabilir.

$$S_1 = \frac{S \cdot k_i}{\sum k} \pm \frac{S_e \cdot k_i \cdot a_i}{\sum k \cdot a_i^2} \tag{1.3}$$

1957 Mexico depreminde, statik yöntemlerin yeterli yaklaşıklıkla burulma etkisini tahmin etmesinin oldukça zor olduğu [34,35] ve statik ve dinamik sonuçlar arasında uyumsuzluklar belirdiği gözlemlenmiştir [36]. Bu uyumsuzluklar kat kütlesinin, açısal eylemsizlik momentini, atalet kuvvetlerin de dış merkezliği değiştirmesinden ortaya çıkmaktadır. Lineer dinamik analizle eşgüdüm sağlanması için, kat döşemesinin esnek tarafındaki RM'den uzakta ki elemanlar için dışmerkezliğin artmasına, rijit taraftaki elemanlar için dışmerkezliğin küçülmesine yol açmıştır. Aynı zamanda yapılan çalışmalarda, bir dizi düzenli çok katlı yapıda, tek katlı modelin, lineer burulma tepkisini yeterli şekilde temsil edebildiği ortaya konmuştur [37].

Tasarım dışmerkezliği ed, 1.3 eşitliğindeki e ile yer değiştirir ve aşağıdaki eşitlik 1.4'deki formu alır. α, β katsayıları için bazı yönetmelik değerleri Tablo 1 de verilmiştir.

$$ed=\alpha.e+\beta.b \qquad (1.4)$$

Tablo 1.1 : Bazı yönetmelikler için tasarım dışmerkezlikleri

Yönetmelik	ed^+	ed^-
ATC/1978	**e+0,05b**	**e-0,05b**
NBCC/1985	**1.5e+0,10.b**	**0.5e-0,10.b**
CEB/1987	e+0,05.b	e-0,05b
SEAOC/1975	e+0,05.b	e-0,05.b (e<0,05.b)
UBC/1979		0 (e>0,05b)
Mexico/1976	1,5e+0,10.b	e-0,10b

Yönetmeliklerde statik ve lineer dinamik analiz sonuçlarını kalibrasyon çabalarında genellikle kat döşemesinin esnek tarafında bulunan elemanların davranışına özen gösterilmiştir ve burulmaya karşı koyan rijit taraftaki elemanların davranışı daha az dikkate alınmıştır. Zaman alanında lineer dinamik analiz sonuçları, statik yönetmelik kurallarının rijit taraftaki elemanların tepkisini eksik hesapladığını göstermiştir. Bu, büyük depremlerde, söz konusu elemanlarda daha fazla süneklik ihtiyacının ortaya çıkmasına neden olacaktır [38].

Çağdaş deprem yönetmeliklerinde, en çok göz önüne alınan düzensizlik türü, "Planda burulma düzensizliği"dir [23]. Bu yönetmeliklerin 39 tanesinde söz konusu düzensizlik ile ilgili önlem ve yaptırımlar vardır. Bunların arasında:

- 11 yönetmelikte bu düzensizliğin varlığına izin verilmemiştir. Bunlardan 6'sına dilatasyon derzi uygulanması gerektiği belirtilmiştir.
- 3 yönetmelikte ek dışmerkezlik uygulanması öngörülmüştür.

- 13 yönetmelikte "Dinamik Hesap" uygulanması gerektiği belirtmektedir.
- 10 yönetmelikte belirli koşulların sağlanmaması halinde ek dışmerkezliklerin arttırılması, aşırı durumlarda da hesap yapılması gerektiği belirtilmektedir.

Genel olarak benimsenen yol, burulma ile ilgili parametrelerin belirli değerleri aşması halinde ek dışmerkezliklerin arttırılarak yatay yük analizinin tekrarlanması, bu değerlerin daha da büyümesi halinde, "Dinamik hesap" uygulanmasıdır. 1 Ocak 1998 tarihinde yürürlüğe giren "Afet Bölgelerinde Yapılacak Yapılar Hakkında Yönetmelik (ABYYHY)'de aynı yol benimsenmiş bulunmaktadır, [24].

Son yıllarda, bu düzensizlik türü ile ilgili olarak çok sayıda araştırma yapılmıştır. Ancak bunların çoğunda, burulma düzensizliği konusu, tek katlı yapılar üzerinde incelenmiş bulunmaktadır, [25], [26], [27], [28], [29], [30]. Yurdumuzda yapılan bazı araştırmalarda konu çok katlı perdeli ve çerçeveli yapılar için ele alınmış ve kısıtlı sayıda perdeli çerçeveli yapı tipleri için bazı sonuçlar elde edilmiştir, [31], [32], [33]. Bu çalışmalarda elde edilen en önemli sonuç aşağıdaki gibi sıralanabilir:

- Yönetmeliklerde belirtilen "Dinamik Hesap Yaptırımının gerçekçi olmadığı anlaşılmıştır.
- Artırılmış dışmerkezlik uygulamasının da bazı durumlarda gerçekçi sonuçlar vermediği saptanmıştır. Bunun yerine özellikle kenar akslardaki rijitlikleri arttırmanın daha yararlı olabileceği belirtilmektedir.
- Burulma düzensizliği konusunda daha somut sonuçlara varabilmek için, çeşitli yapı türlerini kapsayan daha geniş parametrik araştırmaların yapılmasının gerektiği anlaşılmıştır.
- Burulma düzensizliğini etkileyen başlıca faktörler yapının plan geometrisi ve planda rijitlik dağılımı olarak sınıflandırılabilir:

Çok katlı yapıları plan geometrisi açısından ise iki sınıfa ayırmak mümkündür:

1. Simetrik Planlı Yapılar
2. Asimetrik Planlı Yapılar

Aşağıda bu gruplar sıra ile ele alınarak burulma özellikleri özetlenecektir.

1.2.1 Simetrik planlı yapılar

Planda en az iki ortogonal simetri ekseni bulunan yapılar "Simetrik Yapılar" olarak adlandırılmaktadır. Bu tip yapıların uygulamada kullanılan bazı türleri ve şematik planları Şekil 1.2'de gösterilmiştir. Simetrik planlı yapılarda, düşey taşıyıcı eleman olarak sadece kolonların kullanılması halinde, burulma düzensizliği yoktur. Ancak perdelerinde kullanılması halinde, perdelerin konumları sistemin simetrisini bozmayacak şekilde yerleştirilmelidir. Perde konumları simetrik olmayan sistemler, aşağıda ayrıntılı olarak incelenecektir. Ayrıca düşey taşıyıcı elemanlar bakımından da simetrik olan bazı sistemlerde, yine perde konumlarından kaynaklanan ve "Gizli burulma düzensizliği" olarak nitelenen bir durum ortaya çıkabilmektedir. Bu tür düzensizlik de aşağıda ayrı bir bölüm halinde incelenecektir.

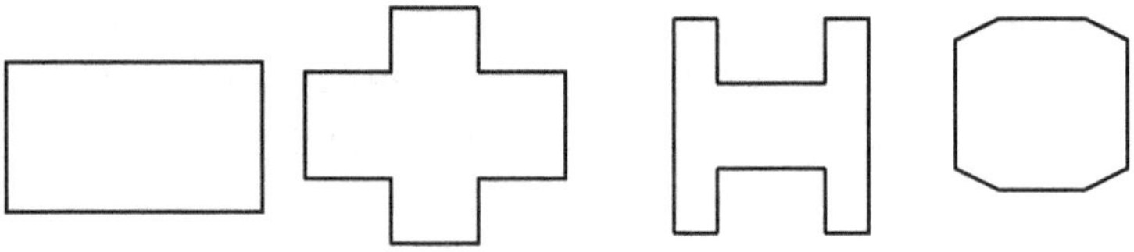

a) b) c) d)

Şekil 1.2: Simetrik yapılar

Bazı yapılar ise, planda iki ortogonal simetri ekseni olmamakla birlikte, yatay yükler etkisi altında simetrik yapılar gibi davranış göstermektedirler. Bunlar planda noktasal simetrik olan yapılardır. Bu tür yapılara ait bazı örneklerin şematik planları Şekil 1.3'de gösterilmiştir.

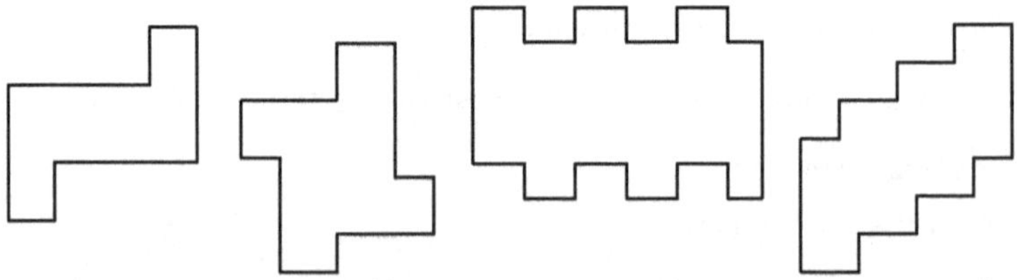

a) b) c) d)

Şekil 1.3: Simetrik davranışlı yapılar

Bu tür yapılarda da, düşey taşıyıcı eleman olarak sadece kolonların kullanılması durumunda burulma düzensizliği yoktur. Ancak perde kullanılması durumunda, bunların yapının noktasal simetri durumuna uygun konumlara yerleştirilmeleri gerekir. Şekil 1.3'deki yapılara uygun perde yerleştirilmesine ait örnekler Şekil 1.4 de şematik olarak gösterilmiştir. Geometrik bakımdan düzenli fakat perdeleri noktasal simetrik biçimde yerleştirilmemiş olan bazı yapılarda bu kategoriye girmektedirler. Bu tip yapılara ait bazı örneklerin şematik kalıp planları Şekil 1.5'de gösterilmiştir. Bu tür yapıların özelliği, x ekseni doğrultusundaki perdelerin y eksenine göre, y ekseni doğrultusundaki perdelerin de x eksenine göre simetrik olarak yerleştirilmiş olmalarıdır. Bu nedenle bu tür yapılar, her iki doğrultudaki deprem etkileri altında simetrik olarak davranmaktadırlar.

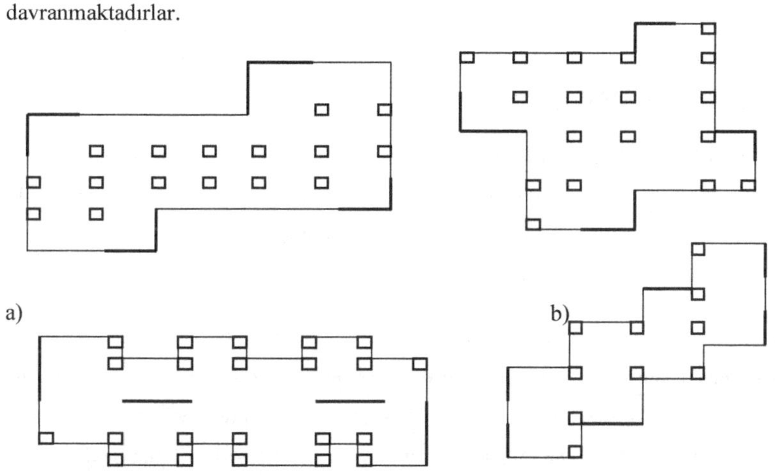

c) d)

Şekil 1.4: Simetrik davranışlı yapılarda perde yerleştirilmesi

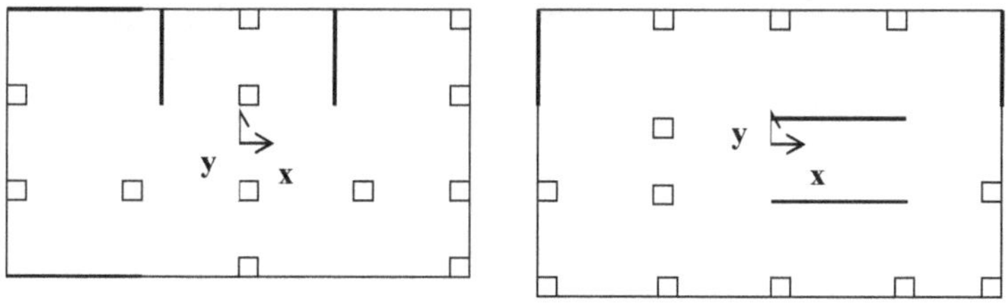

a) b)

Şekil 1.5: Simetrik davranışlı perdeleri olan yapılar

1.2.2 Asimetrik planlı yapılar

1.1 Plan geometrisinde iki ortogonal simetri ekseni olmayan yapılara ait bazı örneklerin planlar Şekil 1.6'da gösterilmiştir.

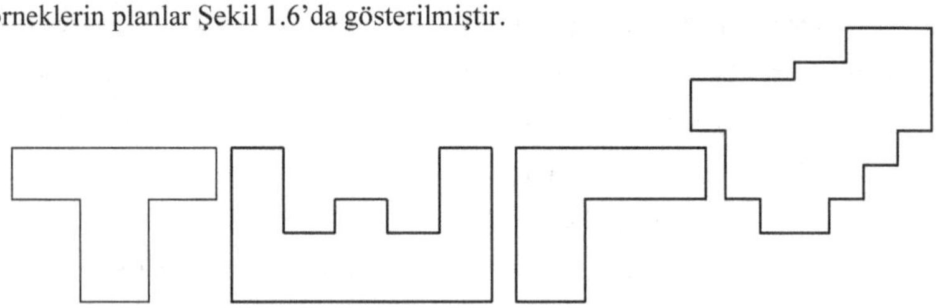

a) b) c) d)

Şekil 1.6: Asimetrik planlı yapılar

Görüldüğü gibi, bu tür yapılarda tek simetri ekseni vardır (Şekil 1.6 a ve 1.6 b); bazı türlerde ise hiç simetri ekseni bulunmamaktadır, (Şekil 1.6 c ve 1.6 d). Bu tip yapılarda simetriden şaşma miktarına ve özellikle de perde konumlarına bağlı olarak, az veya çok miktarda burulma düzensizliği olabilmektedir.

Ortogonal olmayan, yani bazı çerçeveleri ve/veya perdeleri birbirine dik düzlemler içinde olmayan yapılar, genellikle simetrik olmayan yapılar sınıfına girerler. Bu tür bazı yapıların planda ikiden daha çok sayıda fakat ortogonal olmayan simetri eksenleri vardır. Merkezi simetrisi olan bu yapılara ait bazı örnekler şematik olarak Şekil 1.7' de gösterilmiştir.

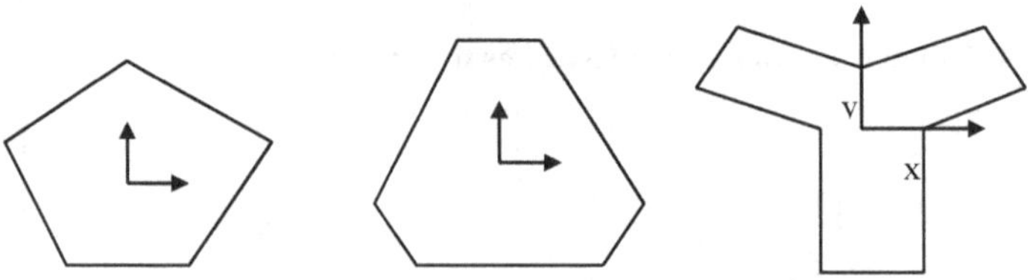

a) b) c)

Şekil 1.7: Merkezi simetrisi olan yapılar

Deprem yönetmeliklerinde, bu tür yapıların deprem hesaplarının iki ortogonal doğrultuda yapılması ve tasarım büyüklüklerinin özel bir süperpozisyon formülü ile elde edilmesini öngörmektedir. Ortogonal deprem doğrultularından biri sistemin simetri eksenlerinden biri olarak seçilebilir. Örneğin Şekil 1.7'de gösterilen yapıların y eksenleri doğrultusundaki davranışları simetrik olduğu halde x eksenleri doğrultusundaki davranışları simetrik değildir. Uygulamada özellikle perdelerin ve/veya çekirdeklerin konumları nedeniyle, bu tür yapıların merkezi simetri özellikleri de bozulmaktadır.

2.BURULMA DAVRANIŞINA ETKİYEN PARAMETRELER

2.1 Parametrelerin Tanımları

Sistemin elastik olmayan burulma tepkisini kontrol eden parametreler

Ortogonal doğrultudaki taşıyıcı elemanların dayanımı

1. Rijitlik asimetrisi
2. Dayanım asimetrisi
3. Eleman dayanımlarının plandaki dağılımları
4. Taşıyıcı elemanların sayısı
5. İki doğrultuda kuvvetli yer hareketi

1. Ortogonal doğrultudaki taşıyıcı elemanların dayanımı: Ortogonal taşıyıcı perde elemanların dayanımlarının artmasıyla, sistemin elastik olmayan davranışında değişiklikler olabilmektedir. Böyle sistemlerin perde taşıyıcı elemanlarında, bu yüzden daha fazla üniform yerdeğiştirme ihtiyacı beklenmektedir. Aynı şekilde daha rijit ortogonal elemanlar sistemde daha küçük elastik olmayan burulma dönmelerine neden olmaktadırlar [17].

2. Rijitlik asimetrisi: Büyük rijitlik dışmerkezliği olan sistemler, en rijit ve güçlü elemanda önemli oranda dönmeyle birlikte yapı mekanizma durumuna geldiğinde elastik olmayan davranış ortaya çıkacaktır. Başka bir deyişle, binanın göçmesinin,

kenar perde elemandaki burulma mekanizması gerçekleştiğinde ortaya çıkacaktır. Benzer gözlemler kütle merkezinin kenarındaki perde elemanların kuvvet-yerdeğiştirme değişimi incelendiğinde elde edilebilmektedir.

3. Dayanım asimetrisi: Bazı durumlarda dayanım asimetrisindeki artış faydalı veya en azından zararsızdır. Genel olarak ifade etmek gerekirse, dayanım dışmerkezliğindeki değişim, elastik olmayan davranışın yer aldığı SST (kat kesme kuvveti ve taban burulması) yüzeyinin bölgesinde değişikle birlikte olmadıkça, farklı plan konfigürasyonları arasındaki yapı tepkisindeki farklılık önem kazanmaz [4].

4. Eleman dayanımlarının plandaki dağılımları: Sistemin burulma zayıflığı, sistemdeki rijitlik asimetrisine rağmen, çok büyük plan dönmelerindeki artışları engeller. Kenar bölgelerdeki taşıyıcı elemanların dayanımları artarken, SST yüzeyinin eğimli kısımları boyunca yapı akma sınırının ötesine geçer ve daha büyük burulmalar ortaya çıkar. Yapılan çalışmaların sonuçlarına dayanarak, rijitlik asimetrisinden dolayı yapıda dengesi bozulan burulma davranışının düzeltilmesi için sistemin burulma kapasitesi azaltılmalıdır. Fakat bu binalar tasarlanırken burulmaya açısından esnek veya zayıf olarak tasarlanmalıdır çünkü tabandaki burulma hareketinden veya diğer dikkate alınmayan faktörlerden dolayı yapıda sınırın ötesinde şekil değiştirmeler ortaya çıkabilecektir.

5. Taşıyıcı elemanların sayısı: Yapıda artan taşıyıcı eleman sayısı SST yüzeyinde, . özellikle büyük burulma olan bölgelerde, dönüşlü bir etki oluşturmaktadır. Fakat yapıların elastik olmayan davranışları bu bölgede yer almadığından tüm yapısal konfigürasyonlar için aynı tepkiyi beklenebilmektedir. Tüm yapılardaki elastik olmayan tepkilerin davranışı, SST yüzeyinin sabit dalları üzerinde gerçekleşmiştir. Bu yüzden, bu sistemlerdeki taşıyıcı elemanların yer değiştirme ve şekil değiştirme gereksinimleri buna benzer şekilde olacaktır [4]. Diğer araştırmacılarda farklı temellere dayansalar da benzer sonuçlara ulaşmışlardır [38].

6. İki doğrultuda kuvvetli yer hareketi: Genelde yapıların birçoğunun yer hareketinin iki yatay bileşenine maruz kaldığı bilinmektedir. Bu kısımda doğrultulardan biri ana doğrultu diğerinin ikincil olarak seçilip belli bir ölçekle yansıtılması daha uygun olacaktır. Çünkü aynı anda yapıya her iki doğrultuda depremin kuvvetli yön olarak

etkimesi çok küçük bir ihtimaldir. y doğrultusundaki taşıyıcı elemanların şekil değiştirme gereksinimi, ortogonal doğrultudaki elemanların akması ile ortaya çıkar, dikkate alınan örneğin, tek doğrultuda esnek kenar elemanlarında ortaya çıkan elemanların şekil değiştirme gereksinimi yaklaşık % 50 artmaktadır [4]. Bu parametreler arasında rijitlik ve dayanımdaki asimetri yapının burulma performansını esas olarak kontrol eden etkenlerdir [2]. Sistemdeki rijitlik asimetrisi SST yüzeyindeki kat kesme kuvveti ve burulma kombinasyonunu etkilemektedir. Elastik asimetrik bir yapının deprem etkisi altındaki davranışı, rijitlik merkezine eşdeğer tekil eleman yerleştirerek ve bu elemana asıl yapının tüm dinamik özellikleri verilerek modellenebilir. Bu dinamik özellikler (tekil eleman ve asıl yapıda çakışması gereken özellikler) Tx; yatay periyot, Ω; burulma frekansının yatay frekansa oranı, ξ; sönüm oranı olmalıdır. Bu sayede, zaman alanında yapılan hesapta daha kısa sürede daha az çaba harcanarak sonuca gitmek mümkün olabilecektir. Bu modelin değiştirilmesiyle, söz konusu tekil eleman elastik merkeze değil, elastik olmayan merkeze yerleştirilmesi Sadek tarafından incelenmiştir. Dayanım merkezi, herhangi bir noktada, taşıyıcı elemanlardan birinin akma dayanım değerinin birinci momentini alarak bulunabilir. Bu model uzun veya orta uzunluktaki titreşim periyoduna sahip yapıların, sünek tepkilerinin daha iyi bir yaklaşımla bulunabilmesine imkan verir. Bu durumda tekil elemanın özellikleri, orijinal yapıdaki yatay periyot, burulma frekansının yatay frekansa oranı, taşıyıcı elaman sayısı ve akma dayanımı ile aynı olmalıdır [6].

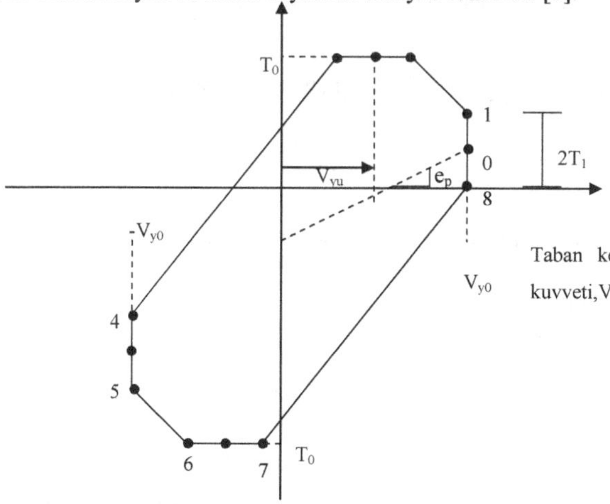

Şekil 2.1: SST Yüzeyinin parametrik gösterimi

Asimetrik yapının deprem davranışını kontrol eden yedi parametreye dayalı olarak yukarıdaki Şekil 2.1'de gösterildiği SST yüzeyi tanımlanabilir. Bunları açıklamak gerekirse genel itibariyle taban kesme kuvveti ve taban burulma momenti arasında kurulan ilişkilere dayalı olarak elde edilmektedir [87].

1. $\hat{V}_x = \frac{V_x}{V_{x0}}$: x doğrultusunda normalize edilmiş kat kesme kuvveti

$V_{x0} = \sum_{i=1}^{M} f_x(i)$: x doğrultusunda kattaki yatay dayanım kapasitesi (taşıyıcı elemanların toplam dayanımı, M, x doğrultusunda toplam taşıyıcı eleman sayısı gibi değerlere bağlı olmak üzere). Eğer x doğrultusunda zemin hareketi bileşeni varsa taşıyıcı elemanlar bu doğrultuda ötelenmeye maruz kalacaklardır.

2. $V_{y0} = \sum_{i=1}^{N} f_y(i)$: y doğrultusunda kattaki yatay dayanım kapasitesi ($f_y(i)$ y doğrultusunda i. elemanın kesme kuvveti dayanımı, N ise y doğrultusundaki toplam taşıyıcı eleman sayısı olmak üzere)

3. V_{yc} ise y doğrultusunda kütle merkezinden geçen taşıyıcı elemanların dayanım kapasitesi olarak tanımlanabilir. Pratik manada KM'ye yakın olan tüm taşıyıcı elemanların dayanımlarını temsil eden bir parametredir.

4. $T_0 = \sum_{i=1}^{N} \left| f_y^{(i)} x^{(i)} \right| + \sum_{i=1}^{M} \left| f_x^{(i)} y^{(i)} \right|$ parametresi ile sistemin burulma kapasitesi ifade edilmektedir.

5. $T_1 = \sum_{i=1}^{N} f_y(i) y^{(i)}$ parametresi ile ortogonal doğrultudaki taşıyıcı elemanların burulma potansiyeli temsil edilmektedir.

6. $x_p = \sum_{i=1}^{N} \frac{f_y(i) x^{(i)}}{V_{y0}}$ parametresi ile dayanım dış merkezliği veya dayanımım birinci momenti ifade edilmektedir. Bu parametrelerin fiziksel anlamları ve SST yüzeyindeki şekle olan etkilerini aşağıda maddeler halinde ifade edilmiştir.

7. $V_{yu} = \sum_{i=1}^{N} \frac{f_y^{(i)} x^{(i)}}{\left| x^{(i)} \right|}$ parametresi ile kattaki dayanım düzensizliği ifade edilmiş olmaktadır. Bu parametrelerin fiziksel anlamlarını kavramak için SST yüzeyinin şeklini nasıl etkilediklerini irdelemek gerekir.

1. $\hat{V}_x = \frac{V_x}{V_{x0}}$ ifadesi yani normalize edilmiş kat kesme kuvveti, SST yüzeyinin $\hat{V}_x$ kısmi ekseni boyunca değişimini kontrol etmektedir. Eğer x doğrultusunda kuvvetli yer hareketi bileşeni varsa taşıyıcı elemanların bu doğrultuda tepki göstermesi böylece taşıyıcı elemanların hareket tepkisi vermesi beklenecektir. $\hat{V}_x$ değişiminin lineer olduğu görülmektedir, yani 0 ile 1 aralığında değişmektedir.

$V_x=0 \rightarrow \hat{V}_x=0$ $\qquad$ $V_x= V_{x0} \rightarrow \hat{V}_x=1$

2. V_{y0}: y doğrultusundaki yatay dayanım, kattaki ötelenme mekanizması sırasında oluşan maksimum kesme kuvveti ile alakalıdır. Bu değer SST yüzeyinin maksimum ve minimum apsis değerleri ile sınırlandırılmıştır.

3. V_{yc} ise y doğrultusunda kütle merkezinden geçen taşıyıcı elemanların dayanım kapasitesi olarak tanımlanabilir. SST yüzeyindeki sabit burulma uzunluğunu kontrol eder. Uygulamada V_{yc} parametresi sadece KM'den geçen değil KM'ne yakın olan taşıyıcı elemanların kapasitesini dikkate alır. Bu kısım SST yüzeyinde düz bir aralığı temsil eder. Pratik amaçlar için V_{yc} uzunluğu merkezdeki elemanların yatay dayanım kapasiteleri toplamına eşit olarak alınabilir.

4. T_0 burulma kapasitesi olduğuna göre sadece katın burulma kapasitesini dikkate alan bir parametredir. SST yüzeyinde maksimum ve minimum ordinat değerlerini gösterir. T_0 parametresinin büyük değerleri genelde yapının kenarlarında güçlü taşıyıcı elemanlar olduğunu, T_0 küçük değerleri ise yapının güçlü bir çekirdeği olduğunu ifade etmektedir.

5. T_1 burulma kapasitesi ise kattaki ortogonal doğrultudaki taşıyıcı elemanların dayanımlarını yansıtır. Yapılan çalışmalar bu parametrenin, yapının elastik olmayan davranışını önemli ölçüde etkilediğini göstermiştir. Çünkü yüzeyde en fazla elastik olmayan davranışın bölgede yer almaktadır.

6. x_p, dayanım dış merkezliği, SST'de (0,0) noktasından, 1-8 aralığının orta noktasına doğru bir giden eğimle ilgilidir. Bu parametrenin büyük değerleri için daha eğri ve SST yüzeyinin daha eğri ve daha dar bir yüzey olarak oluşması taşıyıcı elemanların daha ağır bastığını gösterir.

7. V_{yu} kattaki dayanım düzensizliğini ifade eden parametre, SST yüzeyinde x doğrultusunda sabit burulma kısmının pozitif bölgedeki orta noktasını kontrol eder. Merkezdeki taşıyıcı elemanlardan geçen düşey eksen boyunca oluşan tam burulma mekanizması, kat kesme kuvvetinin oluşumu ile ilgilidir. Aynı zamanda SST yüzeyindeki eğriliği de kontrol eder. Eğer bu değer sıfır olursa bu durumda KM'nin her iki yanındaki taşıyıcı elemanların yatay yük taşıma kapasiteleri aynı demektir. Diğer durumlarda KM'nin sağındaki elemanların toplam kapasiteleri soldaki elemanların değerlerinden büyükse, V_{yu} sıfırdan büyük olacaktır. Şekil 2.2'de farklı yapı modelleri için oluşan yüzeyler verilmiştir.

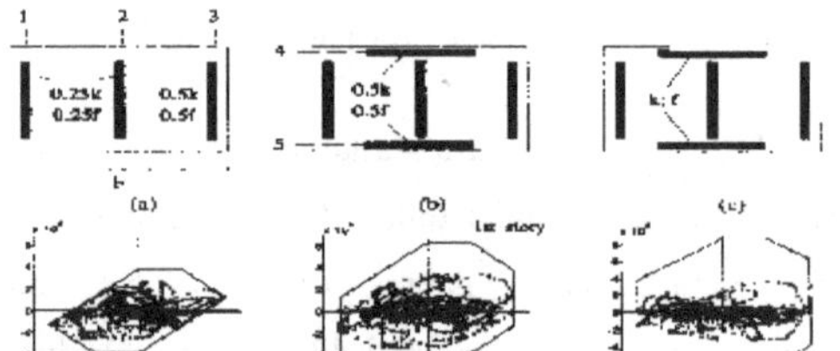

Şekil 2.2: Farklı ortogonal yapı tipleri için kat kesme kuvveti ve burulma arasındaki değişimi gösteren yüzeylerin konumu

Colina tarafından yapılan çalışmalara göre ise burulma davranışında etkili olan parametreler aşağıdaki gibi ifade edilmiştir [18].

1. Kuvvet azaltma faktörü (R): Bu parametreyi süneklik gereksinimi olarak da tanımlayabiliriz. Yapının elastik sınırın ötesinde olması gereken yük ihtiyacını yansıtmaktadır. Yapılan analizlere göre burulmalı ve burulmasız yapının süneklik gereksinimlerinde farklılıklar ortaya çıkabilmektedir. Döşemedeki dönme miktarı da aynı zamanda araştırmacılar için ilginç bir noktadır. Artan R değerleri ile döşemedeki dönme miktarında azalmalar ortaya çıkabilmektedir.

2. Tasarım katsayısı α parametresi: α parametresi, 1.1 eşitliği ile verilen, tasarım dış merkezliği e_{d1} in hesaplanmasında kullanılan katsayılardan birisidir. KM ve RM arasındaki fark olan rijitlik dış merkezliği ile çarpılarak tasarım dış merkezliğinin hesaplanmasında kullanılmaktadır. Özelikle rijit olmayan kenardaki elemanların α=1.5 için süneklik gereksinimleri α=1.0 olan sistemlerden daha küçük olduğu gözlemlenmiştir.

3. Tasarım katsayısı δ parametresi: δ parametresi, 1.2 eşitliği ile verilen, tasarım dış merkezliği e_{d2} hesabında veya rijit kenarlardaki taşıyıcı elemanların tasarımda kullanılan burulmanın etkisi ile negatif kesme kuvvetinin azalmasını ifade etmektedir. Bu yüzden δ parametresi rijit elemanlar üzerinde önemli bir etkiye sahiptir. Küçük dış merkezlikli sistemlerde δ=0.5 değeri kabul edilebilir bir değer olarak alınabilmektedir.

4. Başlangıçta hesaplanan yataydaki T periyodu: Artan yatay periyot değerli ile birlikte yapının rijit elemanlarındaki süneklik gereksinimi de artmaktadır. Yapılan a

analizlerin sonuçlarından görüldüğü kadarı ile yatay periyot T'nin küçük değişimleri, R ve e değerlerinin şiddetine etkimemektedir. T aynı zamanda gerek rijit gerekse esnek kenarlardaki elemanların süneklik gereksinimine katkısı oldukça küçük olmaktadır. Bu küçük katkının değişimi ise artan yatay periyot için azalan süneklik gereksinimi şeklinde ortaya çıkmaktadır.

5. Rijitlik dış merkezliği e parametresi: Artan e dış merkezliği, azalan kenar eleman süneklik gereksinimi değerlerine, esnek elemanlarda artan yükleme boşaltma tekrarlarına ve rijit elemanlarda azalan yükleme boşaltma tekrarlarına yol açmaktadır.

6. Enlemesine yerleştirilen elemanlar arasındaki mesafe oranı parametresi d/a: (d, elemanların birbirine uzaklıkları ve a, plandaki enine doğrultudaki uzunluk olmak üzere): d/a=0 olması demek bu elemanların burulma davranışı yani kuplajı olmamıştır. d/a=1 olması ise maksimum sistem burulma rijitliğini verecektir. d/a parametresinin artışı ile enine elemanların davranışa katkısı artacaktır.

Dışmerkezli sistemlerin, elastik olmayan tepkilerini etkileyen çok sayıda parametre vardır. Yapıdaki farklı elemanların yükleme, boşaltma ve akmalarında yapıdaki dayanım merkezi sabit kalmaz. Daha önce yapılan çalışmalar, elastik olmayan burulma tepkisi ve dış merkezli sistemin yapı parametreleri arasında yeterli bir ilişki kurulmasında tatmin edici sonuçlar vermemiştir. Dayanım dış merkezliği (dayanım merkezi ve kütle merkezi arasındaki fark), asimetrik yapının elastik olmayan tepkisinin çalışılmasında önemli bir parametredir. Bu çalışmada, yeterince basit olan tek kütleli üç serbestlikli sistem, gerçek yapıdaki önemli karakteristikleri içerecek şekilde seçilmiştir. Yapılan çalışma sonucu bulunan denklemlerin, plan asimetrileri ve burulma esneklikleri fazla binalarda, yönetmeliklerde verilen değerlerden daha efektif ve ekonomik çözümler verdiği görülmüştür [14].

2.2 Süneklik Parametresi ve Lineer Olmayan Davranış

Ekonomik sebeplerden dolayı, yapıların geneli, yıkıcı deprem yükleri altında akma sınırı aşılacak şekilde tasarlanır. Bunların davranışlarını elasto-plastik veya Şekil 2.3'de görüldüğü gibi bilineer kuvvet-yerdeğiştirme ilişkisi kullanılarak ifade etmek uygun bir davranıştır. Süneklik gereksinimi (y_{max}/y_y), elastik olmayan yer değiştirmenin toplam yer değiştirmeye oranıdır ve genellikle bir yapı tepki değerlendirme parametresi olarak kullanılır. Ancak bu değerde çok yeterli bir tepki değerlendirme ölçümü değildir. Çünkü dayanım ve rijitlik azaltılması, çatlakların kapanmasından oluşan çimdiklenme (pinching) ve ilerleyen plastik mafsal oluşumları dikkate alınmamıştır. Gerçekçi tekrarlı yükler altındaki kuvvet-yerdeğiştirme ilişkisinin modellenmesinin kullanıldığı çalışmalar, azaltım modellerindeki rijitlik gereksiniminin, bilineer modellerden elde edilenle aynı olduğunu göstermiştir.

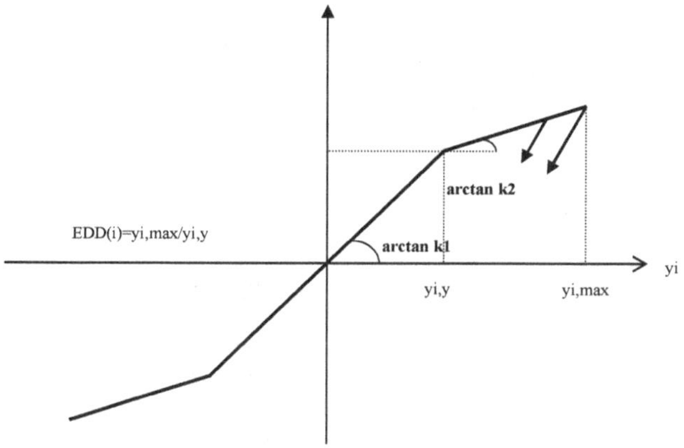

Şekil 2.3: Bilineer kuvvet-yerdeğiştirme ilişkisi

Belli bir sayıda eleman işleme dahil olduğunda, en yüksek süneklik ihtiyacı (PDD), tüm taşıyıcı elemanların maksimum ihtiyaçlarını dikkate alan bir parametredir.

Farklı kategorideki yapıların, farklı seviyelerde süneklik kapasiteleri vardır. Sismik tasarımda statik yaklaşım, bunu farklı seviyelerdeki dayanım azaltma faktörleri (R) kullanarak dikkate alır. Daha sünek yapının tasarım dayanımı daha düşük olacaktır.

Gevrek hasar, 1.0 faktörü ile gösterilir (elastik analize dayalı rijitlik) yani bu yapı daha fazla yüklenemez demektir. Yüksek süneklikli davranışta daha yüksek faktörler; 4.0 ila 7.0, yönetmeliklere bağlı olarak devreye girerler.

Asimetrik yapıların lineer olmayan tepkilerinin çalışılması 1960'ların başlarına rastlar. İlk çalışmaları Tanabashi ve arkadaşları [41], bilineer davranan 4 çerçeve sistemin analizini sinüzoidal titreşim altında, analog bilgisayar kullanarak yapmışlardır. Kolonların iki eksenli eğilme etkisinde oldukları ancak akma ötesindeki etkileşimin olmadığı dikkate alınmıştır.

Benzer türdeki çalışmalar Shiga ve arkadaşları tarafından yapılmıştır [42,43]. O dönemlerde ki hesaplamalardaki zorluklar dikkate alınarak bu çalışmalar çok karmaşık ve kapsamlı değildi, taşıyıcı elemanlar arasındaki dayanımın yeniden dağılımı, süneklik gereksinimini etkilediği ve burulmadan dolayı oluşan hasarı azalttığı bu çalışmalarda gösterilmiştir.

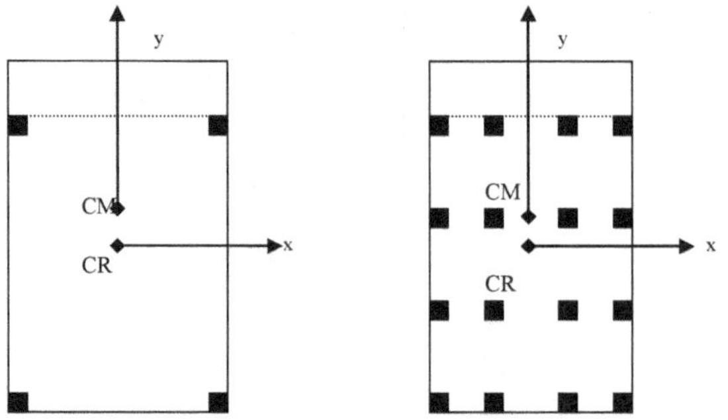

Şekil 2.4: 4&16 elemanlı model

Daha sonra Erdik tarafından yapılan çalışmada [44], Şekil 2.4'de gösterildiği gibi, iki doğrultuda 4 ve 16 eşdeğer rijitlikli eleman kullanılan, simetrik ancak dışmerkezlikli sistemin, elastik-mükemmel plastik yerdeğiştirme ve dönme tepki spektrumu üzerinde çalışılmıştır. Erdik, küçük dışmerkezlikler için, bu sistemlerin tek serbestlik dereceli sönümleyicili sistem gibi, akmayı takiben ötelenme tepkisi verdikleri sonucuna varmıştır. Aynı zamanda, kesme merkezinin yer değiştirmesinin, tepesi düz olan çoklu lineer sistemlerdekinin aynısı olduğunu belirtmiştir.

Cardona tarafından, 5 katlı, elasto-plastik kuvvet-yerdeğiştirme ilişkisine sahip ve rijit veya esnek kat diyaframları olan basit bir yapı için süneklik ihtiyacının belirlenmesine yönelik bir çalışma yapılmıştır [45]. Dışmerkezli esnek diyaframlı binaların süneklik gereksinimi (DD), rijit diyaframlılardan daha fazla olduğunu ve $e/b \approx 0,3$ oranı varken süneklik gereksiniminin maksimum olduğunu ortaya koymuştur. Aynı zamanda uzun periyotlu, dışmerkezli, rijit kat diyaframlı sistemlerin süneklik ihtiyaçlarının aynı fakat simetrik sistemlere oranla daha düşük olduğunu göstermiştir.

70'lerin sonlarında, 80'lerin başlarında, asimetrik sistemlerin alma davranışlarına ilişkin davranışlarına ışık tutmak için bazı çalışmalar yapılmıştır. Kan ve Chopra [46, 11], elastik mükemmel plastik davranış kabulü yaparak ve çok elemanlı sistemi, dairesel bir kesme-burulma akma yüzeyine sahip tek elemanlı sistem için, Şekil 4.3'de görülebileceği gibi, El-Centro deprem kaydını kullanarak, zaman alanında (time history) incelemiştir. Dışmerkezlik oranı; $e^*=e/\rho$, Ω ve yatay titreşim periyodu To değerlerini değiştirmişlerdir. Yatay etki-burulma etkisi çiftlemesinin, elastoplastik aralıkta, Ω oranına bağlı olarak, elastik sistemlerdeki gibi yapı tepkilerinde büyütme yaptığın , elastik olmayan sistemlerdeki maksimum deformasyonların, lineer sistemdekilerden daha az etkilendiğini göstermişlerdir. Aynı zamanda esnek kenar kolonlarında toplam köşe yerdeğiştirme vektörünün kütle merkezindekinin 3 katına eşit olduğunu ve bunun elastik durumdakinden de daha büyük olduğunu ortaya koymuşlardır. Ancak bu çıkarımlar, dar bir aralıktaki periyotta, yatay etki-burulma etkisi büyütmesinin olduğu çalışmada yapılmıştır.

Palazzo ve Fraternali [47], yaptıkları çalışmada, tek eleman modelini kullanmışlardır ve DD büyütmesinin Ω=1,0 için gerçekleştiğini bildirmişlerdir.

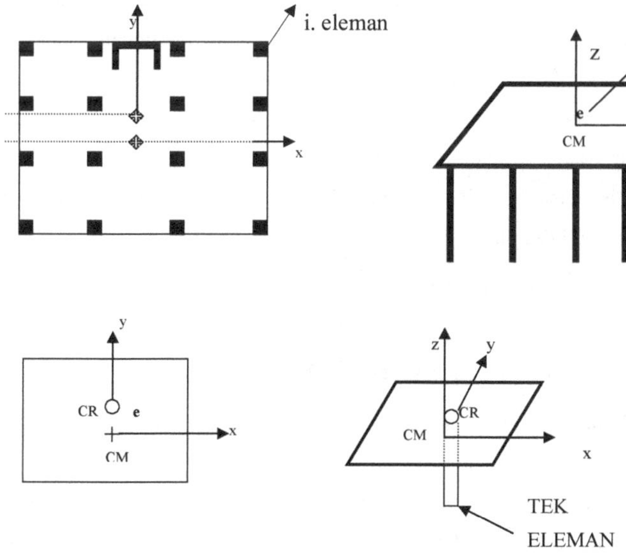

Şekil 2.5: Eşdeğer tek eleman modeli

Dört elemanlı elastik mükemmel plastik sistem tipinin, Şekil 2.5'de görüldüğü gibi, El-Centro deprem kaydı altında, plastik x-y etkileşimi etkisiyle oluşan tepki kuvvetleri Yamazaki tarafından çalışılmıştır. Kullanılan değişkenler e^*, T_o ve titreşim seviyesidir. Maksimum yer değiştirmedeki x-y etkileşimi etkisinin belirgin olmadığı sonucuna varmıştır. Ancak etkileşimin benzer elasto-plastik tepkilerde ortaya çıkan en yüksek değerleri yumuşattığını gözlemlenmiştir. Yamazaki, iki doğrultuda girdi kullanarak, her iki doğrultuda dışmerkezlik ve doğal periyot etkilerini de çalışmıştır. Ötelenme yer değiştirmesinin, özellikle uzun periyotlu sistemlerde dış merkezliğe çok duyarlı olmadığını ancak kısa periyotlu sistemlerde burulma tepkisinin dışmerkezlikle arttığını gözlemlemiştir. Sonuç olarak ötelenme ve burulma yerdeğiştirmelerinin artan dayanım seviyeleriyle azaldığı belirtilmiştir [48]..

Çalışmaların genelinde maksimum yerdeğiştirme ve dönme etkileri inceleme konusu olduğu halde süneklik gereksinimi (DD) yeterince dikkate alınmamıştır. Tüm elemanların dayanımlarının elastik rijitlikle orantılı olduğu düşünüldüğünde bu anlaşılabilir bir yaklaşımdır ancak kesin süneklik seviyesi, elemanların kesin büyük yatay yer değiştirmelerinin süneklik ihtiyacına (DD) olan oranından hesaplanamaz. Irvine ve Kountouris, temel olarak asimetrik sistemlerin süneklik ihtiyaçlarının aynı fakat simetrik sistemlere kıyaslaması ile ilgili çalışmışlardır. İki elasto plastik elemanlı yatay yük taşıyıcı sistemin analizini yapmışlardır. Şekil 2.6'da görüldüğü gibi, statik olarak kararlı bir sistemdir. Bazı zaman alanı analizlerine bağlı olarak aşağıdaki sonuçlara ulaşılmıştır [49,50].

- Maksimum süneklik ihtiyacı (PDD), e* ve Ω'ya duyarlı değildir.
- PDD nadiren, aynı fakat simetrik sistemdekilerden %30 daha büyüktür.
- PDD yüksek olan eleman, kütle merkezine yakın olandır.

Tso ve arkadaşlarının yayınlarında [51, 52, 53, 54], Şekil 4.5 b ve 4.5 c' de gösterilen tipteki sistemlerin bilineer tepkileri üzerinde yaptıkları parametrik çalışma sonuçlarını yayınlamışlardır. PDD ve maksimum kenar yer değiştirmeleri en önemli parametreler olarak belirtilmiştir. Tso ve Sadek tarafından, akma üzerindeki iki doğrultudaki etki çalışılmıştır [53].

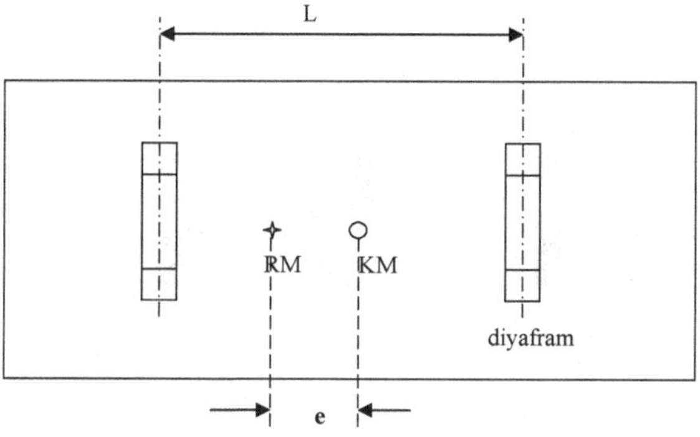

Şekil 2.6: İki elemanlı model

Karşılıklı etkileşimin, tepkiyi bir miktar düşürdüğü ancak tüm X-Y etkileşimi üzerindeki etkilerinin çok büyük olmadıklarını bildirmişlerdir. Shobet' te yaptığı çalışmada benzer sonuçlara ulaşmıştır [55]. Tso ile Sadek, aynı zamanda küçük dış merkezlikli sistemlerin PDD'lerinin simetrik olanlarla aynı olduğunu ancak büyük dış merkezlikli sistemlerdeyse PDD'nin çok daha büyük olduğunu belirtmişlerdir. Tso ve Sadek, Bozorgnia ve Tso çalışmalarında, akan sistemler için, yatay-burulma büyütmesinin, yapı yeterince deplase olmadan gerçekleşmediğini ve tepkinin ilk olarak ötelenme şeklinde gelmediğini, Kan ve Chopra'nın daha önce vardıkları sonuçlardan farklı olduğunu belirtmişlerdir. Aynı zamanda, PDD üzerindeki asimetri etkisinin ve maksimum kenar yer değiştirmesinin, yüksek dayanım azaltma faktörüne sahip rijit sistemlerde en yüksek düzeyde olduğunu bulmuşlardır. Burulma frekansının yatay frekansa oranının PDD'yi belirgin olarak etkilemediğini bulmuşlardır. Girdi hareket karakteristiklerinin örneğin frekans içeriği ve uzun darbelerin, bir miktar önemi olduğunu gözlemlemişlerdir. Dayanım dışmerkezliğinin tepkiyi büyüttüğü ve düşük periyotlu sistemlerde bu etkinin çok güçlü olduğu sonucuna varmışlardır. Tso ve Sadek tarafından ortaya konulan üç elemanlı modelinin süneklik ihtiyacı ile Irvine ve Kountouris [49, 50] tarafından çalışılan 2 elemanlı modelin süneklik ihtiyacı karşılaştırıldığında, Şekil 2.6'da verilen iki elemanlı modelin süneklik ihtiyacının daha az olduğu Tso ve Sadek tarafından ortaya konulmuştur. Şekil 2.7'de görüldüğü gibi, üç eleman model için başka bir çalışmada, aynı akma yer değiştirmesine sahip ancak farklı dayanımlı sistemlerin, aynı dayanımlı veya elastik rijitlikli sistemlere göre daha büyük kenar yer değiştirmelerine sahip oldukları söylenmiştir [52].

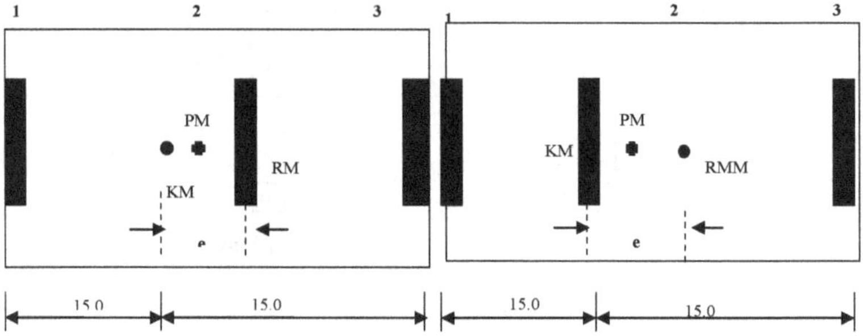

a) Rijitlik merkezi (RM) modeli b) Kütle Merkezi (KM) Modeli

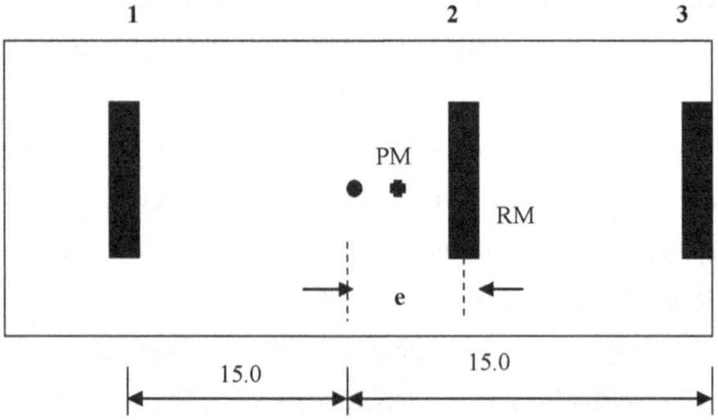

c) Kaydırılmış Model

Şekil 2.7: Üç elemanlı model

Tso ve Sadek'in daha sonraki çalışmalar için buldukları önemli bir sonuç ise azalan kuvvet yerdeğiştirme ilişkisinin daha büyük PDD'ye yol açmadığını, elasto-plastik veya çok küçük ikincil eğimli bilineer sistemlerin, betonarme davranışının, PDD'sini tahmin etmekte yetersiz kaldığını belirtmişlerdir. Fakat bu sonucu X şeklinde çaprazlamaları olan çerçevelerde genelleştirilemeyeceğini çünkü bilineer modelin bu durumda PDD'yi olması gerekenden daha düşük tahmin ettiğini, Bruneau ve Mahin, belirtmişlerdir [56]. Aynı yazarların monosimetrik tek katlı iki elemanlı sistemin bilineer tepkisi üzerinde yaptıkları parametrik çalışmada benzer sonuçları yayınlamışlardır [58, 59]. Özel iki elemanlı modele dayalı olarak, iki serbestlik dereceli sistemin süneklik gereksiniminin, tek serbestlik dereceli modelle yaklaşık olarak yansıtılabileceği önerilmiştir. Elde edilen sonuçların, kesin sonuçlarla makul bir uyum sağladığı belirtilmiştir. Aynı zamanda PC dışmerkezliği etkisini de çalışmışlardır ve rijit kenardaki güçlü elemanın süneklik gereksinimini (DD) etkilediği sonucuna varmışlardır. İlginç olan sonuçlardan birisi de bu sistemlerin PDD'sinin frekans oranı Ω, dışmerkezlik oranı e* ve doğal titreşim periyodu T_o a pek duyarlı olmadığını ancak PDD'nin Ω ile bir miktar arttığını ve iki elemanlı modelin DD'sinin dört elemanlı modelden daha yüksek olduğunu bildirmişlerdir. Son iki sonuç daha önce yapılan çalışmaların sonuçlarıyla uyumsuzdur.

Farklı dayanım-rijitlik oranına bağlı çalışmaların 1986 da başladığı kabul edilmektedir. Tso ve Bozorgnia, sabit dayanım-rijitlik oranına sahip sistemlerin en büyük kenar yer değiştirmesine sahip oldukları, aynı zamanda kısa periyotlu sistemlerin daha büyük esnek kenar yer değiştirmelerine sahip olmalarının beklenebileceğini bildirmişlerdir [52]. Bu sistemlerin DD'si ve PC konumları incelenmemiştir. Bu konu Shobet, Rutenberg ve diğerleri tarafından da incelenmiştir [55]. Üç elemanlı bir model kullanılarak (CR modeli, Şekil 2.5), monosimetrik sistemlerin tepkisinde PC dışmerkezliğinin etkilerini çalışmışlardır. PC dışmerkezliği etkilerini araştırma düşüncesi, daha düşük PDD ve daha düşük maksimum yerdeğiştirme elde etmek için dönmenin çıkarılmasını başarmak ve böylece taban sönümleyicisi kullanılmış (base isolated) çok katlı yapının toplam yer değiştirmesini düşürmektir. Bunu başarmak için üst yapının kütle merkezi ile taban sönümleyicilerinin plastik merkezlerini çakıştırmak gerekecektir. Yapılan parametrik çalışmada, rijit kenardaki elemanın, süneklik ve esnek kenar yerdeğiştirmesi dikkate alındığında hasara çok açık olduğu sonucuna varılmıştır. Eleman üç deki dayanımı arttırmak için, Şekil 2.7'de görüldüğü gibi, PM'yi RM'ye doğru, azalan frekans oranıyla kaydırmanın daha önce yapılmış olan lineer ve lineer olmayan çalışma sonuçları tarafından da desteklenen uygun bir yol olduğu belirtilmiştir [37, 60]. Aynı zamanda taşıyıcı elemanlar arasında, dayanımın yeniden dağılımı yapılarak DD'nin kontrol edilebileceği ve en iyi tasarım sistematiğinin PDD'yi minimize etmek için PM'yi yaklaşık olarak KM ile RM'nin arasında, ortada koymak gerektiğini bildirmişlerdir. Benzer bir sonuç Yiaslas ve diğerleri tarafından elde edilmiştir [61]. Rutenberg ve diğerleri artan Ω değerleri için PDD'nin azaldığını, Bozorgnia ve Tso' dan farklı olarak bulmuşlardır [51].

Goel ve Chopra, toplam dayanım ve dağılımının etkilerinin, taşıyıcı elemanların sayı ve konumlarına ve tek katlı, elastik olmayan tepkideki PM dışmerkezliğine bağlı olarak incelemesini yapmışlardır [17, 62]. Yeni bir parametre belirlemişlerdir, bu parametreyle titreşim doğrultusuna normal konumlu elemanların etkilerini incelemişlerdir. Zemin titreşimi olarak yarı devirli yerdeğiştirme etkisi (pulse) ve El Centro kaydı kullanılmıştır. Varılan önemli sonuçlar:

- Titreşime normal doğrultudaki elemanlar burulma deformasyonlarını düşürmektedirler, gerçi çok düşük periyot aralığı (yarı devirli titreşimde) hariç olmak üzere, PDD üzerindeki etkileri belirgin değildir.
- Yük doğrultusundaki elemanların sayısının etkisi, yerdeğiştirmede çok belirgin değildir ancak PDD'yi etkiler (yine iki elemanlı sistemlerde, üç elemanlıya göre DD daha azdır).
- Dayanım azaltma faktörü R büyük olduğunda, eleman deformasyonu simetrik sistemdekine yaklaşmaktadır.
- Tepkideki periyoda bağımlılık düşüktür ve titreşim seviyesine bağlı olarak azalır.

Diaz ve Molina çalışmalarında, yönetmeliğe göre tasarlanmış asimetrik tek katlı yapıların tepkilerini çalışmışlar ve Şekil 2.8'de gösterilen üç elemanlı modelleri kullanmışlardır. Elde ettikleri sonuçlar, Rutenberg ve arkadaşları ile hemen hemen aynıdır; esnek kenardaki elemanlar en büyük yerdeğiştirmeyi yaparlar ve rijit kenardakiler en büyük PDD'yi gösterirler. Bunların DD'sini düşürmek için daha küçük tasarım dış merkezlikleri değerleri kullanmak SEAOC yönetmeliği veya UBC de öngörüldüğü gibi daha uygundur [39].

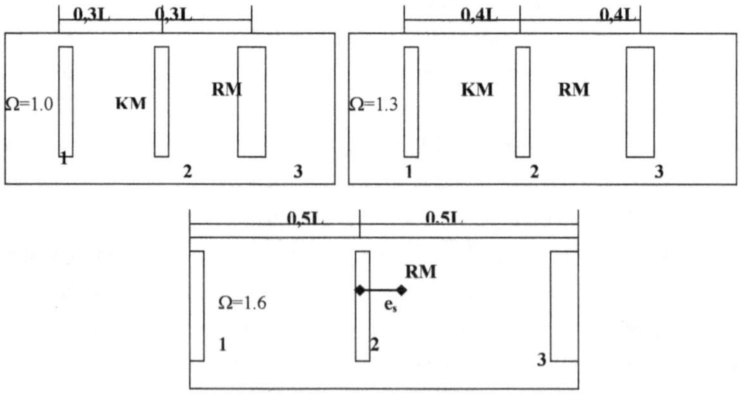

Şekil 2.8: Üç elemanlı model

Lineer olmayan tepkinin modele bağımlılığından dolayı genel sonuçlara ulaşmanın zorluğu, Rutenberg ve diğerleri [63] ile Shobet [55] tarafından üç model dikkate alınarak ve muhtemel yapı konfigürasyonları incelenerek belirtilmiştir (Şekil 2.7). Yapılan çalışmalarda, ATC ve NBCC yönetmelikleri kuralları dikkate alınarak tasarım yapılmış ve parametrik çalışılmıştır.

Söz konusu iki yönetmelik iki farklı tasarım sistematiği içermektedir: NBCC yönetmeliği DD için en iyi kontrolün dinamik lineer analiz ile sağlandığını kabul ederken, ATC yönetmeliği, modal kuplajdan dolayı dışmerkezlik büyütmesini ihmal eder ve statik lineer analizin (örneğin e_d=e+rastlantısal dışmerkezlik) lineer olmayan davranışın göstergesi olarak yeterli olduğu kabulünü yapar. Genel olarak tepki parametreleri ise PDD ve maksimum yer değiştirmedir. Lineer olmayan sistemleri tanımlamak için toplam akma dayanımı ve plastik merkezsel dışmerkezlik (e_{pl}), büyüklüklerinin kullanılması yetersizdir. Dahası lineer parametreler bile bu alandaki araştırmacılar tarafından ortak olarak tanımlanmamıştır. Bu durum birçok problemde ortaya çıkmakta, farklı modellere ait sonuçlarda araştırmacılar arası görüş ayrılıkları belirmektedir. Çok sayıda parametrenin çözüme etkidiği bu tarzda bir problem için aslında çok şaşırtıcı bir durum değildir.

Lineer aralıkta anahtar parametreler olan frekans oranı, Ω ve sönüm oranını belirlemek için bazı ihtimaller mevcuttur.

Frekans oranı, Ω için:

1) Ω_M, KM' ye bağlı olarak bulunur. Ω_M hesabı, 2.1, 2.2 eşitliklerinde ifade edilmiştir.
2) Ω_R, RM' ye bağlı olarak bulunur. Ω_R hesabı, 2.3 eşitliğinde ifade edilmiştir
3) Ω_O, KM' ye bağlı olarak kütle eylemsizlik momenti ($I_{\theta m}$) ve RM' ye bağlı burulma rijitliği ($K_{\theta R}$) ile bulunur. Bu ifadelerin bulunması için 2.5, 2.6, 2.7 eşitliklerine bakılabilir.

$$\Omega_M^{\,2} = \frac{\omega_{\theta o}^{\,2}}{\omega_y^{\,2}} = \frac{mK_{\theta R}}{J_{\theta M}\sum K_y} \tag{2.1}$$

$$\Omega_M^2=\Omega_O^{\,2}+e^{*2}\ ; \tag{2.2}$$

$$\Omega_R^{\,2} = \frac{\Omega_o^{\,2}}{(1+e^{*2})} \tag{2.3}$$

$$e^*=e/\rho \tag{2.4}$$

$$\rho = \sqrt{\left(\frac{J_{\theta M}}{m}\right)} \tag{2.5}$$

$$\omega_y = \sqrt{\left(\frac{\sum K_y}{m}\right)},\ (e=0\ \text{için}) \tag{2.6}$$

$$\omega_{\theta o}^{\,2} = \frac{K_{\theta R}}{J_{\theta M}} \tag{2.7}$$

$\Omega_R < \Omega_O < \Omega_M$, e^* parametresinin (2.4 eşitliğinde gösterilen) artan değerleri için Ω_R^2 ve Ω_M^2 arasındaki fark açılmaktadır. Bu nedenle aynı sayısal değere sahip Ω_M ve Ω_R gerçekte iki farklı yapı sistemini temsil ederler. Parametrik çalışmalarda Ω_O parametresinin kullanılmasındaki avantaj; diğer fiziksel parametreleri değiştirmeden e değiştirilebilmektedir. Bu durumda kütle dağılımı ve yapısal sistem yerinde kalır sadece kütle merkezi kaydırılır.

Sönüm oranı: Sönüm oranı değerleri, farklı araştırmacılar tarafından, % 2 ile % 5 arasında değişen oranlarda kullanılmıştır. Ancak oranın bu aralıkta değişmesi büyük bir farklılık kaynağı olmamıştır. Burada asıl zorluk lineer olmayan aralıktadır. Lineer sistemleri T_o (veya ω), Ω, e^* (ve sönüm oranı) ile tanımlamak mümkündür. Ancak bu parametreler akmakta olan sistemleri tanımlamakta yetersizdir. Daha öncede belirtildiği gibi eleman dayanımı, rijitlikle orantılıdır. Dayanım/rijitlik oranı tüm taşıyıcı elemanlar için aynıdır. Bu kabule dayalı olarak plastik merkez (PC) ile RM çakışmaktadır [64].

3. LİNEER-ELASTİK SİSTEMLER

Bu bölümde idealize edilmiş tek, iki ve sonrasında üç katlı yapının deprem etkisi altında lineer davrandığı kabul edilerek zaman alanında analizleri yapılmıştır. Bu model yapıda kenar kolonlar ve rijit bir döşeme söz konusudur. Yapı kütlesinin, kütle merkezi (KM) denilen bir noktada toplandığı kabul edilmektedir. Taşıyıcı elemanların ana eksenleri doğrultusunda simetrik olduğu kabulü yapılmıştır. Dolayısıyla sistemin dış merkezliği tek eksen üzerindedir. Sistemde iki ötelenme (x ve y eksenlerinde) bir dönme (düşey eksen etrafında) olmak üzere üç serbestlik derecesi olduğu kabul edilmiştir. Zemin titreşimi olarak, deprem ivme kaydı karakteristikleri dikkate alınmıştır.

3.1 Tek Katlı Sistemde Serbestlik Dereceleri

Şekil 3.1'de gösterilen modelde, tek katlı yapıda, toplanmış kütle kabulü yapıldığından, kat döşemesinin kütle merkezinde üç serbestlik derecesine sahip olduğu varsayılmaktadır. Ancak rijit kat diyaframı kabulü, kütle simetrisi ve rijitlik dağılımındaki simetriden dolayı kolaylık olması açısından istenirse sadece iki serbestlik derecesi için hesap yapılabilir (x doğrultusunda ötelenme ve z ekseni etrafında burulma). Ancak hesaplamalarda üç serbestlik derecesi alınarak hesap yapılmıştır. Bu serbestlikler, kütle merkezinin x ve y ekseni boyunca (u_x, uy) yer değiştirme ve kütle merkezinden geçen düşey eksen etrafında dönme (u_θ) hareketleri olacaktır. Serbestlik derecesi vektörü olarak u^T=(u_x u_y ru_θ) alınacaktır. Burada r; polar jirasyon yarıçapıdır. Bu serbestlikler genel anlamda;

1. Ötelenme serbestlikleri düşünüldüğünde x ve y doğrultularında yer değiştirme serbestlikleri
2. Üçüncü serbestlik derecesi olarak da düşey z ekseni etrafında burulma dönmesi serbestliği alınmaktadır.

m, c ve k matrislerindeki köşegen dışındaki terimler, kuplaj veya çiftlenme terimleri olarak bilinmektedir. Genelde denklem kütle, sönüm ve rijitlik kuplajlarına sahiptir. Fakat sistemin kuplajı hareketi tanımlamak için seçilen serbestliklere bağlı olarak değişmektedir.

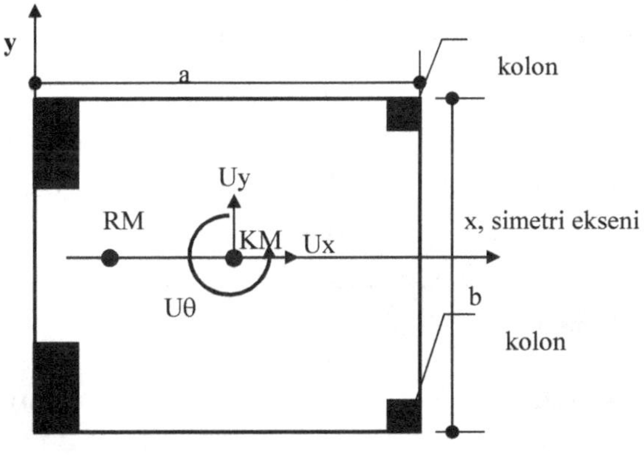

Şekil 3.1: Kat planı üzerinde serbestlik dereceleri

3.2 Planda Simetrik Sistemler İçin Dinamik Hareket Denklemi

Bu durumdaki en basit hal dinamik serbestliklerin zemin titreşimi doğrultusunda olmasıdır. Genel hareket denkleminin zaman alanında ifadesi 3.1 eşitliğinde gösterilmiştir.

$$m \cdot u''(t) + c \cdot u'(t) + k \cdot u(t) = -m \cdot u_g''(t) \qquad (3.1)$$

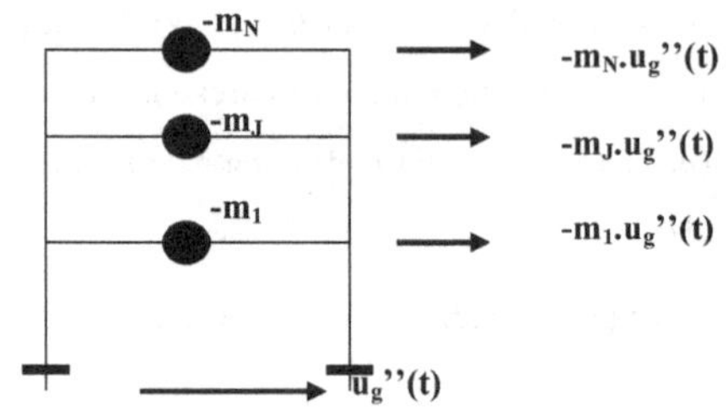

Şekil3.2: Yapıya etkiyen dinamik kuvvetler

Hareket denklemindeki yapıya etkiyen efektif kuvvetin deprem kuvveti olması durumda, efektif kuvvet 3.2 eşitliği ile gösterilebilir.

$$p_{eff}(t) = -m \cdot u_g''(t) \qquad (3.2)$$

Sistem x ve y ana plan doğrultularında simetriktir. Buradaki rijitlik, yanal rijitlik matrisidir. i. katın yanal kuvvetleri, 3.3 eşitliği ile ifade edilmiştir.

$$f_{si} = k_{xi} \cdot u_{xi} \qquad (3.3)$$

Kat döşemesi rijit olduğu için aynı düzlemdeki elemanlar eşit yer değiştirmeye maruz kalırlar. Yani $u_{xi} = u_x$ olacaktır. Yanal yerdeğiştirmeler katın kütle merkezinde tanımlanacaktır. Katta ait genel kuvvetler ise 3.4 eşitliği ile kata ait ötelenme rijitliği ise 3.5 eşitliği ile ifade edilmiştir.

$$f_s = \sum_i f_{si} \text{ (kütle merkezinde yatay kuvvet)} \qquad (3.4)$$

$$k_x = \sum_i k_{xi} \quad \text{(katın yatay rijitliği)} \qquad (3.5)$$

3.3 Planda Asimetrik Sistemler Teorik ve Sayısal Modeller

3.3.1 Tek katlı her iki doğrultuda asimetrik sistemler

Sistem, Şekil 3.3'de plan düzleminden görülebileceği gibi, idealize edilmiş tek katlı bir yapıdan ibarettir. Kendi düzlemi içinde rijit bir kat diyaframı, çerçeve elemanlar zemine mesnetlenmiştir. Sistemde A çerçevesi y doğrultusunda çalışmaktadır. Çerçevenin kat kütle merkezine (KM) olan uzaklığı yani dışmerkezlik e olarak verilmiştir. B ve C çerçeveleri x doğrultusunda çalışmaktadır ve KM'den d/2 kadar eşit uzaklıkta yerleştirilmiştir. Basitlik için çerçeve elemanlar döşemenin kenarlarına yerleştirilmiştir. Döşeme kütle serbestlikleri KM'de u_x (x yerdeğiştirmesi), u_y (y yerdeğiştirmesi) ve burulma u_θ (düşeyden geçen z ekseni etrafında dönme) olarak tanımlanmıştır.

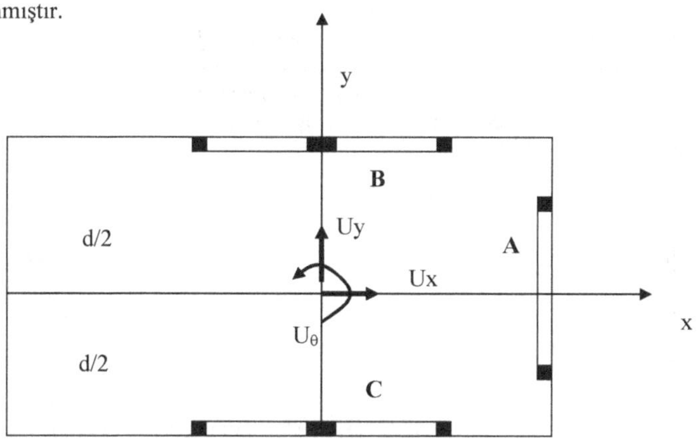

Şekil 3.3: Burulmalı örnek kat planı

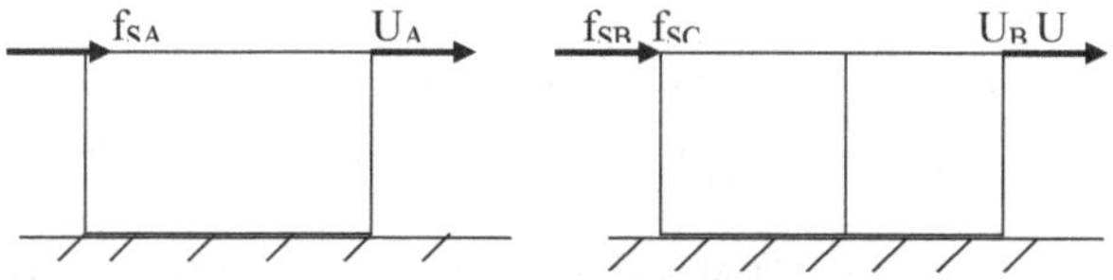

Şekil 3.4: A,B ve C çerçeveleri

Çerçevelerde ortaya çıkan yatay kuvvetler Şekil 3.4'de gösterilmiştir.

3.3.2 Kuvvet – yerdeğiştirme ilişkisi

f_S'nin yapının rijitlik bileşeni üzerine statik olarak etkitilen dış yük olduğu bilinmektedir ve u vektörünün, bunun sonucu olarak ortaya çıkan 3 serbestlik dereceli sistemin terimleri olduğunu düşünelim. Kuvvet ve yerdeğiştirmeler:

$$\{f_S\} = \{k\} \cdot \{u\} \tag{3.6}$$

$$\begin{Bmatrix} f_{sx} \\ f_{sy} \\ f_{s\theta} \end{Bmatrix} = \begin{bmatrix} k_{xx} & k_{xy} & k_{x\theta} \\ k_{yx} & k_{yy} & k_{y\theta} \\ k_{\theta x} & k_{\theta y} & k_{\theta\theta} \end{bmatrix} \begin{bmatrix} u_x \\ u_y \\ u_\theta \end{bmatrix} \qquad (3.7)$$

3x3'lük rijitlik matrisi direkt denge metodu veya direkt rijitlik yönetmi ile bulunabilir. Bu amaçla çerçevenin yatay rijitliği bulunabilir. k_y, A çerçevesinin yatay rijitliği , f_{SA}, A çerçevesine etkiyen etkiyen yatay kuvvet, f_{SB}, B çerçevesine etkiyen etkiyen yatay kuvvet, f_{SC}, C çerçevesine etkiyen etkiyen yatay kuvvet olmak üzere 3.8 , 3.9 ve 3.10 eşitliklerinden hesaplanabilir.

$$\{f_{SA}\} = \{k_y\} \cdot \{u_A\} \qquad (3.8)$$

$$\{f_{SB}\} = \{k_{xB}\} \cdot \{u_B\} \qquad (3.9)$$

$$\{f_{SC}\} = \{k_{xC}\} \cdot \{u_C\} \qquad (3.10)$$

Sonuç rijitlik matrisi 3.11 eşitliğinde ifade edilmiştir. Burada $k_{xy}=k_{yx}=0$ alınabileceğinden matristeki (1,2) ve (2,1) no'lu elemanlar sıfır olarak gösterilmiştir.

$$k = \begin{bmatrix} k_{xB} + k_{xC} & 0 & (d/2)\cdot(k_{xB} - k_{xC}) \\ 0 & k_y & e \cdot k_y \\ (d/2)\cdot(k_{xB} - k_{xC}) & e \cdot k_y & e^2 \cdot k_y (d^2/4)\cdot(k_{xB} + k_{xC}) \end{bmatrix} \qquad (3.11)$$

Sistem rijitlik matrisi direkt denge denklemi kullanılarak elde edilebilir. Her bir serbestlik derecesi için birim yerdeğiştirme uygulanarak ve statik denge denklemleri yazılarak rijitilikler Şekil 3.5'de gösterildiği gibi elde edilebilir.

Yerdeğiştirme vektörü $\{u\} = \begin{Bmatrix} u_x \\ u_y \\ u_\theta \end{Bmatrix}$ olduğuna göre

A çerçevesinin yerdeğiştirmesi $u_A=u_y+e.u_\theta$ veya $u_A=a_{yA}.u$ $\quad a_{yA}=\{0 \quad 1 \quad e\}$

B çerçevesinin yerdeğiştirmesi $u_B=u_x-(d/2).u_\theta$ veya $u_B=a_{xB}.u$ $\quad a_{xB}=\{1 \quad 0 \quad -d/2\}$

C çerçevesinin yerdeğiştirmesi $u_C=u_x+(d/2).u_\theta$ veya $u_C=a_{xC}.u$ $\quad a_{xC}=\{1 \quad 0 \quad d/2\}$

a) $u_x = 1$, $u_y = u_\theta = 0$

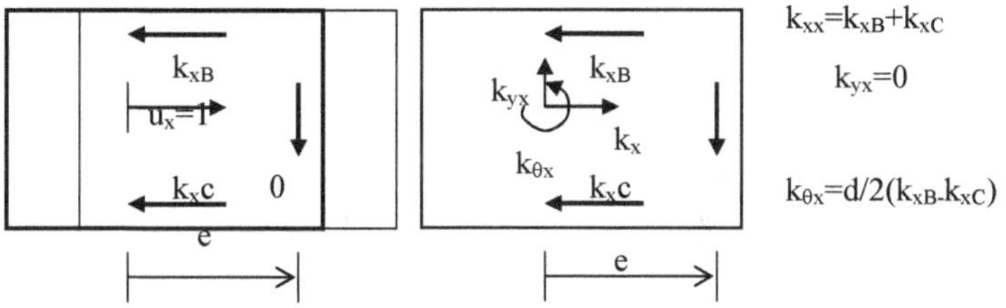

b) $u_x = 0,\ u_y = 1\ ,\ u_\theta = 0$

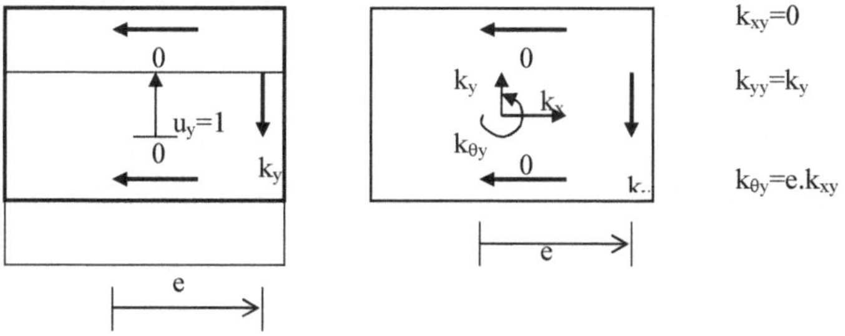

c) $u_x = u_y = 0,\ u_\theta = 1$

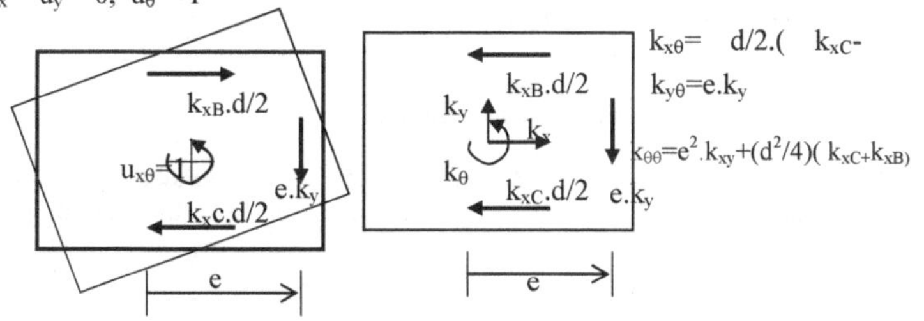

Şekil 3.5: Rijitlik ifadelerinin elde edilmesi

Yapının genel rijitlik matrisindeki ifadeler yerine konulursa sonuç rijitlik matrisi elde edilmiş olacaktır.

i. çerçevenin yerel koordinatları kullanılırsa, i. Çerçevenin rijitlik matrisi, global serbestlik derecelerine bağlı olarak, 3.12 eşitliğindeki gibi bulunabilir.

$$k_i = a_{xi}^T . k_{xi} . a_{xi} \quad \text{veya} \quad k_i = a_{yi}^T . k_{yi} . a_{yi} \qquad (3.12)$$

$$\mathbf{k_A}=\begin{Bmatrix}0\\1\\e\end{Bmatrix}k_y\{0 \quad 1 \quad e\}=k_y\cdot\begin{bmatrix}0&0&0\\0&1&e\\0&e&e^2\end{bmatrix} \tag{3.13}$$

$$\mathbf{k_B}=\begin{Bmatrix}1\\0\\-d/2\end{Bmatrix}k_{xB}\{1 \quad 0 \quad -d/2\}=k_{xB}\cdot\begin{bmatrix}1&0&-d/2\\0&0&0\\-d/2&0&d^2/4\end{bmatrix} \tag{3.14}$$

$$\mathbf{k_C}=\begin{Bmatrix}1\\0\\d/2\end{Bmatrix}k_{xC}\{1 \quad 0 \quad d/2\}=k_{xC}\cdot\begin{bmatrix}1&0&d/2\\0&0&0\\d/2&0&d^2/4\end{bmatrix} \tag{3.15}$$

$$\mathrm{k}=\sum_i k_i=\mathrm{k_A}+\mathrm{k_B}+\mathrm{k_C} \qquad e_x=\frac{\sum_{i=1}^{n}k_i^y\cdot x_i}{\sum_{i=1}^{n}k_i^y} \qquad e_y=\frac{\sum_{i=1}^{n}k_i^x\cdot y_i}{\sum_{i=1}^{n}k_i^x} \tag{3.16}$$

Sistem rijitlik matrisi olarak 3.13, 3.14 ve 3.15 eşitliklerinden teker teker eleman rijitlik matrisleri hesaplandıktan sonra, 3.16 eşitliğinde yerine konularak elde edilebilir. x ve y doğrultusundaki dış merkezlik miktarıda yine 3.16 eşitliği kullanılarak hesaplanabilir.

3.3.3 Sistemdeki atalet kuvvetlerinin hesaplanması

Seçilen global serbestlik dereceleri, kütle merkezi O da seçildiğinden dolayı burada ortaya çıkar ve yapıda oluşacak atalet kuvvetleri 3.17 eşitliğinden hesaplanabilir.

$$f_{Ix}=m\ddot{u}_x^{\,t} \qquad f_{Iy}=m\ddot{u}_y^{\,t} \qquad f_{I\theta}=I_O\ddot{u}_\theta^{\,t} \tag{3.17}$$

Kat döşemesinin düşeyden geçen z ekseni etrafındaki atalet momenti; $I_O=m(b^2+d^2)/12$ olarak alınmaktadır. $\ddot{u}_x^{\,t}$, $\ddot{u}_y^{\,t}$, $\ddot{u}_\theta^{\,t}$, kütle merkezindeki x, y ve θ doğrultularındaki ivme bileşenleridir. Matris formunda yazılırsa, 3.18 eşitliğindeki ifade elde edilir; bu ifadeyi $f_I=m\ddot{u}^{\,t}$ olarak da kısa formda yazmak mümkündür.

$$\begin{Bmatrix}f_{Ix}\\f_{Iy}\\f_{I\theta}\end{Bmatrix}=\begin{bmatrix}m&0&0\\0&m&0\\0&0&I_O\end{bmatrix}\begin{Bmatrix}\ddot{u}_x^{\,t}\\\ddot{u}_y^{\,t}\\\ddot{u}_\theta^{\,t}\end{Bmatrix} \tag{3.18}$$

3.3.4 Sistemdeki sönüm kuvvetlerinin hesaplanması

Sönüm kuvvetleri serbest titreşim karakteristiklerina bağlı olarak hesaplanan ω_x, ω_y ve ω_θ frekans ifadelerine bağlı olarak sönüm kuvvetleri, 3.19 eşitliğinden hesaplanabilir.

$$\begin{Bmatrix} f_{Dx} \\ f_{Dy} \\ f_{D\theta} \end{Bmatrix} = \begin{bmatrix} c_x & 0 & 0 \\ 0 & c_y & 0 \\ 0 & 0 & c_\theta \end{bmatrix} \begin{Bmatrix} \dot{u}_x^{\,t} \\ \dot{u}_y^{\,t} \\ \dot{u}_\theta^{\,t} \end{Bmatrix} \quad (3.19)$$

Buradaki c_x, c_y, c_θ ifadeleri aşağıdaki 3.20 eşitliğinde gösterilmiştir.

$$c_x = 2\xi\omega_x \qquad c_y = 2\xi\omega_y \qquad c_\theta = 2\xi\omega_\theta \quad (3.20)$$

3.3.5 Sistemin dinamik hareket denklemi

Sistemin genel hareket denklemini 3.1 eşitliğinde ifade edildiği gibidir.

Deprem etkisi olarak kullanılan yer hareketinin bileşenlerini x, y ve tabandaki düşey eksen etrafındaki dönme bileşenleri $\ddot{u}_{gx}(t)$, $\ddot{u}_{gy}(t)$, $\ddot{u}_{g\theta}(t)$ olmak üzere toplam ivme ifadesi 3.21 veya 3.22 eşitliklerinde gösterildiği gibi yazılabilir;

$$\ddot{u}^t = \ddot{u} + \ddot{u}_g \quad (3.21)$$

$$\begin{Bmatrix} \ddot{u}_x^{\,t} \\ \ddot{u}_y^{\,t} \\ \ddot{u}_\theta^{\,t} \end{Bmatrix} = \begin{Bmatrix} \ddot{u}_x \\ \ddot{u}_y \\ \ddot{u}_\theta \end{Bmatrix} + \begin{Bmatrix} \ddot{u}_{gx}(t) \\ \ddot{u}_{gy}(t) \\ \ddot{u}_{g\theta}(t) \end{Bmatrix} \quad (3.22)$$

Genel hareket denkleminde rijitlik, ve kütle ifadelerini de ekleyerek yazarsak, eşitlik 3.23'de verilen genel formu elde ederiz.

$$\begin{bmatrix} m & 0 & 0 \\ 0 & m & 0 \\ 0 & 0 & I_O \end{bmatrix} \begin{Bmatrix} \ddot{u}_x^{\,t} \\ \ddot{u}_y^{\,t} \\ \ddot{u}_\theta^{\,t} \end{Bmatrix} + \begin{bmatrix} c_x & 0 & 0 \\ 0 & c_y & 0 \\ 0 & 0 & c_\theta \end{bmatrix} \begin{Bmatrix} \dot{u}_x^{\,t} \\ \dot{u}_y^{\,t} \\ \dot{u}_\theta^{\,t} \end{Bmatrix} + \quad (3.23)$$

$$\begin{bmatrix} k_{xB} + k_{xC} & 0 & (d/2)(k_{xB} - k_{xC}) \\ 0 & k_y & e.k_y \\ (d/2)(k_{xB} - k_{xC}) & e.k_y & e^2.k_y (d^2/4)(k_{xB} + k_{xC}) \end{bmatrix} \begin{Bmatrix} u_x \\ u_y \\ u_\theta \end{Bmatrix} = - \begin{Bmatrix} m\ddot{u}_{gx}(t) \\ m\ddot{u}_{gy}(t) \\ I_O\ddot{u}_{g\theta}(t) \end{Bmatrix}$$

$$k_{xx} = k_{xB} + k_{xC} \qquad k_{yy} = k_y \qquad k_{\theta\theta} = e \cdot 2k_y + \frac{d^2}{4}(k_{xB} + k_{xC}) \quad (3.24)$$

$$k_{x\theta} = k_{\theta x} = \frac{d}{2}(k_{xC} - k_{xB}) \qquad k_{y\theta} = k_{\theta y} = ek_y \quad (3.25)$$

Genel ifdedeki rijitlik elemanlarının açılımları 3.24 ve 3.25 eşitliklerinde görülmektedir.

3.3.6 Tek katlı tek doğrultuda simetrik sistemler

Şekil 3.3'de görülen kat planındaki B ve C çerçevelerinin yataydaki rijitlikleri eşit olsun ($k_{xB}=k_{xC}=k_x$). A çerçevesi de kütle merkezinde olursa (eleman simetrisi varsa) sönümsüz genel hareket denklemi aşağıdaki 3.26 eşitliğindeki hali alır.

$$\begin{bmatrix} m & 0 & 0 \\ 0 & m & 0 \\ 0 & 0 & I_O \end{bmatrix} \begin{Bmatrix} \ddot{u}_x \\ \ddot{u}_y \\ \ddot{u}_\theta \end{Bmatrix} + \begin{bmatrix} 2k_x & 0 & 0 \\ 0 & k_y & ek_y \\ 0 & ek_y & e^2k_y + (d^2/2)k_x \end{bmatrix} \begin{Bmatrix} u_x \\ u_y \\ u_\theta \end{Bmatrix} = -\begin{Bmatrix} m\ddot{u}_{gx}(t) \\ m\ddot{u}_{gy}(t) \\ 0 \end{Bmatrix} \quad (3.26)$$

Genel ifadedeki dönme terimi düşeceğinden oluşacak 3 denklemden ilki, 3.27 eşitliğinde ifade edildiği gibidir.

$$m\ddot{u}_x + 2k_x u_x = -m\ddot{u}_{gx}(t) \quad (3.27)$$

Bu sistem, harekete u_y ve u_θ'nın girmediği, tek katlı sistemin sadece u_x tepkisini verdiği tek serbestlik dereceli bir sisteme benzemektedir. Yani yapının tepkisinin x doğrultusunda oluşan kısmı, y doğrultusunda oluşan kısmından bağımsızdır. Hareketin 2. ve 3. denklemleri, 3.28 eşitliğinde gösterilmiştir.

$$\begin{bmatrix} m & 0 \\ 0 & I_O \end{bmatrix} \begin{Bmatrix} \ddot{u}_y \\ \ddot{u}_\theta \end{Bmatrix} + \begin{bmatrix} k_y & ek_y \\ ek_y & k_{\theta\theta} \end{bmatrix} \begin{Bmatrix} u_y \\ u_\theta \end{Bmatrix} = -\begin{bmatrix} m & 0 \\ 0 & I_O \end{bmatrix} \begin{Bmatrix} 1 \\ 0 \end{Bmatrix} \ddot{u}_{gy}(t) \quad (3.28)$$

Bu denklemde yönetici olan ifade u_y ve u_θ rijitlik matrisinde kuplajlıdır çünkü rijitlik özellikleri, y ekseninde simetrik değildir. Bu denklemin ayrıklaştırılması x ekseninde simetrik, y ekseninde asimetrik sistemin deprem etkisine tepkisinin belirlenmesinde iki bağımsız analiz yapılması gerekliliğini göstermektedir.

1. Yapının x doğrultusundaki tepkisi, yukarıdaki tek serbestlik dereceli sisteme ait denklemin çözülmesiyle elde edilebilir.
2. Kuplajlı yatay yer değiştirme-burulma tepkisi ise y doğrultusundaki iki serbestlik dereceli sistemin çözümüyle elde edilecektir.

Daha özel bir durum olan B ve C çerçevelerinin ($k_{xB}=k_{xC}=k_x$) özdeş ve A çerçevesinin de kütle merkezinde yeraldığını kabul edersek (e=0), sönümlü sistem iki doğrultuda simetrik hale gelmiş olacaktır.

$$\begin{bmatrix} m & 0 & 0 \\ 0 & m & 0 \\ 0 & 0 & I_O \end{bmatrix} \begin{Bmatrix} \ddot{u}_x \\ \ddot{u}_y \\ \ddot{u}_\theta \end{Bmatrix} + \begin{bmatrix} c_x & 0 & 0 \\ 0 & c_y & 0 \\ 0 & 0 & c_\theta \end{bmatrix} \begin{Bmatrix} \dot{u}_x^t \\ \dot{u}_y^t \\ \dot{u}_\theta^t \end{Bmatrix} + \begin{bmatrix} 2k_x & 0 & 0 \\ 0 & k_y & 0 \\ 0 & 0 & (d^2/2)k_x \end{bmatrix} \begin{Bmatrix} u_x \\ u_y \\ u_\theta \end{Bmatrix} = -\begin{Bmatrix} m\ddot{u}_{gx}(t) \\ m\ddot{u}_{gy}(t) \\ I_O\ddot{u}_{g\theta}(t) \end{Bmatrix} \quad (3.29)$$

Yukarıda matris formunda ifade edilen üç denklemde kuplajsızdır. Her denklem kendi adına tek serbestlik derecelidir. Bu durumda:

1. x doğrultusundaki tepki sadece x doğrultusunda ötelenmeye sebep olur ve tek denklemin tek başına çözümüyle elde edilir.
2. y doğrultusundaki tepki sadece y doğrultusunda ötelenmeye sebep olur ve tek denklemin tek başına çözümüyle elde edilir.
3. Simetrik sistem için, taban titreşiminin dönme bileşeni olmadıkça yapıda burulma ortaya çıkmayacaktır.

Şekil 3.4'de verilen sistem için rijitlik matrislerini elde ederek söz konusu genel hareket denkleminde yerine koyulursa ve deprem titreşimi olarak 1940 El-Centro depremi Kuzey-Güney bileşenini dikkate alınırsa elde edilen üç adet ikinci derece diferansiyel denklemin çözümü gerekecektir. Söz konusu diferansiyel denklemler herhangi bir lineer ivme yönteminden yararlanarak çözülebilir ancak sonuca daha çabuk yakınsayan ve yaygın olarak kullanılan Wilson-θ yöntemi daha optimal bir çözüm olarak karşımıza çıkmaktadır.

3.4 Dinamik Hareket Denklemini Çözümü İçin Wilson-θ Yöntemi

E. L. Wilson tarafından geliştirilen bu yöntem, şartlı kararlı lineer ivme yönteminin şartlardan bağımsız kararlı hale getirilmesiyle elde edilmiştir. Lineer ivme yönteminden farkı, Şekil 3.6'da gösterildiği gibi, $\delta t=\theta\Delta t$ ek zaman aralığında ivmenin lineer değiştiği kabulüdür. Yöntemin yakınsaklığı ve stabilitesi, daima 1 den büyük bir değer olan θ parametresine bağlıdır.

Yöntemin sayısal kısmı sadece lineer ivme yönteminin temel ilişkilerinin türetilmesiyle elde edilebilir. Genel denklem 3.30 eşitliğindeki gibidir.

$$\begin{aligned}\Delta\dot{u}_i &= (\Delta t)\ddot{u}_i + (\gamma\Delta t)\Delta\ddot{u}_i \\ \Delta u_i &= (\Delta t)\dot{u}_i + \frac{(\Delta t)^2}{2}\ddot{u}_i + \beta(\Delta t)^2\Delta\ddot{u}_i\end{aligned} \tag{3.30}$$

Tek serbestlik dereceli bir sistem için yukarıdaki denklemde $\gamma=1/2$, $\beta=1/6$ olarak alınırsa, ilgili matris eşitliği çok serbestlik dereceli sisteme uygulanırsa denklem aşağıdaki, 3.31 eşitliğindeki formu alacaktır.

$$\Delta\dot{u}_i = (\Delta t)\ddot{u}_i + \frac{\Delta t}{2}\Delta\ddot{u}_i\ ,\ \Delta u_i = (\Delta t)\dot{u}_i + \frac{(\Delta t)^2}{2}\ddot{u}_i + \frac{(\Delta t)^2}{6}\Delta\ddot{u}_i \tag{3.31}$$

3.31 eşitliğinde ise türev ifadesinin seriye açılması ile elde edilen yapı gösterilmiştir. Seriye açılan ifadenin başlangıç terimleri Wilson-θ katsayıları kullanarak dikkate alınmış, tamamının yazılmasına gerek kalmamıştır.

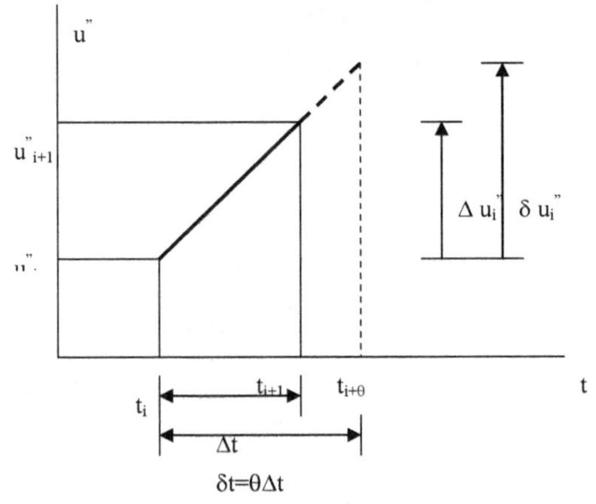

Şekil 3.6: Tek serbestlik dereceli bir sistem için ivmenin normal ve ek zaman adımlarında lineer değişimi

Şekil 3.6'da gösterilen, tek serbestlik dereceli bir sistemde, Δt, δt ile ve artım tepkileri δu_i, $\delta u_i'$, $\delta u_i''$ ile değiştirilirse ek zaman aralığı için 3.32 ifadesi elde edilir.

$$\begin{aligned} \delta \dot{u}_i &= (\delta t)\ddot{u}_i + \frac{\delta t}{2}\delta \ddot{u}_i \\ \delta u_i &= (\delta t)\dot{u}_i + \frac{(\delta t)^2}{2}\ddot{u}_i + \frac{(\delta t)^2}{6}\delta \ddot{u}_i \end{aligned} \tag{3.32}$$

Yukarıdaki 3.32 eşitliği aşağıdaki 3.33 ifadesi için çözülürse;

$$\delta \ddot{u}_i = \frac{6}{(\delta t)^2}\delta u_i - \frac{6}{\delta t}\delta \dot{u}_i - 3\ddot{u}_i \tag{3.33}$$

Sonuç ifadesi aşağıdaki 3.34 ifadesi olarak elde edilir;

$$\delta \dot{u}_i = \frac{3}{(\delta t)}\delta u_i - 3\dot{u}_i - \frac{\delta t}{2}\ddot{u}_i \tag{3.34}$$

Yukarıdaki son iki denklem genel hareket denkleminde zaman artımlarında yerine konursa aşağıda verilen genel haldeki 3.35 ifadesine ulaşılmış olur.

$$m\delta\ddot{u}_i + c\delta\dot{u}_i + k_i u_i = \delta p_i \quad (3.35)$$

Mevcut kuvvetinde ek zaman aralığında lineer olarak değiştiği kabul edilirse 3.35 ifadesindeki elemanlar 3.36, 3.37 ve 3.38 formuna dönüşür.

$$\delta p_i = \theta(\Delta p_i),\ \hat{k}\delta u_i = \delta p_i \quad (3.36)$$

$$\hat{k}_i = k_i + \frac{3}{\theta\Delta t}c + \frac{6}{(\theta\Delta t)^2}m \quad (3.37)$$

$$\delta\hat{p}_i = \theta(\Delta p_i) + (\frac{6}{\theta\Delta t}m + 3c)\dot{u}_i + (3m + \frac{\theta\Delta t}{2}c)\ddot{u}_i \quad (3.38)$$

3.38 denklemi δu_i çözülür ve δu_i", 3.34 denkleminden hesaplanabilir. Normal zaman aralığının üzerindeki ivme artımı, Şekil 3.6'dan görülebileceği gibi aşağıdaki şekilde bulunabilir.

$$\Delta\dot{u}_i = \frac{1}{\theta}\delta\ddot{u}_i \quad (3.39)$$

Artımlı hız ve yerdeğiştirme 3.39 denklemi kullanılarak elde edilebilecektir.

Daha önce de bahsedildiği gibi θ katsayısı Wilson-θ yönteminin stabilite özelliğini yönetmektedir. Eğer θ=1 alınırsa bu durumda yöntem lineer ivme yöntemine dönüşmüş olacaktır ve $\Delta t<0.551T_N$ ise sistem kararlı olacaktır (T_N, sistemin en küçük doğal periyodu olmak üzere).

Eğer θ≥1.37 ise Wilson-θ yöntemi duruma bağlı olmadan kararlıdır. Direkt çözümler için θ=1.42 alınması optimum çözümü vermektedir. Kullanılan sayısal uygulamada ise θ=1.4 olarak alınmıştır. Böylece sayısal analiz için daha hızlı ve optimal çözüm elde edilmesi hedeflenmiştir.

3.5 Tek Katlı Lineer Asimetrik Sistemin Sayısal Uygulaması

3.5.1 Sayısal sistem modeli

Sayısal uygulamada y aksı üzerinde bulunan kolonların boyutları arttırılarak burulma olayına etkiyen parametrelerin dinamik davranıştaki etkileri belirlenmeye çalışılmıştır. Daha önce verilmiş olan hareket denklemlerinde ilgili rijitlik matrisleri kullanılarak, El Centro 1940 depremi, Şekil 3.7'de görüldüğü gibi kuzey-güney bileşeni dinamik olarak tek katlı yapıya etkitilmiştir. 0,02 sn aralıklı olarak 1559 deprem ivme kayıt verisi kullanılmıştır. Denklemlerin çözümünde Wilson-θ sayısal integrasyon yöntemi dikkate alınmıştır. Kütlenin, yapının kat döşemesinde, kütle merkezinde toplanmış olarak bulunduğu kabulü yapılmıştır. Ilk durumda y kenar aksındaki kolonlar 25x50 cm'lik diktörtgen kolon olarak alınmıştır. Şekil 3.8'de görüldüğü gibi diğer akslarda herhangi bir değişiklik yoktur. Diğer kenar akstaki kolonlar 40x40 cm'lik kare kolonlardır. Sistemde serbestlik derecesi olarak kütle merkezinde, x ve y doğrultularında ötelenme (u_x, u_y), düşeyden geçen z ekseni etrafında dönme (θ_z) olmak üzere 3 serbestlik derecesi alınmıştır. Mathematica programında yazılan algoritma ile denklem takımları çözdürülmüş ve hesaplamalar yazdırılarak yapı tepkileri elde edilmiştir. Çözüm algoritmasına ait akış diyagramı Ek E'de gösterilmiştir.

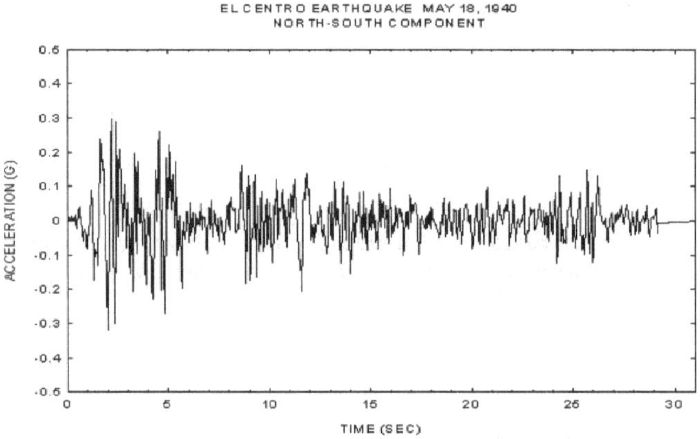

Şekil 3.7: 18 Mayıs 1940 El Centro depremi kuzey-güney bileşeni

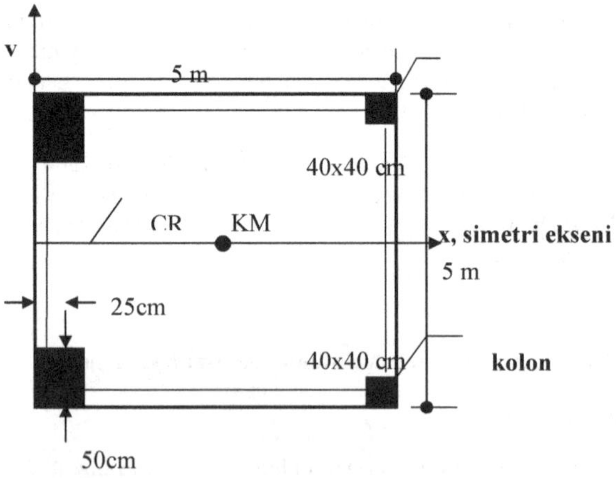

Şekil 3.8: Tek katlı 1. model kat planı

Şekil 3.8'de görülen lineer davranışlı tek katlı sistem modeli için deprem etkisi altında zaman alanında yapılan tepki analizleri sonucunda elde edilen maksimum temel tepki değerleri Tablo 3.1'de gösterilmiştir.

Tablo 3.1: Tek katlı asimetrik sistem model parametreleri

Model No	Eksantrik Kolon	ex/b	$u_{x,max}$ (m)	$u_{y,max}$ (m)	$u_{\theta,max}$ (rad)
1	25x50	0.0497	0.021530	0.013822	0.00021714
2	25x75	0.3047	0.020189	0.005252	0.00097082
3	25x100	0.4071	0.018775	0.002062	0.00124829
4	25x125	0.4502	0.016945	0.000870	0.00132500
5	25x150	0.4706	0.015124	0.000200	0.00140400
6	25x500	0.4984	0.012577		0.00192000

Deprem ivme kaydının yapıya etkimesi durumunda, x ekseninde maksimum yerdeğiştirme 2.15268 cm ,minimum yerdeğiştirme -2.07117 cm olarak bulunmuştur. Binanın x, y eksenlerindeki yerdeğiştirme tepkisinin zamana bağlı olarak değişimi Şekil 3.9'da ifade edilmiştir.

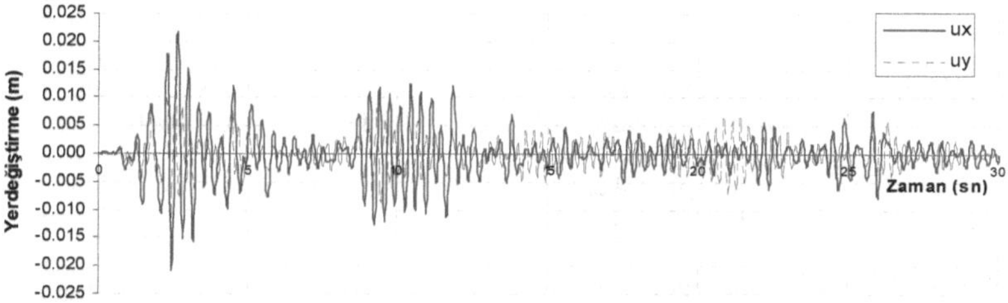

Şekil 3.9: Tek katlı 1. model x, y eksenlerinde yerdeğiştirme tepkisi

Şekil 3.9'da görüldüğü gibi zaman alanında depremin genel gidişine paralel bir davranış ortaya çıkmaktadır. Yer değiştirme tepkisi dış etki olan depremin etkisine paralel olarak giderek küçülmekte ve azalmaktadır. y ekseninde maksimum yerdeğiştirme 1.38215 cm , y ekseninde minimum yerdeğiştirme -1.16388 cm olarak bulunmuştur.

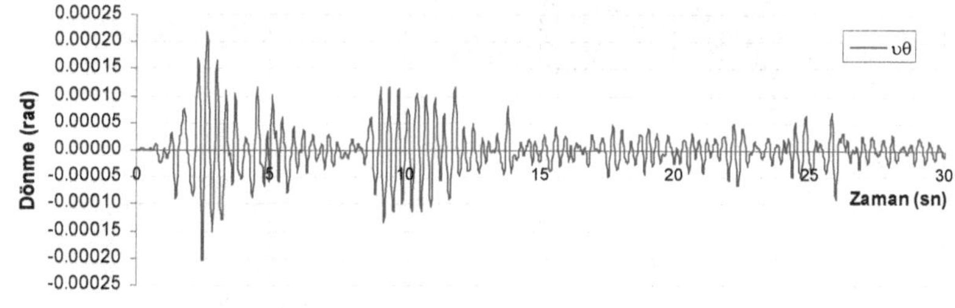

Şekil 3.10: Tek katlı 1.model z ekseni etrafında burulma tepkisi

Aynı durumda, düşeyden geçen z ekseni etrafında maksimum dönme miktarı 0.000217139 rad, minimum dönme -0.000204148 rad olarak bulunmuştur. Binanın z ekseni etrafındaki burulma tepkisinin zamana bağlı olarak değişimi Şekil 3.10'da ifade edilmiştir. Bu modelde simetrik sistem için yapının deprem etkisi altında burulma tepkisi vermesi beklenmese de sistemde belli bir miktarda burulma tepkisi ortaya çıkmakta ve yapı genel ötelenme davranışında da kayda değer değişimler olmasın neden olmaktadır.

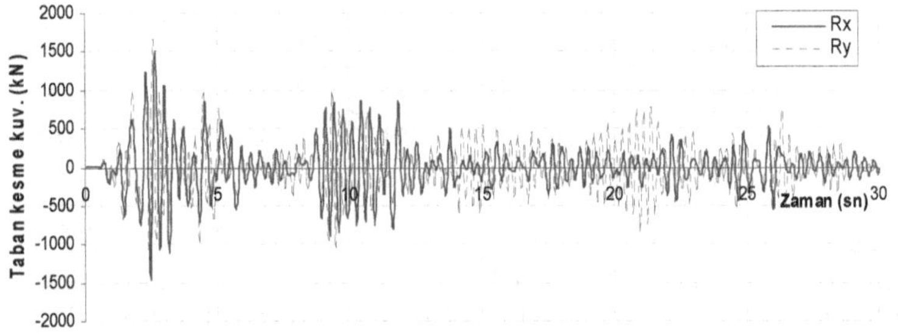

Şekil 3.11: Tek katlı 1.model x, y eksenlerinde taban kesme kuvveti tepkisi

Deprem ivme kaydının, yapının zayıf olduğu, x ekseninde etkimesi durumunda, x ekseninde maksimum taban kesme kuvveti tepkisi 1516.72 kN, minimum kesme kuvveti tepkisi – 1459.20 kN olarak bulunmuştur. Binanın x, y eksenlerindeki taban kesme kuvvetinin zamana bağlı olarak değişimi Şekil 3.11'de ifade edilmiştir.

y eksenindeyse maksimum taban kesme kuvveti tepkisi 1658.81 kN, minimum taban kesme kuvveti tepkisi – 1396.85 kN olarak bulunmuştur.

z ekseni etrafındaki maksimum burulma momenti tepkisi 77.48 kNm, minimum burulma momenti tepkisi – 82.18 kNm olarak bulunmuştur. Binanın z ekseni etrafındaki burulma momenti tepkisinin zamana bağlı olarak değişimi Şekil 3.12'de ifade edilmiştir.

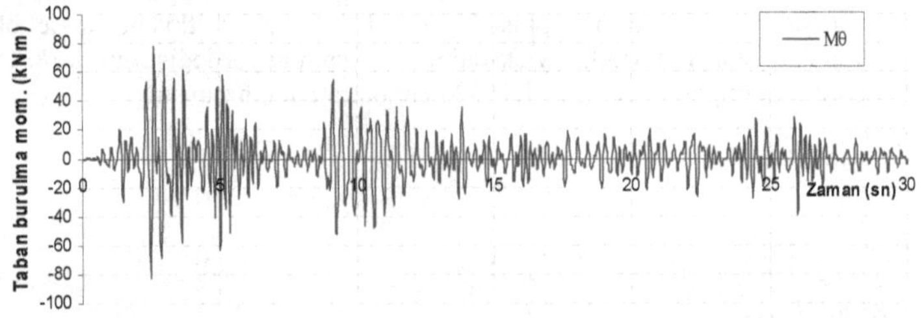

Şekil 3.12: Tek katlı 1.model z ekseni etrafında taban burulma momenti tepkisi

Taban kesme kuvvetinin x,y ve düşeyden geçen z ekseninde yerdegistirmeye bağlı olarak değişimini aşağıdaki Şekil 3.13 ve 14'de görmek mümkündür.

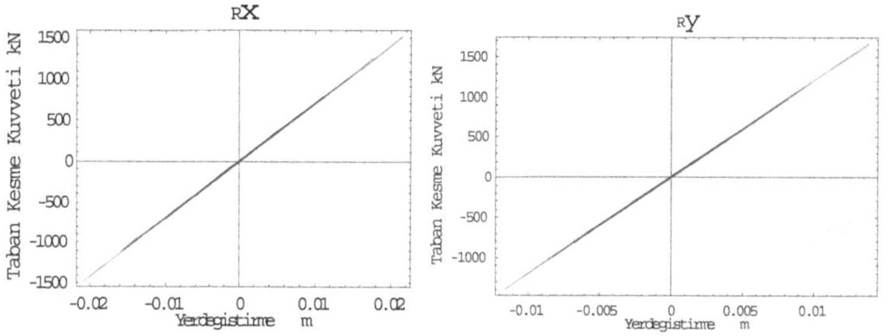

Şekil 3.13: Tek katlı 1.model (x,y eks.) taban kesme kuvveti–yerdeğiştirme değişimi

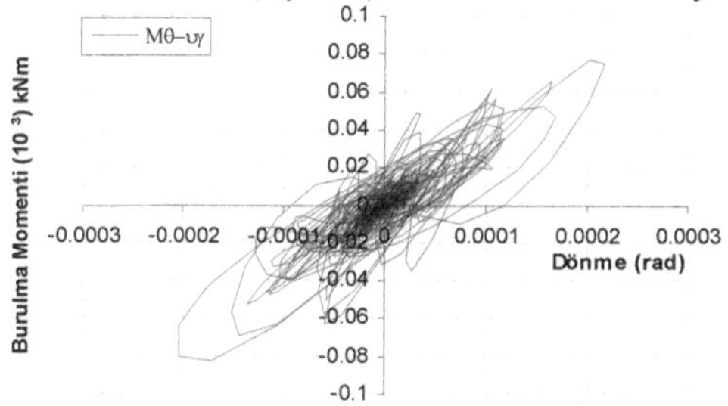

Şekil 3.14: Tek katlı 1.model taban burulması–dönme değişimi

İkinci modelde Şekil 3.8'de y aksındaki kolonların boyutları arttırılmıştır. y aksındaki kolonların aynı doğrultudaki boyutları 75 cm'ye çıkarılmıştır. Böylece sistemin dış merkezliği arttırılmıştır. Deprem ivme kaydının binaya etkimesi durumunda, x ekseninde maksimum yerdeğiştirme 2.0189 cm, minimum yerdeğiştirme -1.9154 cm olarak bulunmuştur. Binanın x, y eksenlerindeki yerdeğiştirme tepkisinin zamana bağlı olarak değişimi Şekil 3.15'de ifade edilmiştir.

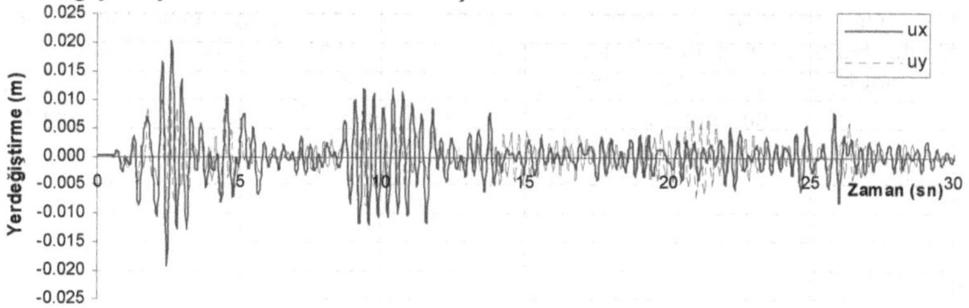

Şekil 3.15: Tek katlı 2. model x, y eksenlerinde yerdeğiştirme tepkisi

Deprem ivme kaydının, yapının zayıf olduğu, x ekseninde etkimesi durumunda y ekseninde maksimum yerdeğiştirme 0.525151 cm, y ekseninde minimum yerdeğiştirme -0.455754 cm olarak bulunmuştur.

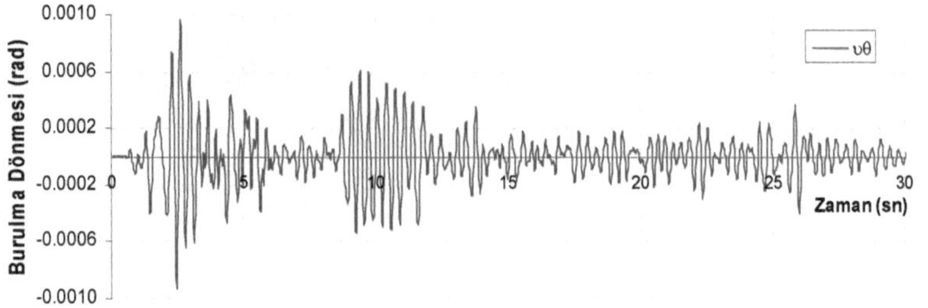

Şekil 3.16: Tek katlı 2 model z ekseni etrafında burulma tepkisi

Aynı durumda, düşeyden geçen z ekseni etrafında maksimum dönme miktarı 0.000970817 rad, minimum dönme -0.000928107 rad olarak bulunmuştur. Binanın z ekseni etrafındaki burulma tepkisinin zamana bağlı olarak değişimi Şekil 3.16'da ifade edilmiştir. Görüldüğü gibi en büyük değerler sistemin dış merkezli olduğu x ekseninde oluşmaktadır.

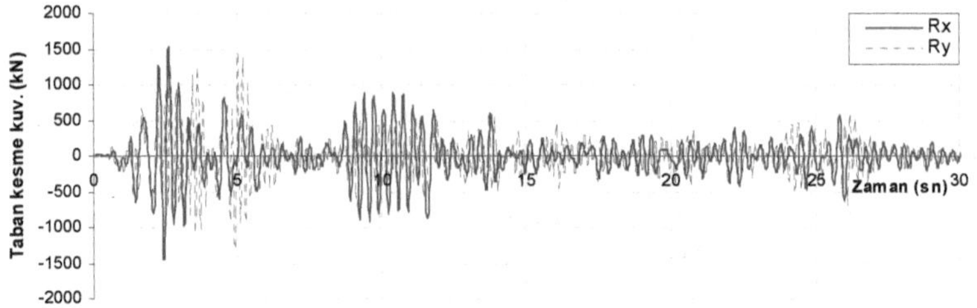

Şekil 3.17: Tek katlı 2.model x, y eksenlerinde taban kesme kuvveti tepkisi

Deprem ivme kaydının, yapının zayıf olduğu, x ekseninde etkimesi durumunda, x ekseninde maksimum taban kesme kuvveti tepkisi 1536.72 kN, minimum kesme kuvveti tepkisi – 1454.46 kN olarak bulunmuştur. Binanın x, y eksenlerindeki taban kesme kuvvetinin zamana bağlı olarak değişimi Şekil 3.17'de ifade edilmiştir. y eksenindeyse maksimum taban kesme kuvveti tepkisi 1453.1 kN, minimum kesme kuvveti tepkisi – 1261.07 kN olarak bulunmuştur.

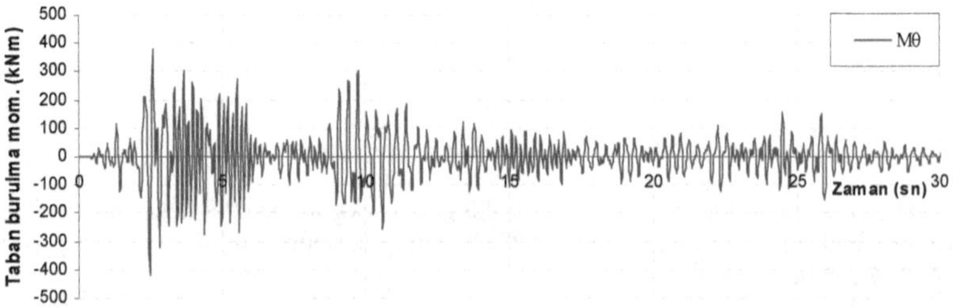

Şekil 3.18: Tek katlı 2. model z ekseni etrafında taban burulma momenti tepkisi

z ekseni etrafındaki maksimum burulma momenti tepkisi 379,566 kNm, minimum burulma momenti tepkisi – 415,831 kNm olarak bulunmuştur. Binanın z ekseni etrafındaki burulma momenti tepkisinin zamana bağlı olarak değişimi Şekil 3.18'de ifade edilmiştir.

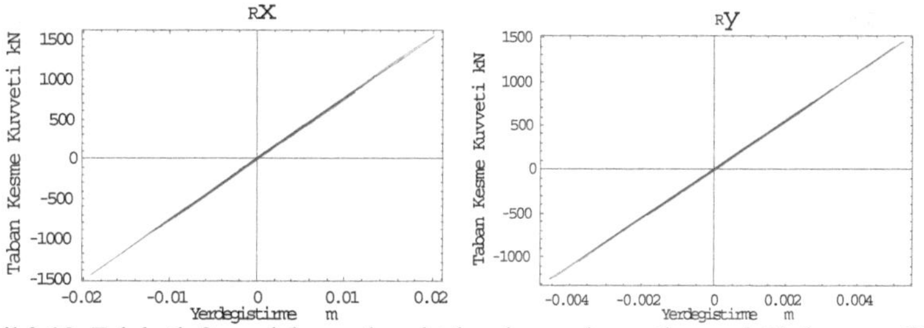

Şekil 3.19: Tek katlı 2. model x, y ekseni taban kesme kuvveti – yerdeğiştirme grafiği

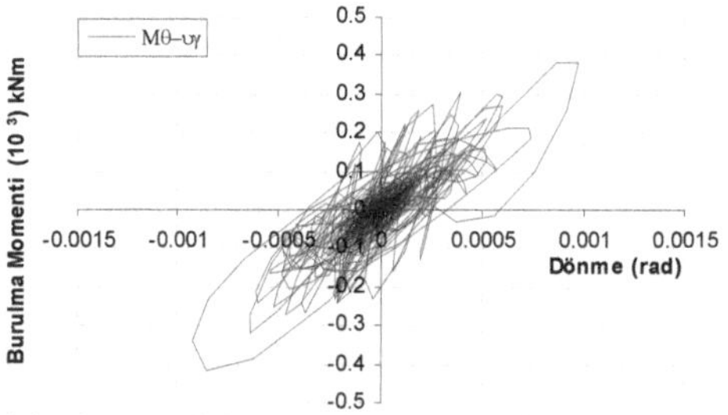

Şekil 3.20: Tek katlı 2. model z ekseni taban burulması – dönme grafiği

Taban kesme kuvvetinin x,y ve düşeyden geçen z ekseninde yerdegistirmeye bağlı olarak değişimini yukarıdaki Şekil 3.19 ve 20'de görmek mümkündür. Sistem lineer olduğu için kesme kuvveti yer değiştirme ilişkileri düzenli bir seyir göstermektedir. Ancak burulma momenti ile burumla dönmesi arasındaki ilişki rijitlik dış merkezliğinin artmasına dayalı olarak genişleyen bir yüzey kaplamakta ve artan burulma momentlerine neden olabilmektedir. Üçüncü modelde Şekil 3.8'de y aksındaki kolonların boyutları 25x100 cm yapılmıştır. y aksındaki kolonların aynı doğrultudaki boyutları 100 cm'ye çıkarılmıştır. Böylece sistemin dış merkezliği arttırılmıştır. Deprem ivme kaydının binaya etkimesi durumunda, x ekseninde maksimum yerdeğiştirme 1,87747 cm, minimum yerdeğiştirme -1,76715 cm olarak bulunmuştur. Binanın x eksenindeki yerdeğiştirme tepkisinin zamana bağlı olarak değişimi Şekil 3.21'de ifade edilmiştir.

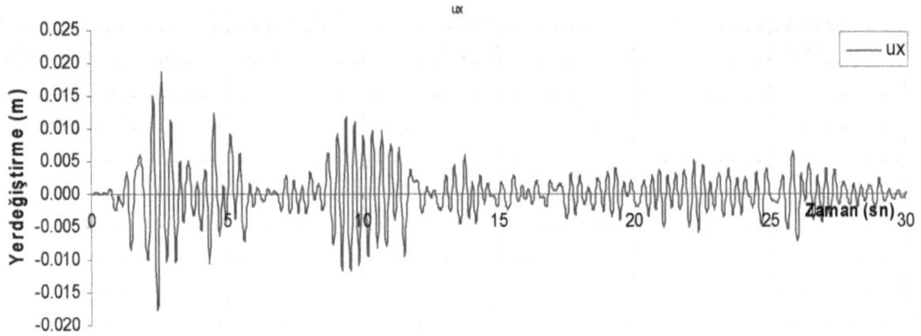

Şekil 3.21: Tek katlı 3. model x ekseninde yerdeğiştirme tepkisi

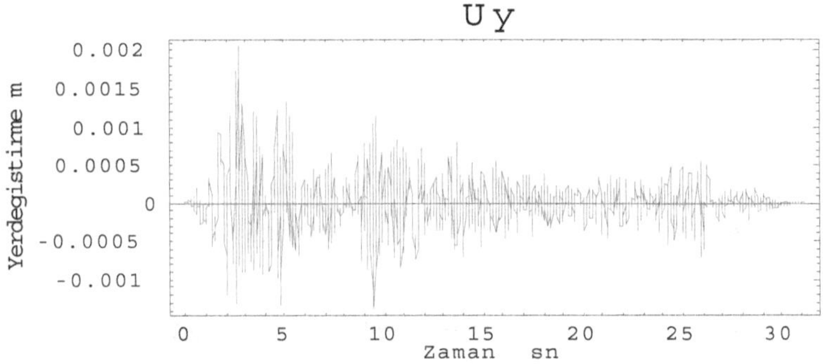

Şekil 3.22: Tek katlı 3.model y ekseninde yerdeğiştirme tepkisi

y ekseninde maksimum yerdeğiştirme 0.206216 cm, y ekseninde minimum yerdeğiştirme -0.137628 cm olarak bulunmuştur. Binanın y eksenindeki yerdeğiştirme tepkisinin zamana bağlı olarak değişimi Şekil 3.22'de ifade edilmiştir.

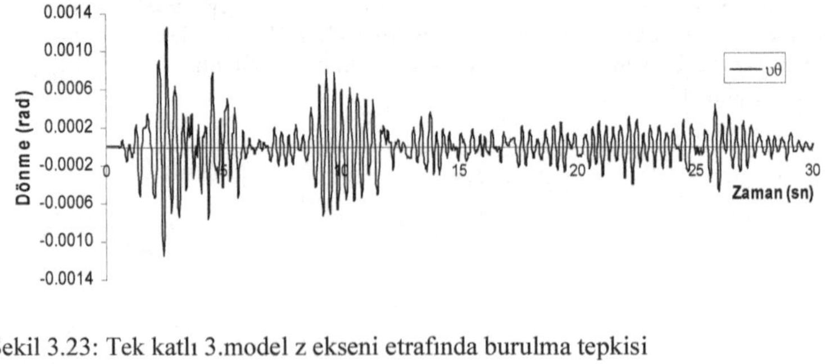

Şekil 3.23: Tek katlı 3.model z ekseni etrafında burulma tepkisi

Aynı durumda, düşeyden geçen z ekseni etrafında maksimum dönme miktarı 0.00124829 rad, minimum dönme -0.00113879 rad olarak bulunmuştur. Binanın z ekseni etrafındaki burulma tepkisinin zamana bağlı olarak değişimi Şekil 3.23'de ifade edilmiştir.

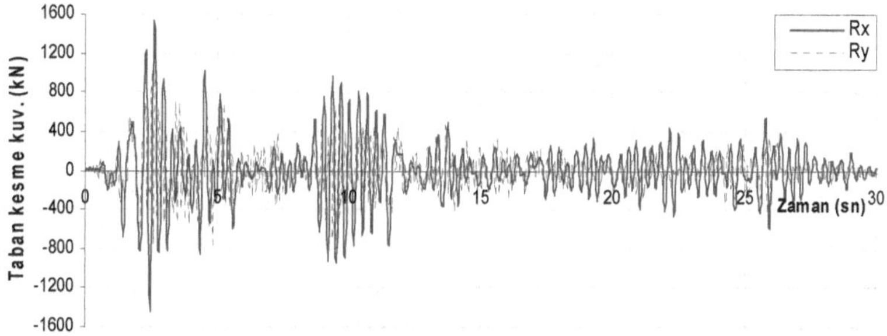

Şekil 3.24: Tek katlı 3.model x, y eksenlerinde taban kesme kuvveti tepkisi

Deprem ivme kaydının, yapının zayıf olduğu, x ekseninde etkimesi durumunda, x ekseninde maksimum taban kesme kuvveti tepkisi 1525.63 kN, minimum kesme kuvveti tepkisi – 1441.06 kN olarak bulunmuştur. Binanın x, y eksenlerindeki taban kesme kuvvetinin zamana bağlı olarak değişimi Şekil 3.24'de ifade edilmiştir. y ekseninde ise maksimum taban kesme kuvveti tepkisi 1199.81 kN, minimum taban kesme kuvveti tepkisi – -800.753 kN olarak bulunmuştur. z ekseni etrafındaki maksimum burulma momenti tepkisi 554.215 kNm, minimum burulma momenti tepkisi – 536.11 kNm olarak bulunmuştur. Binanın z ekseni etrafındaki burulma momenti tepkisinin zamana bağlı olarak değişimi Şekil 3.25'de ifade edilmiştir

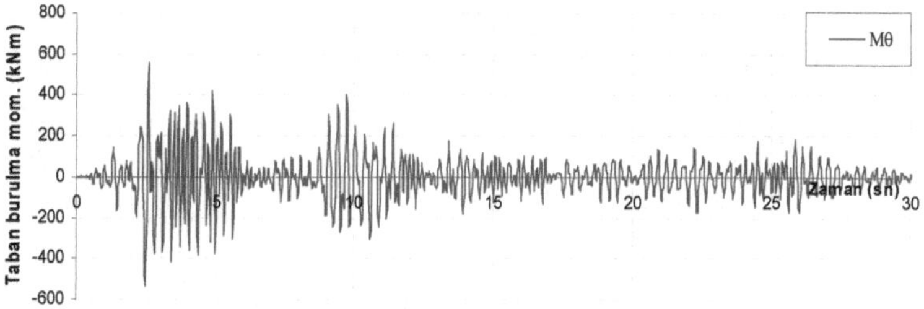

Şekil 3.25: Tek katlı 3.model z ekseni etrafında taban burulma momenti tepkisi

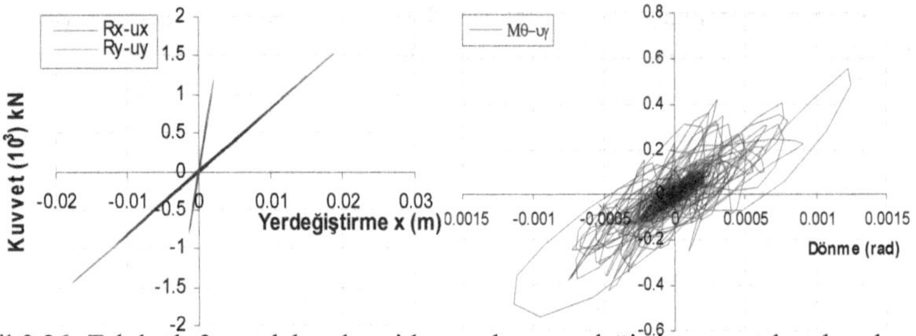

Şekil 3.26: Tek katlı 3. model z ekseni kesme kuv.-yerdeğiştirme ve taban burulması – dönme grafiği

Taban kesme kuvvetinin x, y ve düşeyden geçen z ekseninde yerdegistirmeye bağlı olarak değişimini aşağıdaki Şekil 3.26'da görmek mümkündür. Dördüncü modelde Şekil 3.8'de y aksındaki kolonların boyutları 25x125 cm yapılmıştır. y aksındaki kolonların aynı doğrultudaki boyutları 125 cm'ye çıkarılmıştır. Böylece sistemin eksantrisitesi arttırılmıştır. Deprem ivme kaydının binaya etkimesi durumunda, x ekseninde maksimum yerdeğiştirme 1,69471 cm , minimum yerdeğiştirme -1,55274 cm olarak bulunmuştur. Binanın x eksenindeki yerdeğiştirme tepkisinin zamana bağlı olarak değişimi Şekil 3.27'de ifade edilmiştir.. Binanın y eksenindeki yerdeğiştirme tepkisinin zamana bağlı olarak değişimi Şekil 3.28'de ifade edilmiştir.

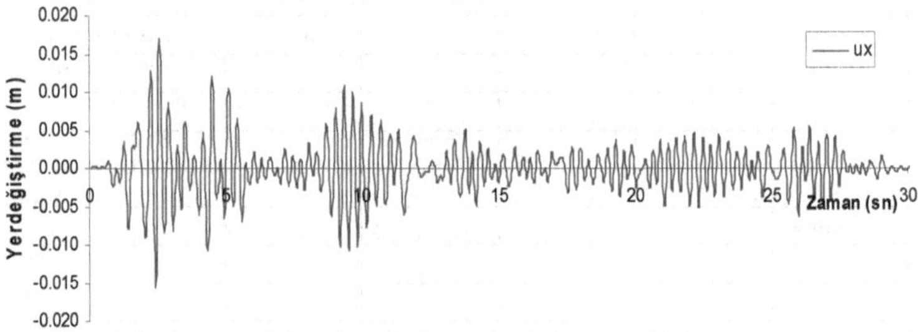

Şekil 3.27: Tek katlı 4. model x ekseninde yerdeğiştirme tepkisi

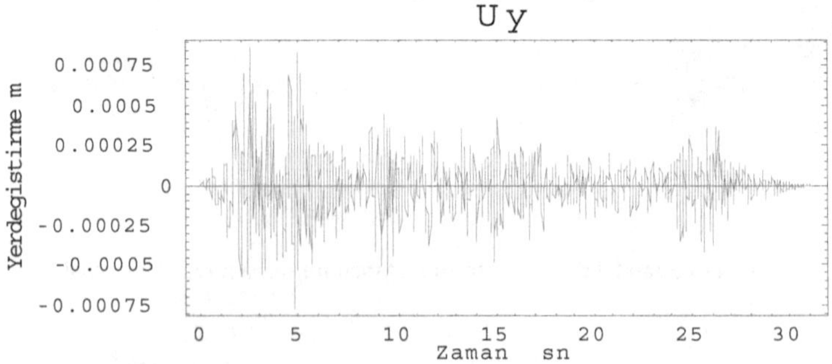

Şekil 3.28: Tek katlı 4.model y ekseninde yerdeğiştirme tepkisi

Aynı durumda, düşeyden geçen z ekseni etrafında maksimum dönme miktarı 0.001325 rad, minimum dönme -0.0011476 rad olarak bulunmuştur. Binanın z ekseni etrafındaki burulma tepkisinin zamana bağlı olarak değişimi Şekil 3.29'da ifade edilmiştir.

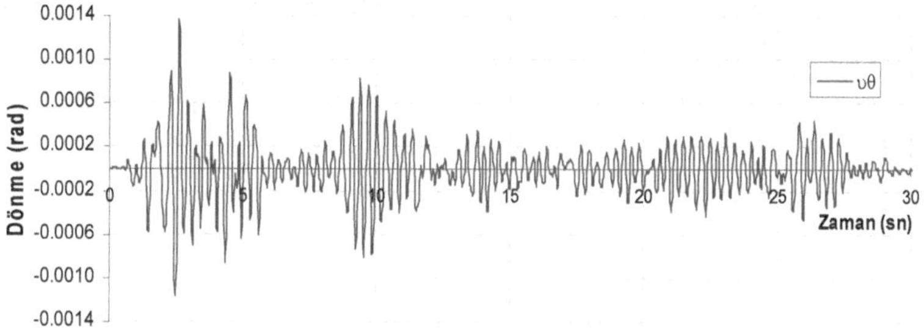

Şekil 3.29: Tek katlı 4.model z ekseni etrafında burulma tepkisi

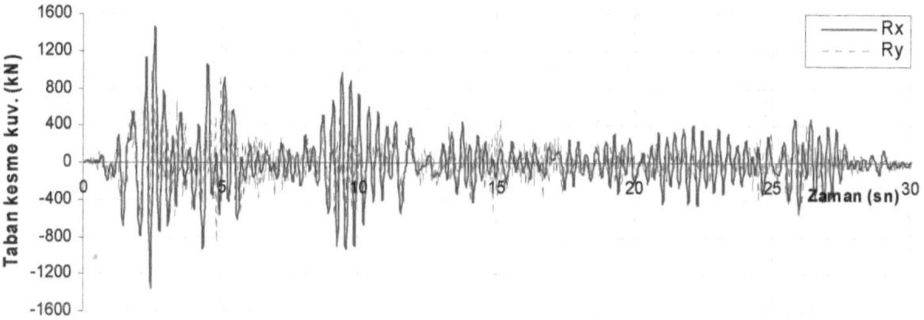

Şekil 3.30: Tek katlı 4.model x, y eksenlerinde taban kesme kuvveti tepkisi

Deprem ivme kaydının, yapının zayıf olduğu, x ekseninde etkimesi durumunda, x ekseninde maksimum taban kesme kuvveti tepkisi 1475,46 kN, minimum kesme kuvveti tepkisi – 1358,84 kN olarak bulunmuştur. Binanın x eksenindeki taban kesme kuvvetinin zamana bağlı olarak değişimi Şekil 3.30'da ifade edilmiştir. y eksenindeyse maksimum taban kesme kuvveti tepkisi 971,384 kN, minimum taban kesme kuvveti tepkisi – 845,231 kN olarak bulunmuştur.

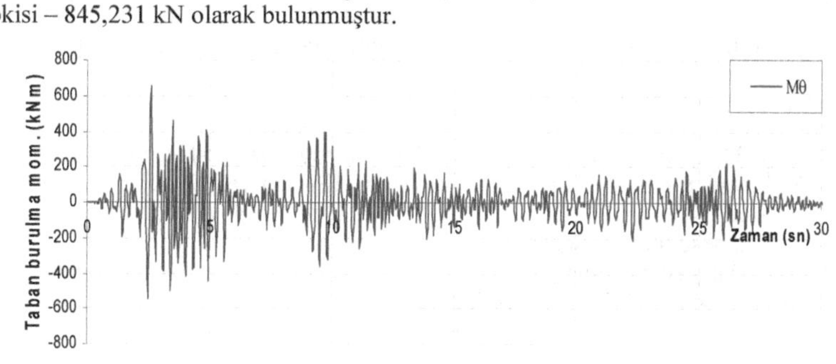

Şekil 3.31: Tek katlı 4.model z ekseni etrafında taban burulma momenti tepkisi

z ekseni etrafındaki maksimum burulma momenti tepkisi 572,457 kNm, minimum burulma momenti tepkisi – 542,854 kNm olarak bulunmuştur. Binanın z ekseni etrafındaki burulma momenti tepkisinin zamana bağlı olarak değişimi Şekil 3.31'de ifade edilmiştir. Taban kesme kuvvetinin x,y ve düşeyden geçen z ekseninde yerdegistirme ve dönmeye bağlı olarak değişimini aşağıdaki Şekil 3.32 ve 33'de görmek mümkündür. y ekseninde artan rijitliklerden dolayı yerdeğiştirmeler azalmaktadır ama bu durum aynı zamanda dış merkezlik oranını arttırmasına neden olduğundan yerdeğiştirmeler ve taban burulma momentinde kayda değer değişimler gözlemlemek mümkün olmaktadır.

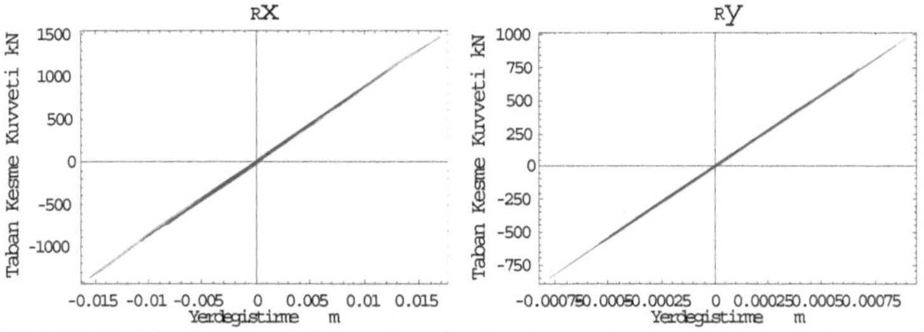

Şekil 3.32: Tek katlı 4. model x, y ekseni taban kesme kuvveti–yerdeğiştirme grafiği

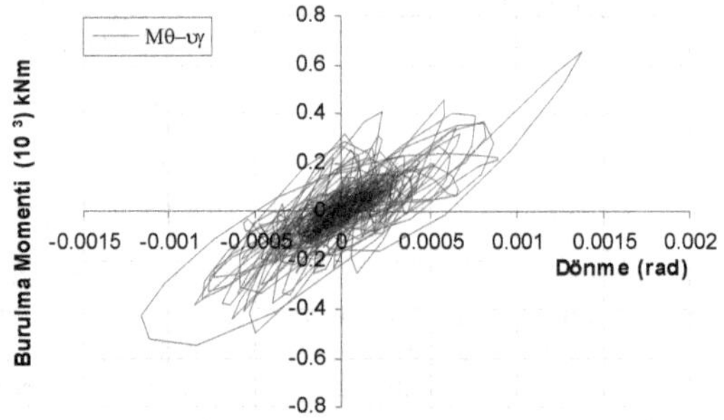

Şekil 3.33: Tek katlı 4. model z ekseni taban burulma momenti – dönme grafiği

Beşinci modelde Şekil 3.8'de y aksındaki kolonların boyutları 25x150 cm yapılmıştır. y aksındaki kolonların aynı doğrultudaki boyutları 150 cm'ye çıkarılmıştır. Böylece sistemin eksantrisitesi arttırılmıştır. Deprem ivme kaydının binaya etkimesi durumunda, x ekseninde maksimum yerdeğiştirme 1,52144 cm, minimum yerdeğiştirme -1,32889 cm olarak bulunmuştur. Binanın x eksenindeki yerdeğiştirme tepkisinin zamana bağlı olarak değişimi Şekil 3.34'de ifade edilmiştir.

Şekil 3.34: Tek katlı 5. model x ekseninde yerdeğiştirme tepkisi

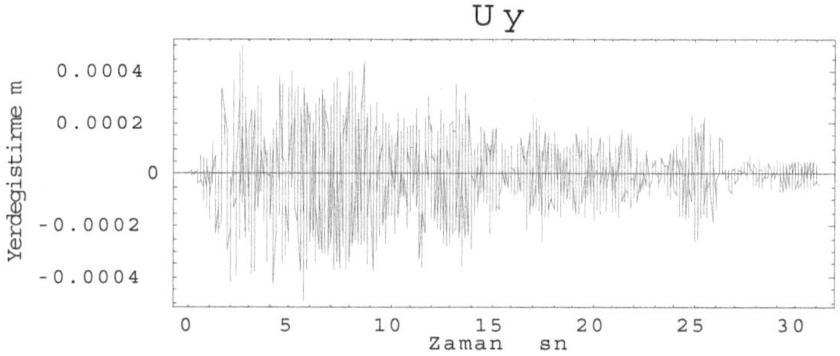

Şekil 3.35: Tek katlı 5.model y ekseninde yerdeğiştirme tepkisi

y ekseninde maksimum yerdeğiştirme 0.05001 cm, y ekseninde minimum yerdeğiştirme -0.04922 cm olarak bulunmuştur. Binanın y eksenindeki yerdeğiştirme tepkisinin zamana bağlı olarak değişimi Şekil 3.35'de ifade edilmiştir.

Şekil 3.36: Tek katlı 5.model z ekseni etrafında burulma tepkisi

Aynı durumda, düşeyden geçen z ekseni etrafında maksimum dönme miktarı 0.001404 rad, minimum dönme -0.001132 rad olarak bulunmuştur. Binanın z ekseni etrafındaki burulma tepkisinin zamana bağlı olarak değişimi Şekil 3.36'da ifade edilmiştir.

Şekil 3.37: Tek katlı 5.model x, y ekseninde taban kesme kuvveti tepkisi

Deprem ivme kaydının, yapının zayıf olduğu, x ekseninde etkimesi durumunda, x ekseninde maksimum taban kesme kuvveti tepkisi 1407.49 kN, minimum kesme kuvveti tepkisi – 1240.69 kN olarak bulunmuştur. Binanın x, y eksenlerindeki taban kesme kuvvetinin zamana bağlı olarak değişimi Şekil 3.37'de ifade edilmiştir. y eksenindeyse maksimum taban kesme kuvveti tepkisi 917.912 kN, minimum taban kesme kuvveti tepkisi – 903.311 kN olarak bulunmuştur. Binanın y eksenindeki taban kesme kuvvetinin zamana bağlı olarak değişimi de Şekil 3.37'de ifade edilmiştir.

Şekil 3.38: Tek katlı 5.model z ekseni etrafında taban burulma momenti tepkisi

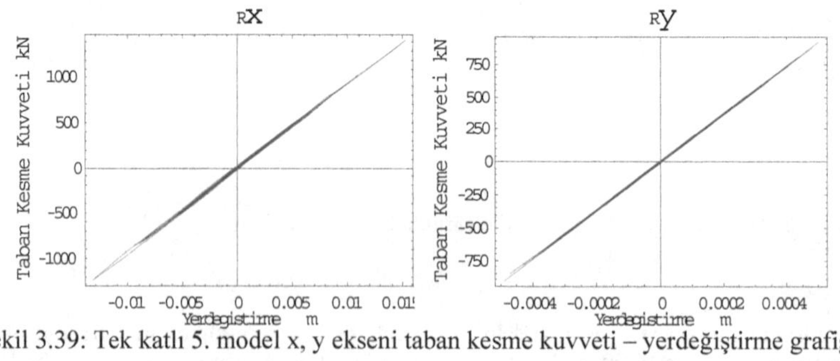

Şekil 3.39: Tek katlı 5. model x, y ekseni taban kesme kuvveti – yerdeğiştirme grafiği

Binanın z ekseni etrafındaki burulma momenti tepkisinin zamana bağlı olarak değişimi Şekil 3.38'de ifade edilmiştir. Taban kesme kuvvetinin x,y ve düşeyden geçen z ekseninde yerdegistirme ve dönmeye bağlı olarak değişimini aşağıdaki Şekil 3.39 ve 40'da görmek mümkündür.

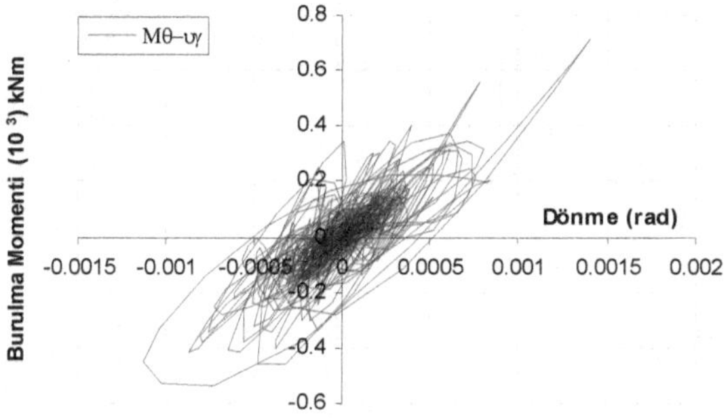

Şekil 3.40: Tek katlı 5. model z ekseni taban burulma momenti – dönme grafiği

Altıncı modelde Şekil 3.8'de y aksındaki kolonların yerine aksı boydan boya kaplayan 25 cm kalınlıklı, 500 cm uzunluğunda perde eklenmektedir. Diğer kenar aksdaki kolonlar yine 40x40 cm olarak bırakılmıştır. Böylece sistemin eksantrisitesi arttırılmıştır. Kütle merkezi aynı kalırken rijitlik merkezi hemen hemen perde üzerine gelecek şekilde kayma yapmıştır. Deprem ivme kaydının binaya etkimesi durumunda, x ekseninde maksimum yerdeğiştirme 1,25769 cm, minimum yerdeğiştirme -1,06064 cm olarak bulunmuştur. Binanın x eksenindeki yerdeğiştirme tepkisinin zamana bağlı olarak değişimi Şekil 3.41'de ifade edilmiştir. y ekseninde perde nedeniyle çok yüksek bir rijitleşme ortaya çıkmış böylece bu doğrultudaki yerdeğiştirmeler dikkate alınmayacak ölçüde küçülmüştür.

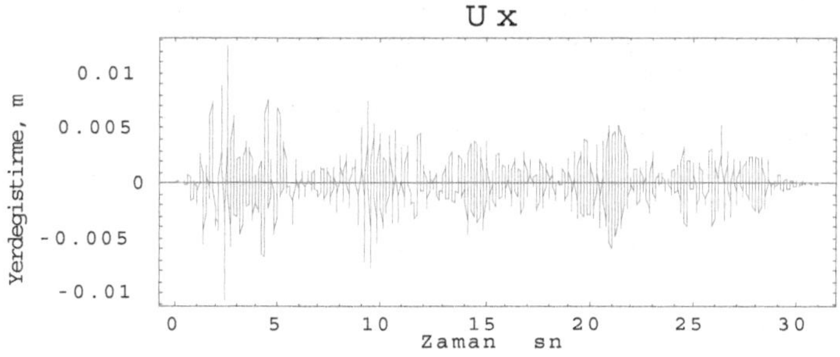

Şekil 3.41: Tek katlı 6. model x ekseninde yerdeğiştirme tepkisi

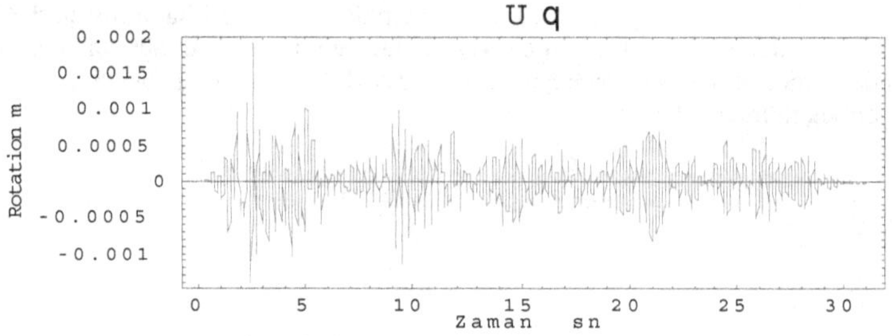

Şekil 3.42: Tek katlı 6.model z ekseni etrafında burulma tepkisi

Aynı durumda, düşeyden geçen z ekseni etrafında maksimum dönme miktarı 0.00192 rad, minimum dönme -0.00139 rad olarak bulunmuştur. Binanın z ekseni etrafındaki burulma dönmesi tepkisinin zamana bağlı olarak değişimi Şekil 3.42'de ifade edilmiştir.

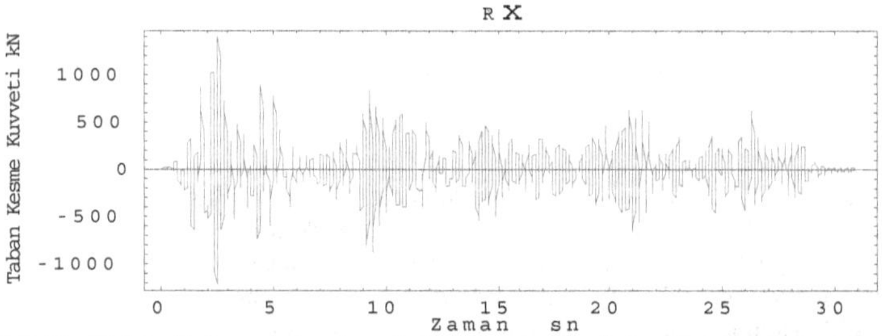

Şekil 3.43: Tek katlı 6.model x ekseninde taban kesme kuvveti tepkisi

Deprem ivme kaydının, yapının zayıf olduğu, x ekseninde etkimesi durumunda, x ekseninde maksimum taban kesme kuvveti tepkisi 1396,87 kN, minimum kesme kuvveti tepkisi – 1220,52 kN olarak bulunmuştur. Binanın x eksenindeki taban kesme kuvvetinin zamana bağlı olarak değişimi Şekil 3.43'de ifade edilmiştir. Binanın z ekseni etrafındaki diğer bir burulma momenti tepkisinin zamana bağlı olarak değişimi Şekil 3.44'de ifade edilmiştir. y eksenindeyse yerdeğiştirmelerde ifade edildiği gibi taban kesme kuvvetleride kıyaslama tutulması gereken bir değere ulaşmaktadır. z ekseni etrafındaki maksimum burulma momenti tepkisi 1143,05 kNm, minimum burulma momenti tepkisi – 870,287 kNm olarak bulunmuştur.

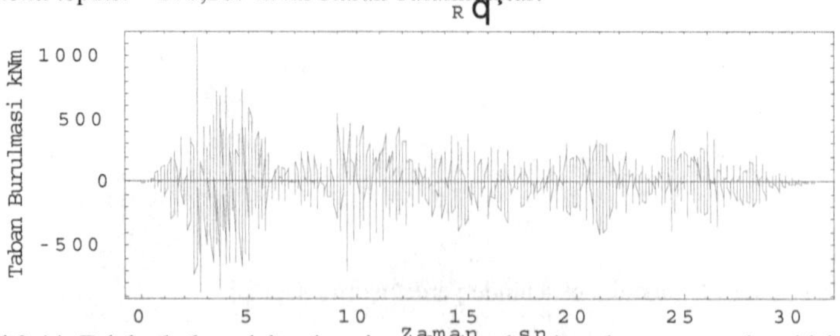

Şekil 3.44: Tek katlı 6.model z ekseni etrafında taban burulma momenti tepkisi

Taban kesme kuvvetinin x ve düşeyden geçen z ekseninde yerdegistirmeye bağlı olarak değişimini aşağıdaki Şekil 3.45'de görmek mümkündür. y eksenindeyse perde bulunmasından dolayı kesme kuvvetlerini değerlendirme dışına çıkarmak mümkündür.

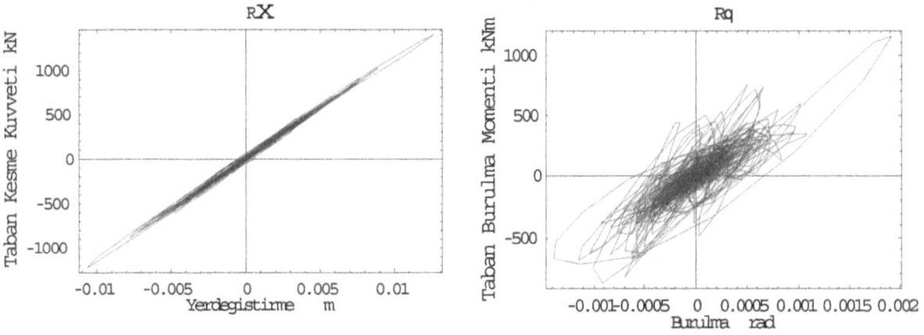

Şekil 3.45: Tek katlı 6. model x ekseni taban kesme kuvveti – yerdeğiştirme ve taban burulması ve dönme grafiği

3.5.2 Tepki sonuçlarının parametrik değerlendirmesi

Yapılan analizleri kıyaslamak gerekirse;

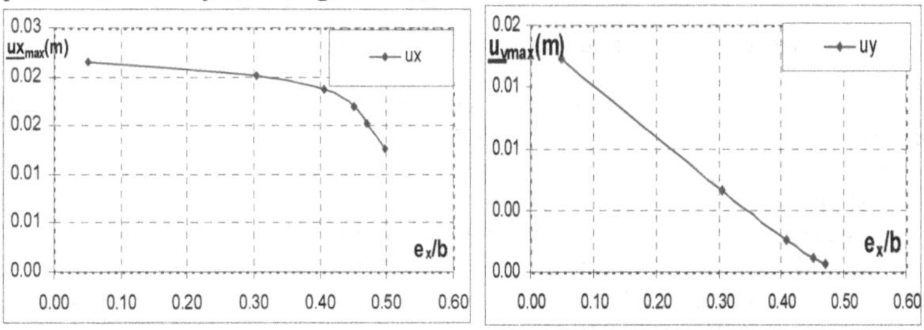

Şekil 3.46: Dış merkezlik (e_x/b) oranına bağlı yer değiştirmeler

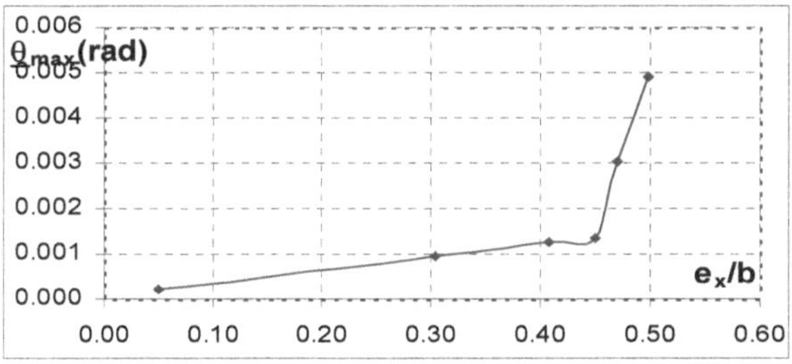

Şekil 3.47: Dış merkezlik (e_x/b) oranına bağlı burulma dönmesi değişimi

Yukarıda görülen Şekil 3.46'da sistem modelinin deprem etkisi altında eksenel yer değiştirmeleri, dış merkezlik oranına bağlı olarak parametrik olarak gösterilmiştir.

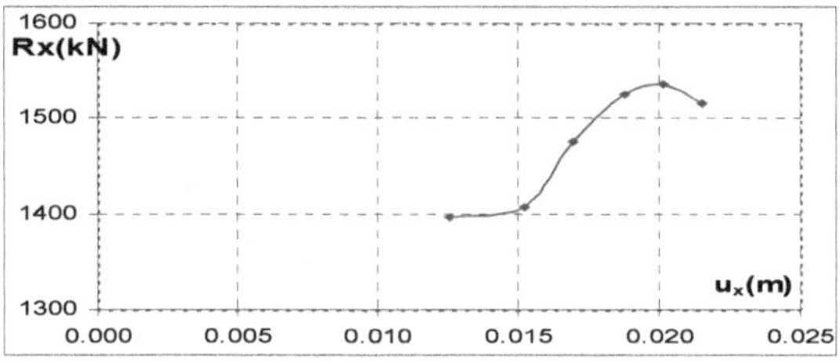

Şekil 3.48: Eksenel taban kesme kuvveti (x) ile yer değiştirme ilişkisi

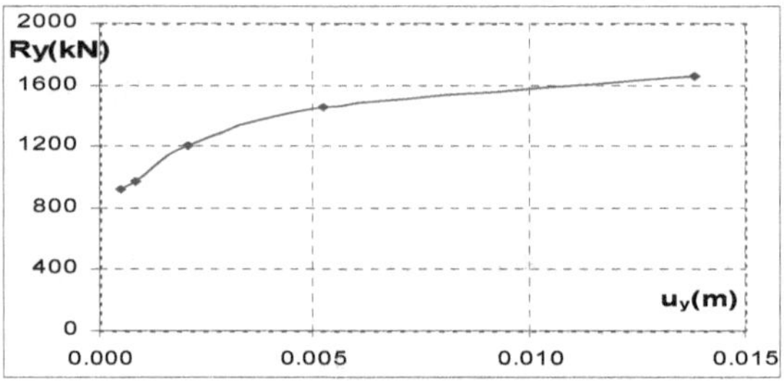

Şekil 3.49: Eksenel taban kesme kuvveti (y) ile yer değiştirme ilişkisi

Şekil 3.48 ve 49'da eksenel taban kesme kuvvetleri eksenel yer değiştirmelere bağlı olarak gösterilmiştir. Şekilden de görüldüğü gibi sistemin lineer davranışına paralel olarak parametrik değişimler de genel olarak lineer bir karakter izlemektedir. Ancak boyut artışları her modelde eşit gitmediği için bazı ani değişimlerde olabilmektedir. Rijitleşen sistem ötelenme yer değiştirmelerini kısıtlamaktadır. Ancak bu durum burulma etkisini giderek arttırmakta ve yine lineer karakterli olarak burulma dönmeleri artmaktadır. Şekil 3.50'de ifade edilen taban burulma momentleri bu durumu destekler nitelikte yine genelde lineer karakterli olarak artış yapmaktadır.

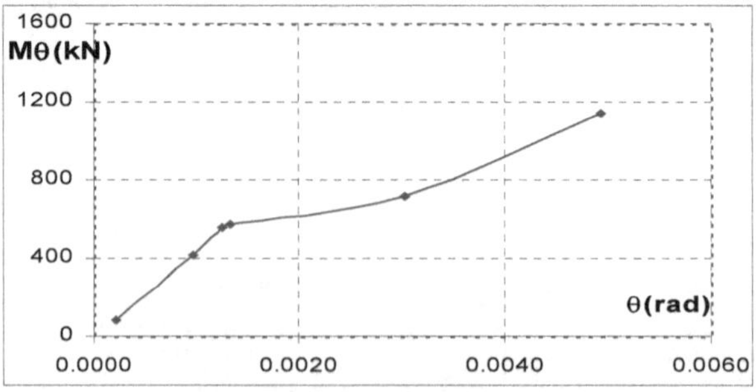

Şekil 3.50: Taban burulma momenti ile burulma dönmesi ilişkisi

3.6 İki Katlı Asimetrik Sistem Modeli

Planda x doğrultusunda sistem Şekil 3.51'de görülebileceği gibi simetriktir. O, kat kütle merkezi tüm katlarda sabittir. Her kat diyaframı kendi düzlemi içinde rijittir. Kat serbestlikleri, kütle merkezinde tanımlanmaktadır. Sadece iki katlı değil, daha sonra kullanılacak olan 3 katlı model de düşünülerek teorik model çok katlı bir sistem için aşağıdaki gibi oluşturulabilir.

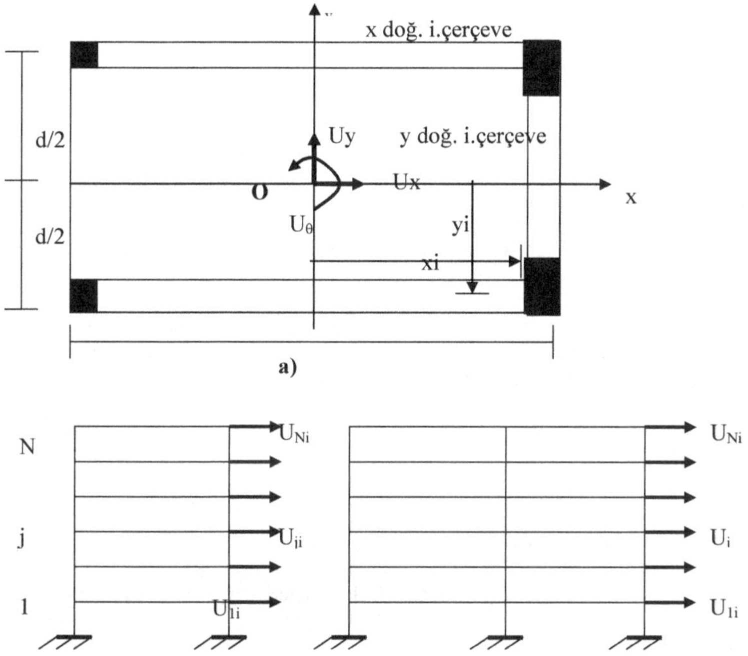

Şekil 3.51: Çok katlı sistem a) kat planı b)y doğrultusunda i. çerçeve c) x doğrultusunda i. Çerçeve

Serbestlik dereceleri :x ekseni boyunca ötelenme yerdeğiştirmesi u_{jx} , y ekseni boyunca ötelenme yerdeğiştirmesi u_{jy} , z ekseni etrafında burulma dönmesi $u_{j\theta}$ (j:1,2......N). Tek katlı 3 sistemde daha önce belirtildiği gibi sistemin genel serbestlik derecesini 3N kabul edebiliriz. Yerdeğiştirme vektörü bu durumda aşağıdaki, 3.40 eşitliğinde verildiği gibi ifade edilebilecektir.

$$u = \begin{Bmatrix} u_x \\ u_y \\ u_\theta \end{Bmatrix}$$

$$u_x = \{u_{1x} \quad u_{2x} \quad . \quad . \quad u_{Nx}\}^T \qquad (3.40)$$

$$u_y = \{u_{1y} \quad u_{2y} \quad . \quad . \quad u_{Ny}\}^T$$

$$u_\theta = \{u_{1\theta} \quad u_{2\theta} \quad . \quad . \quad u_{N\theta}\}^T$$

3.6.1 Sayısal çözüm algoritması

Sistemin genel rijitlik matrisinin bulunmasını ve analizde kullanılan program algoritmasını adım adım ifade edersek.

1. Adım: İlk olarak yapıya ait kütle, kat planı, elemanların konumları, eleman boyutları gibi tanımlayıcı bilgiler bilgisayara girilmelidir. Bu tanımlamalar yapıldıktan sonra, her çerçevenin ötelenme rijitliği bulunur. Bunun için;

a) i. Çerçevenin serbestlik derecesi belirlenir. Bunun için kat seviyelerinde yatay yerdeğiştirmeler $u_i = \{u_{1i} \quad u_{2i} \quad . \quad . \quad u_{Ni}\}^T$ olarak tanımlanır aynı şekilde düşey ve dönme hareketleri de, Şekil 3.60 b ve c de gösterildiği gibi ifade edilir.

b) i. Çerçevenin serbestlik derecelerine bağlı olarak rijitlik matrisleri elde edilir.

c) k_{xi} (eğer çerçeve x eksenindeyse), k_{yi} (eğer çerçeve y eksenindeyse), i. çerçevenin NxN yatay rijitliğini elde etmek için tüm dönme ve düşey serbestlikleri statik olarak kısaltılır.

2. Adım: 1.a) adımında tanımlanan u_i ötelenme serbestliğine bağlı olarak yerdeğiştirme dönüşüm matrisine karar verilir. Böylece Nx3N boyutlu a_{xi} veya a_{yi} matrisi oluşturulur.

$$u_i = a_{xi} \cdot u \;\; veya \;\; u_i = a_{yi} \cdot u$$

$$a_{xi} = [0 \quad -y_i \; I] \text{ veya } a_{yi} = [0 \quad x_i \; I]$$

3. Adım: i. çerçevenin yatay rijitlik matrisi u yerdeğiştirmesini bulmak için yatay rijitlik matrisini dönüştürülmesi gerekmektedir.

$$k_i = a_{xi}^T \cdot k_{xi} \cdot a_{xi}, \; k_i = a_{yi}^T \cdot k_{yi} \cdot a_{yi} \qquad (3.41)$$

Yukarıda 3.41 eşitliğinde verilen matrislerde serbestlik derecelerine bağlı olarak 3Nx3N şeklinde oluşacaktır.

4. Adım: Yapının genel rijitlik matrisini bulabilmek için ilgili çerçeve rijitlik matrislerinin, 3.42 eşitliğindeki gibi toplanması gerekmektedir.

$$k = \sum_i k_i \tag{3.42}$$

2. adımdaki ifadeler, 3. adımda yerine konursa ve yukarıdaki gibi toplanırsa, 3.43 ve 44 eşitliğindeki ifadeler elde edilecektir. Burulma rijitliği ise 3.45 eşitliğinde ifade edilmiştir.

$$k = \begin{bmatrix} k_{xx} & 0 & 0 \\ 0 & k_{yy} & k_{y\theta} \\ 0 & k_{\theta y} & k_{\theta\theta} \end{bmatrix} \tag{3.43}$$

$$k_{xx} = \sum_i k_{xi} \quad k_{yy} = \sum_i k_{yi} \quad k_{y\theta} = k_{\theta y}{}^T = \sum_i x_i k_{yi} \tag{3.44}$$

$$k_{\theta\theta} = \sum_i (x_i^2 k_{yi} + y_i^2 k_{xi}) \tag{3.45}$$

$\ddot{u}_{gy}(t)$ yer ivmesine maruz sönümsüz sistemin hareket denklemi, tek katlı sisteme benzer şekilde aşağıdaki verilen 3.46 eşitliğindeki gibi uygulanacaktır.

$$\begin{bmatrix} m & 0 & 0 \\ 0 & m & 0 \\ 0 & 0 & I_o \end{bmatrix} \begin{Bmatrix} \ddot{u}_x \\ \ddot{u}_y \\ \ddot{u}_\theta \end{Bmatrix} + \begin{bmatrix} k_{xx} & 0 & 0 \\ 0 & k_{yy} & k_{y\theta} \\ 0 & k_{\theta y} & k_{\theta\theta} \end{bmatrix} \begin{Bmatrix} u_x \\ u_y \\ u_\theta \end{Bmatrix} = - \begin{bmatrix} m & 0 & 0 \\ 0 & m & 0 \\ 0 & 0 & I_o \end{bmatrix} \begin{Bmatrix} 0 \\ 1 \\ 0 \end{Bmatrix} \ddot{u}_{gy}(t) \tag{3.46}$$

Burada m, N. dereceden diyagonal matristir, $m_{ij}=m_j$ olmak üzere, i. kat diyaframının toplu kütlesidir. I_o, N. dereceden diyagonal matristir, $I_{ij}= I_{oj}$, j. kat döşemesinin kütle merkezinden düşey doğrultuda geçen eksen etrafındaki dönel atalet momentidir. y doğrultusunda etkiyen efektif deprem kuvveti $-m_j u_{gy}(t)$ olmak üzere, efektif tork sıfır alınmıştır. Genel hareket denklemini sönümlü sistemde 3.47 eşitliğindeki gibi yazabiliriz. Yukarıdaki algoritmaya dayalı akış diyagramı Ek F'de gösterilmiştir.

$$\begin{bmatrix} m & 0 & 0 \\ 0 & m & 0 \\ 0 & 0 & I_o \end{bmatrix} \begin{Bmatrix} \ddot{u}_x \\ \ddot{u}_y \\ \ddot{u}_\theta \end{Bmatrix} + \begin{bmatrix} c_x & 0 & 0 \\ 0 & c_y & 0 \\ 0 & 0 & c_\theta \end{bmatrix} \begin{Bmatrix} \dot{u}_x \\ \dot{u}_y \\ \dot{u}_\theta \end{Bmatrix} + \begin{bmatrix} k_{xx} & 0 & 0 \\ 0 & k_{yy} & k_{y\theta} \\ 0 & k_{\theta y} & k_{\theta\theta} \end{bmatrix} \begin{Bmatrix} u_x \\ u_y \\ u_\theta \end{Bmatrix} = - \begin{bmatrix} m & 0 & 0 \\ 0 & m & 0 \\ 0 & 0 & I_o \end{bmatrix} \begin{Bmatrix} 0 \\ 1 \\ 0 \end{Bmatrix} \ddot{u}_{gy}(t) \tag{3.47}$$

Bölüm 3.3.1'de hesaplanan birinci modeli dikkate alınıp, 2 katlı model için deneme yapılırsa (1. ve 2. kat karakteristiklerinin aynı olduğu, kat yüksekliği, kolon boyutları, döşeme kalınlığı gibi özellklerin değişmediği kabule dilmektedir), sistem genel hareket denklemi aşağıdaki 3.52 eşitliğindeki gibi oluşacaktır. Bu eşitliğin bileşenleri olan rijitlik matrisi ifadesi 3.48, sönüm matrisi 3.49 ve kütle matrisi 3.50 eşitliklerinde gösterilmiştir.

$$k=\begin{bmatrix} [k_{1x}+k_{2x}]_{2x2} & [0]_{2x2} & \frac{d}{2}[k_{1x}-k_{2x}]_{2x2} \\ [0]_{2x2} & [k_{yy}]_{2x2} & [e\cdot k_{yy}]_{2x2} \\ \frac{d}{2}[k_{1x}-k_{2x}]_{2x2} & [e\cdot k_{yy}]_{2x2} & \left[e^2k_y+\frac{d^2}{4}[k_{1x}+k_{2x}]\right]_{2x2} \end{bmatrix} \quad (3.48)$$

$$c=\begin{bmatrix} [c_x]_{2x2} & [0]_{2x2} & [0]_{2x2} \\ [0]_{2x2} & [c_y]_{2x2} & [0]_{2x2} \\ [0]_{2x2} & [0]_{2x2} & [c_\theta]_{2x2} \end{bmatrix} \quad (3.49)$$

$$m=\begin{bmatrix} [m]_{2x2} & [0]_{2x2} & [0]_{2x2} \\ [0]_{2x2} & [m]_{2x2} & [0]_{2x2} \\ [0]_{2x2} & [0]_{2x2} & [I_\theta]_{2x2} \end{bmatrix} \quad (3.50)$$

$$u=\{u_{x1} \quad u_{x2} \quad u_{y1} \quad u_{y2} \quad u_{\theta 1} \quad u_{\theta 2}\} \quad (3.51)$$

$$m\ddot{u}(t)+c\dot{u}(t)+ku(t)=-m\ddot{u}_g(t) \quad (3.52)$$

Sayısal uygulamada y aksı üzerinde bulunan kolonların boyutları arttırılarak burulma olayına etkiyen parametrelerin dinamik davranıştaki etkileri belirlenmeye çalışılmıştır. Yukarıda verilmiş olan hareket denklemlerinde ilgili rijitlik matrisleri kullanılarak, El Centro 1940 depremi kuzey-güney bileşeni dinamik olarak iki katlı yapıya etkitilmiştir. 0,02 sn aralıklı olarak 1559 deprem ivme kaydı kullanılmıştır. Denklemlerin çözümünde Wilson-θ sayısal integrasyon yöntemi dikkate alınmıştır. Kütlenin, yapının kat döşemesinde, kütle merkezinde yayılı olarak bulunduğu kabulü yapılmıştır. Ilk durumda y aksındaki kolonlar 25x50 cm'lik diktörtgen kolon olarak alınmıştır. Diğer akslarda herhangi bir değişiklik yoktur. Diğer kenar aksdaki kolonlar 40x40 cm'lik kare kolonlardır. Sistemde serbestlik derecesi olarak kütle merkezinde, x ve y doğrultularında ötelenme (u_x, u_y), düşeyden geçen z eksen etrafında dönme (θ_z) olmak üzere 3 serbestlik derecesi alınmıştır. İki katlı sistemde her katta 3 serbestlik olduğundan 2x3=6 serbestlik derecesi sözkonusu olmakta ve sistemi ilgilendiren matrisler 6x6 boyutuna çıkmaktadır. Yazılan algoritmaya bağlı oluşturulan program ile denklem takımları çözdürülmüş ve hesaplamalar yazdırılarak yapı tepkileri elde edilmiştir.

Tablo 3.2: İki katlı asimetrik sistem birinci katta model tepki değerleri

Model No	Eksantrik kolon boyutu	ex/b	$u_x$max (m)	$u_y$max (m)	$u_\theta$max (rad)
1	25x50	0.0497	0.0587	0.0325	0.0005849
2	25x75	0.3047	0.0463	0.0109	0.0024200
3	25x100	0.4071	0.0425	0.0074	0.0029900
4	25x125	0.4502	0.0388		0.0031390
5	25x500	0.4984	0.0223		0.0028900

Tablo 3.3: İki katlı asimetrik sistem ikinci katta model tepki değerleri

Model No	Dış merkezli kolon boyutu	ex/b	$u_x$max (m)	$u_y$max (m)	$u_\theta$max (rad)
1	25x50	0.0497	0.0937	0.0516	0.0009357
2	25x75	0.3047	0.0766	0.0197	0.0039810
3	25x100	0.4071	0.0702	0.0183	0.0049200
4	25x125	0.4502	0.0636		0.0051150
5	25x500	0.4984	0.0353		0.0043300

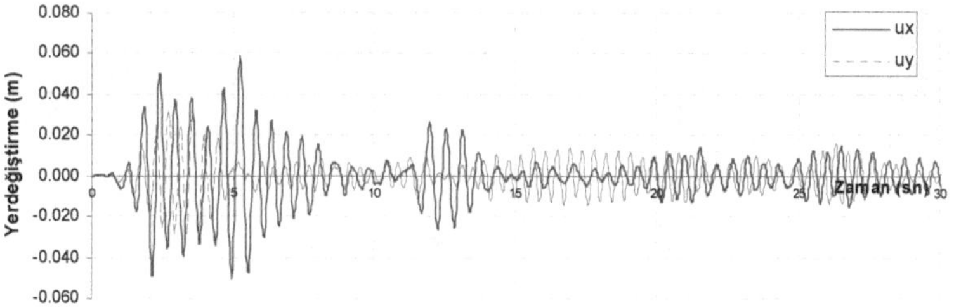

Şekil 3.52: İki katlı 1. model 1. kat x, y eksenlerinde yerdeğiştirme tepkisi

İki katlı birinci modelde Şekil 3.51'de y aksındaki kolonların boyutları 25x50 cm yapılmıştır. y aksındaki kolonların aynı doğrultudaki boyutları 50 cm'dir. Böylece sistemin burulma potansiyeline sahip olması sağlanmıştır. Deprem ivme kaydının binaya etkimesi durumunda, x ekseninde maksimum yerdeğiştirme 1. katta 5,87128 cm, minimum yerdeğiştirme -5,04648 cm olarak bulunmuştur. Binanın x, y eksenlerindeki 1. kattaki, yerdeğiştirme tepkisinin zamana bağlı olarak değişimi Şekil 3.52'de ifade edilmiştir. y ekseninde 1. katta, maksimum yerdeğiştirme 3,253585 cm, y ekseninde minimum yerdeğiştirme -2,8805 cm olarak bulunmuştur. Binanın y eksenindeki yerdeğiştirme tepkisinin zamana bağlı olarak değişimi Şekil 3.52'de ifade edilmiştir.

İkinci kattaysa x doğrultusunda maksimum 9,37333 cm ve minimum -7,96947 cm yerdeğiştirmeleri hesaplanmıştır. Binanın x, y eksenlerindeki 2. kattaki, yerdeğiştirme tepkisinin zamana bağlı olarak değişimi Şekil 3.53'de ifade edilmiştir. y ekseninde 2. katta, maksimum yerdeğiştirme 5,1616 cm, y ekseninde minimum yerdeğiştirme -4,6079 cm olarak bulunmuştur.

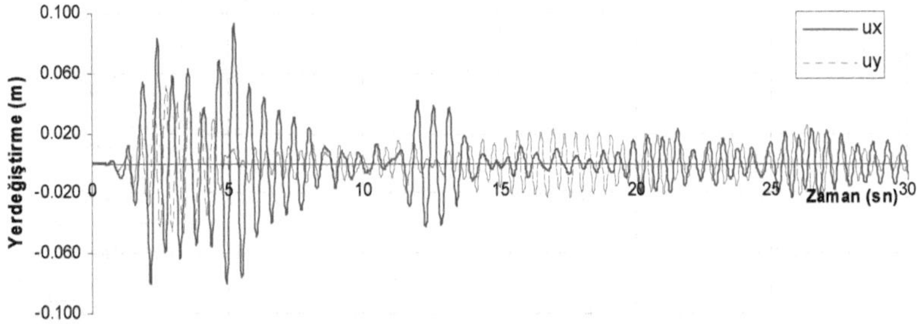

Şekil 3.53: İki katlı 1.model 2. kat x, y eksenlerinde yerdeğiştirme tepkisi

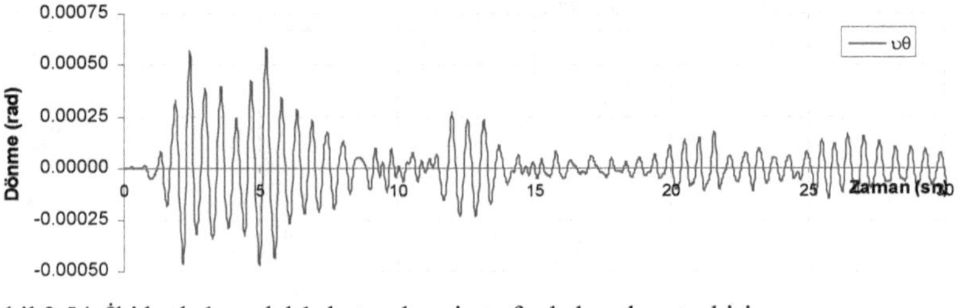

Şekil 3.54: İki katlı 1.model 1. kat z ekseni etrafında burulma tepkisi

Düşeyden geçen z ekseni etrafında 1. katta, maksimum dönme miktarı 0.00058487 rad, minimum dönme -0.000472 rad olarak bulunmuştur. Binanın z ekseni etrafındaki burulma tepkisinin zamana bağlı olarak değişimi Şekil 3.54'de ifade edilmiştir.

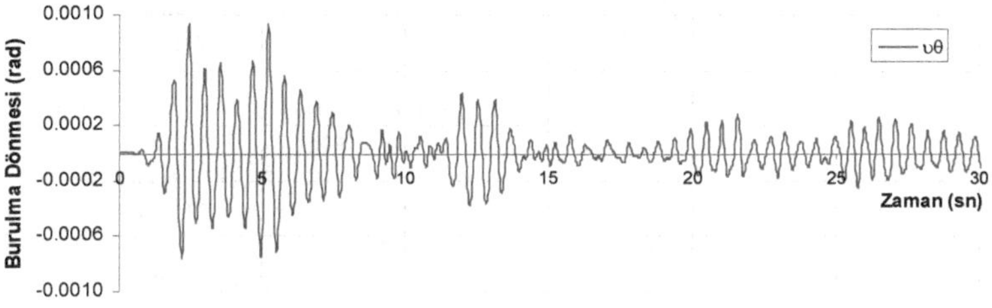

Şekil 3.55: İki katlı 1.model 2. kat z ekseni etrafında burulma tepkisi

Düşeyden geçen z ekseni etrafında 2. katta, maksimum dönme miktarı 0.0009357 rad, minimum dönme -0.0007627 rad olarak bulunmuştur. Binanın z ekseni etrafındaki burulma tepkisinin zamana bağlı olarak değişimi Şekil 3.55'de ifade edilmiştir.

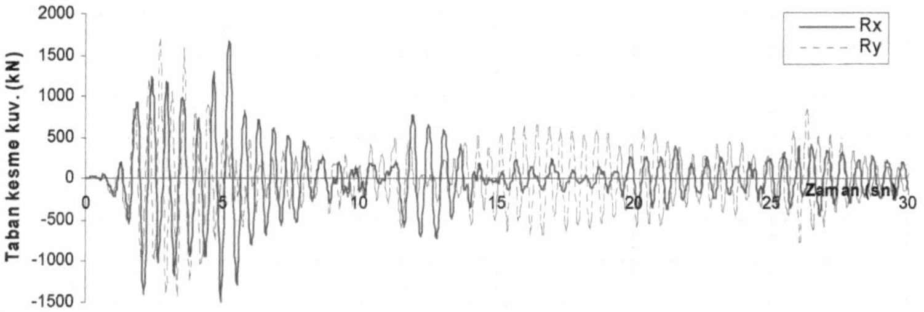

Şekil 3.56: İki katlı 1.model 1. kat x, y eksenlerinde taban kesme kuvveti tepkisi

Deprem ivme kaydının, yapıya etkimesi durumunda, 1. katta, x ekseninde maksimum taban kesme kuvveti tepkisi 1669,19 kN, minimum kesme kuvveti tepkisi – 1503,83 kN olarak bulunmuştur. Binanın x eksenindeki taban kesme kuvvetinin zamana bağlı olarak değişimi Şekil 3.56'da ifade edilmiştir.

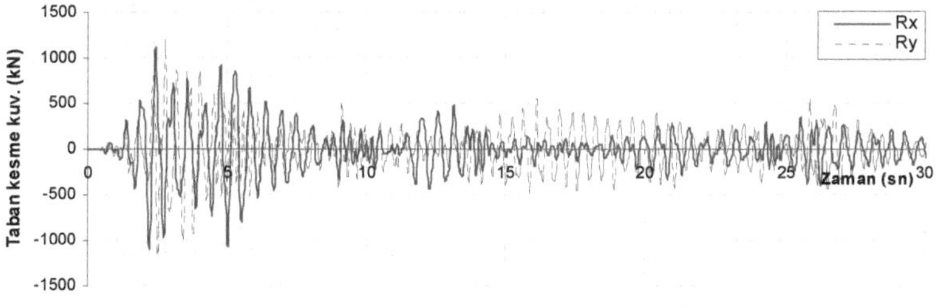

Şekil 3.57: İki katlı 1.model 2. kat x, y eksenlerinde taban kesme kuvveti tepkisi

2. katta, x ekseninde maksimum taban kesme kuvveti tepkisi 1120,36 kN, minimum kesme kuvveti tepkisi – 1095,12 kN olarak bulunmuştur. Binanın x eksenindeki taban kesme kuvvetinin zamana bağlı olarak değişimi Şekil 3.57'de ifade edilmiştir.

y eksenindeyse, 1. katta, maksimum taban kesme kuvveti tepkisi 1689,2 kN, minimum taban kesme kuvveti tepkisi – 1427,59 kN olarak bulunmuştur. Binanın y eksenindeki taban kesme kuvvetinin zamana bağlı olarak değişimi Şekil 3.56'da ifade edilmiştir. y ekseninde 2. katta, maksimum taban kesme kuvveti tepkisi 1194,45 kN, minimum taban kesme kuvveti tepkisi – 1144,72 kN olarak bulunmuştur. Binanın y eksenindeki taban kesme kuvvetinin zamana bağlı olarak değişimi Şekil 3.57'de ifade edilmiştir.

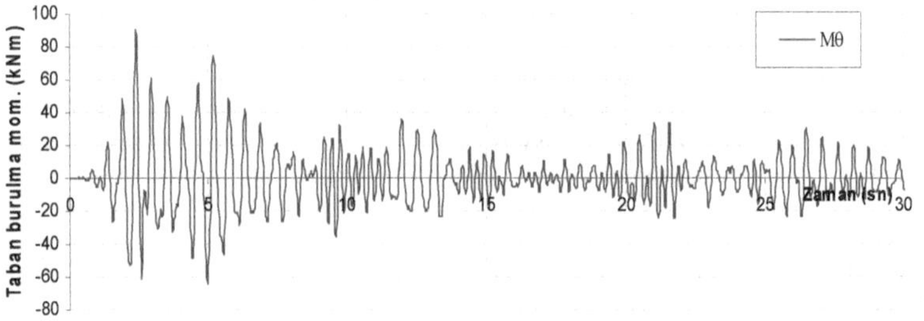

Şekil 3.58: İki katlı 1.model 1. kat z ekseni etrafında taban burulma momenti tepkisi

z ekseni etrafındaki, 1. kattaki maksimum burulma momenti tepkisi 90,911 kNm, minimum burulma momenti tepkisi –64,2397 kNm olarak bulunmuştur. Binanın z ekseni etrafındaki burulma momenti tepkisinin zamana bağlı olarak değişimi Şekil 3.58'de ifade edilmiştir.

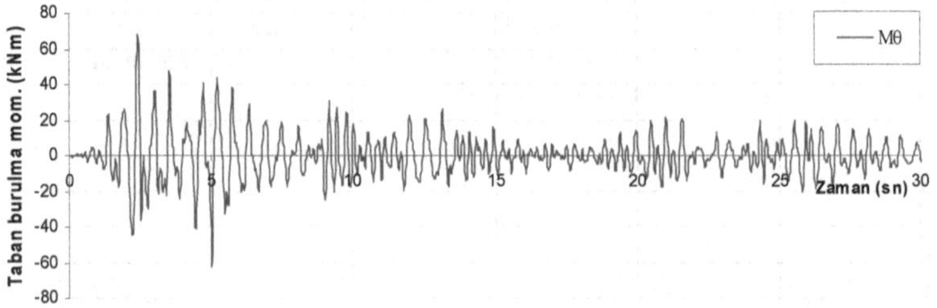

Şekil 3.59: İki katlı 1.model 2. kat z ekseni etrafında taban burulma momenti tepkisi

z ekseni etrafındaki, 2. kattaki maksimum burulma momenti tepkisi 67,8648 kNm, minimum burulma momenti tepkisi – 62,7173 kNm olarak bulunmuştur. Binanın z ekseni etrafındaki taban burulma momenti tepkisinin zamana bağlı olarak değişimi Şekil 3.59'da ifade edilmiştir. Taban kesme kuvveti ve burulmanın x,y ekseninde yerdegistirme ve z ekseninde dönmeye bağlı olarak değişimini aşağıdaki Şekil 3.60'da görmek mümkündür.

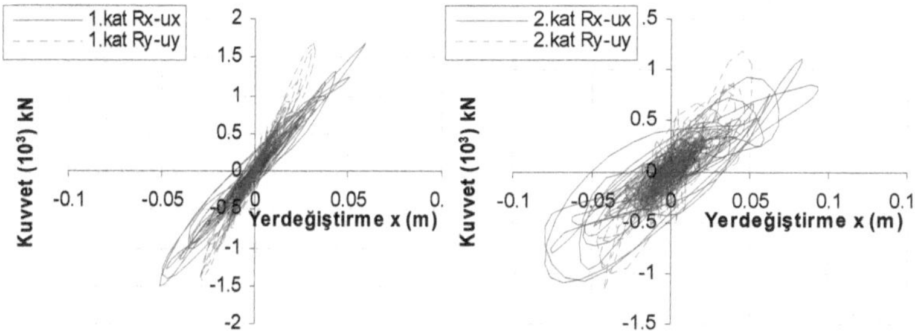

a)1. kat b)2. kat

Şekil 3.60: 1. model katlarda x, y ekseni taban kesme kuvveti – yerdeğiştirme grafiği

Şekilden de görüldüğü gibi kuvvet yerdeğiştirme ilişkisi üst katlarda daha dikleşen bir ilişki sergilemektedir. Üst katlara doğru yer değiştirmelerin artması bu noktada etkili bir sebep olabilir.

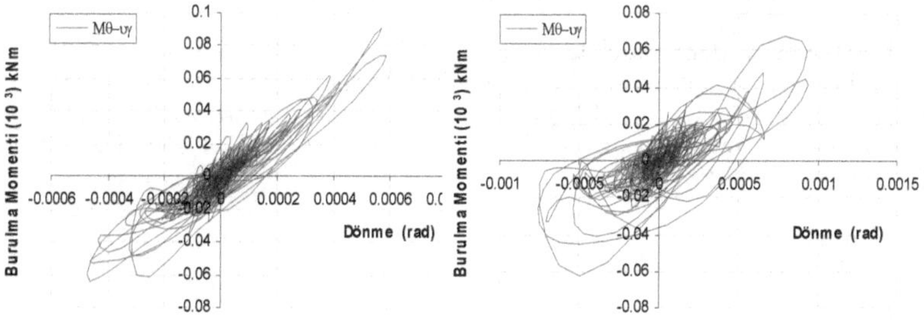

a)1. kat b)2. kat

Şekil 3.61: 1. model 1. ve 2. kat z ekseni taban burulması – dönme grafiği

İkinci modelde Şekil 3.51'de y aksındaki kolonların boyutları 25x75 cm yapılmıştır. y aksındaki kolonların aynı doğrultudaki boyutları 75 cm'dir. Böylece sistemin dış merkezliği arttırılmıştır. Deprem ivme kaydının binaya etkimesi durumunda, x ekseninde maksimum yerdeğiştirme 1. katta 4,636 cm, minimum yerdeğiştirme -4,346 cm olarak bulunmuştur. y ekseninde 1. katta, maksimum yerdeğiştirme 1,0870 cm, y ekseninde minimum yerdeğiştirme -0,9670 cm olarak bulunmuştur. Binanın x, y eksenlerindeki 1. kattaki, yerdeğiştirme tepkisinin zamana bağlı olarak değişimi Şekil 3.62'de ifade edilmiştir.

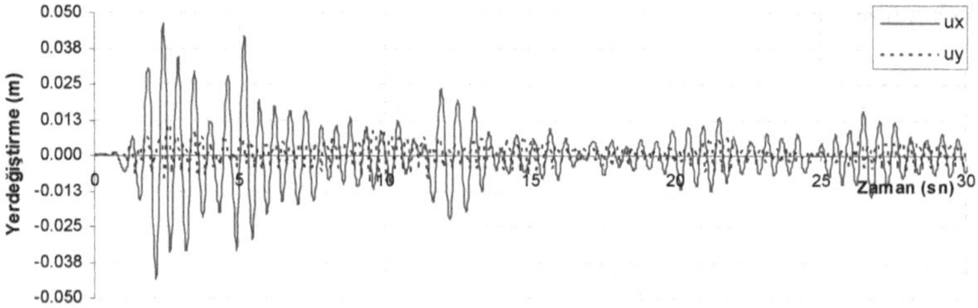

Şekil 3.62: İki katlı 2. model 1. kat x, y eksenlerinde yerdeğiştirme tepkisi

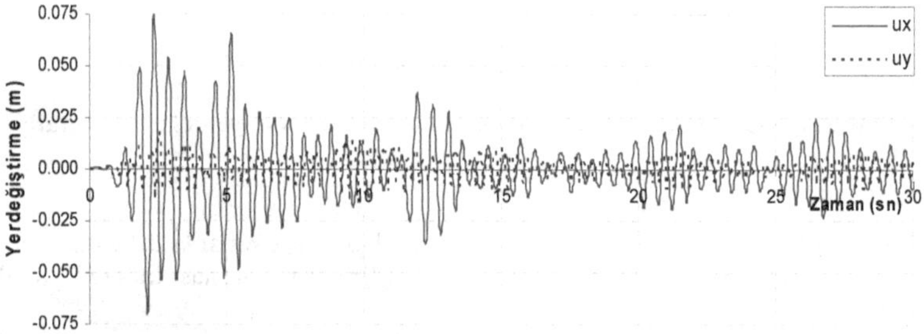

Şekil 3.63: İki katlı 2.model 2. kat x, y eksenlerinde yerdeğiştirme tepkisi

İkinci kattaysa x doğrultusunda maksimum 7,657 cm ve minimum -7,0148 cm yerdeğiştirmeleri hesaplanmıştır. y ekseninde 2. katta, maksimum yerdeğiştirme 1,797 cm, y ekseninde minimum yerdeğiştirme -1,5648 cm olarak bulunmuştur. Binanın x, y eksenlerindeki 2. kattaki, yerdeğiştirme tepkisinin zamana bağlı olarak değişimi Şekil 3.63'de ifade edilmiştir.

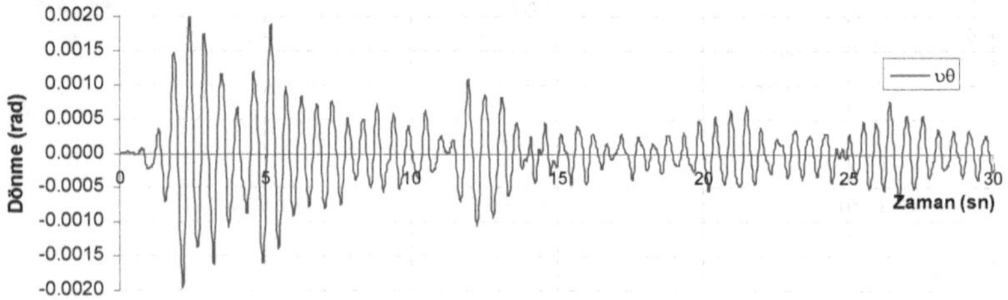

Şekil 3.64: İki katlı 2.model 1. kat burulma dönmesi tepkisi

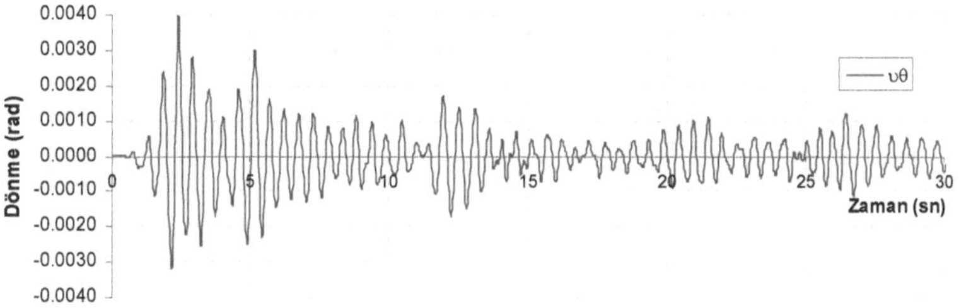

Şekil 3.65: İki katlı 2.model 2. kat burulma dönmesi tepkisi

Düşeyden geçen z ekseni etrafında 1. katta, maksimum dönme miktarı 0.00242 rad, minimum dönme -0.001954 rad olarak bulunmuştur. Binanın z ekseni etrafındaki burulma tepkisinin zamana bağlı olarak değişimi Şekil 3.64'de ifade edilmiştir. Düşeyden geçen z ekseni etrafında 2. katta, maksimum dönme miktarı 0.003981 rad, minimum dönme -0.003186 rad olarak bulunmuştur. Binanın z ekseni etrafındaki burulma tepkisinin zamana bağlı olarak değişimi Şekil 3.65'de ifade edilmiştir.

Deprem ivme kaydının, yapıya etkimesi durumunda, 1. katta, x ekseninde maksimum taban kesme kuvveti tepkisi 1276,31 kN, minimum kesme kuvveti tepkisi – 1338,66 kN olarak bulunmuştur. y eksenindeyse, 1. katta, maksimum taban kesme kuvveti tepkisi 1050,31 kN, minimum taban kesme kuvveti tepkisi – 1106,96 kN olarak bulunmuştur. 1. katta binanın x, y eksenlerindeki taban kesme kuvvetinin zamana bağlı olarak değişimi Şekil 3.66'da ifade edilmiştir. 2. katta, x ekseninde maksimum taban kesme kuvveti tepkisi 1122,27 kN, minimum kesme kuvveti tepkisi – 924,117 kN olarak bulunmuştur. y ekseninde 2. katta, maksimum taban kesme kuvveti tepkisi 1050,31 kN, minimum taban kesme kuvveti tepkisi – 814,98 kN olarak bulunmuştur. 2. katta binanın x, y eksenlerindeki taban kesme kuvvetinin zamana bağlı olarak değişimi Şekil 3.67'de ifade edilmiştir.

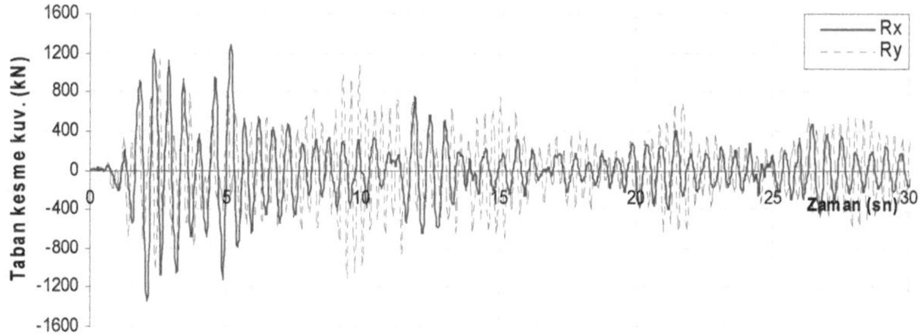

Şekil 3.66: İki katlı 2.model 1. kat x, y eksenlerinde taban kesme kuvveti tepkisi

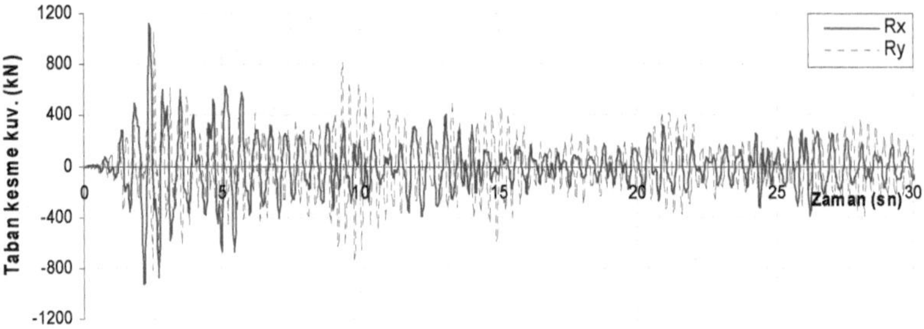

Şekil 3.67: İki katlı 2.model 2. kat x, y eksenlerinde taban kesme kuvveti tepkisi

z ekseni etrafındaki, 1. kattaki maksimum burulma momenti tepkisi 423,67 kNm, minimum burulma momenti tepkisi – 321,23 kNm olarak bulunmuştur. 1. katta binanın z ekseni etrafındaki burulma momenti tepkisinin zamana bağlı olarak değişimi Şekil 3.68'de ifade edilmiştir. z ekseni etrafındaki, 2. kattaki maksimum burulma momenti tepkisi 275,63 kNm, minimum burulma momenti tepkisi – 259,56 kNm olarak bulunmuştur. Binanın z ekseni etrafındaki burulma momenti tepkisinin zamana bağlı olarak değişimi Şekil 3.69'da ifade edilmiştir.

Şekil 3.68: İki katlı 2.model 1. kat x ekseninde burulma momenti tepkisi

Şekil 3.69: İki katlı 2.model 2. kat z ekseni etrafında taban burulma momenti tepkisi

Taban kesme kuvvetleri ve momentinin, 1. katta x, y ve düşeyden geçen z ekseninde yerdegistirmeye bağlı olarak değişimini ve taban burulması ile burulma dönmesi arasındaki ilişkiyi aşağıdaki Şekil 3.70'de görmek mümkündür. Sistemin rijitliğinin artmasına paralel olarak kuvvet-yerdeğiştirme grafiği dikleşmekte ancak moment-dönme ilişkisi ise artan dış merkezlikle daha geniş bir alan kaplamaktadır.

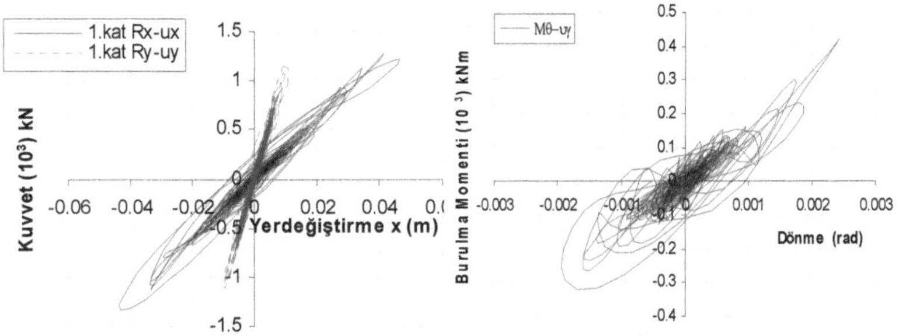

Şekil 3.70: 2. model 1.kat x ekseni taban kesme kuvveti – yerdeğiştirme ve taban burulma momenti-dönme grafiği

Taban kesme kuvvetinin 2. katta x, y eksenlerinde yerdegistirme ve düşeyden geçen z eksenindeki dönmeye bağlı olarak değişimini, taban burulması ile burulma dönmesi arasındaki ilişkiyi aşağıdaki Şekil 3.71'de görmek mümkündür.

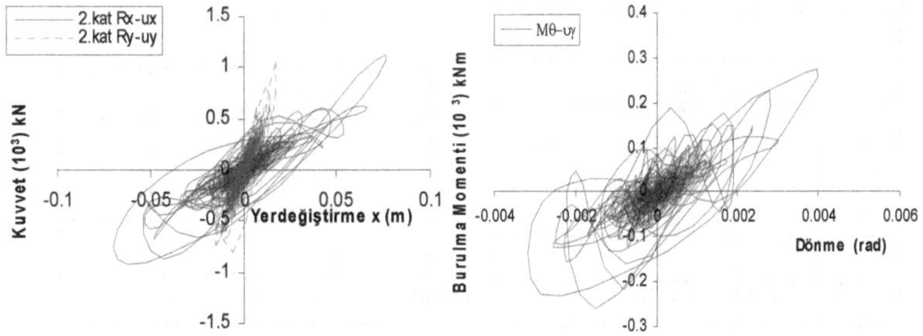

Şekil 3.71: 2. model 2.kat x ekseni taban kesme kuvveti – yerdeğiştirme ve taban burulma momenti-dönme grafiği

Üçüncü modelde Şekil 3.51'de y aksındaki kolonların boyutları 25x100 cm yapılmıştır. y aksındaki kolonların aynı doğrultudaki boyutları 100 cm'dir. Böylece sistemin bir önceki modele göre daha büyük oranda dış merkezli olması sağlanmıştır. Deprem ivme kaydının binaya etkimesi durumunda, x ekseninde maksimum yerdeğiştirme 1. katta 4,249 cm, minimum yerdeğiştirme -3,867 cm olarak bulunmuştur. y ekseninde 1. katta, maksimum yerdeğiştirme 0,662 cm, y ekseninde minimum yerdeğiştirme -0,743 cm olarak bulunmuştur. Binanın x, y eksenlerindeki 1. kattaki, yerdeğiştirme tepkisinin zamana bağlı olarak değişimi Şekil 3.72'de ifade edilmiştir.

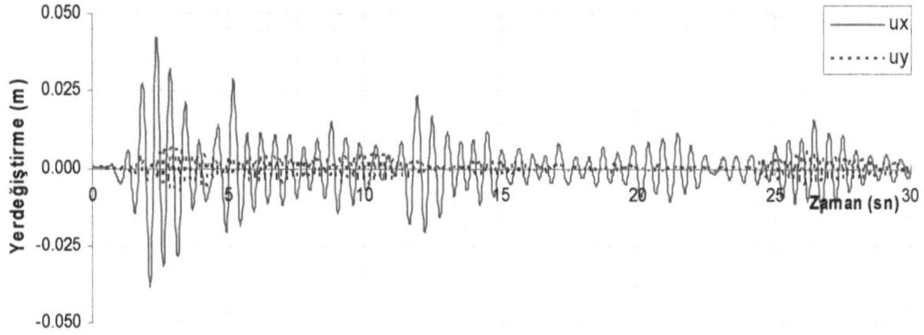

Şekil 3.72: İki katlı 3. model 1. kat x, y eksenlerinde yerdeğiştirme tepkisi

İkinci kattaysa x doğrultusunda maksimum 7,022 cm ve minimum -6,173 cm yerdeğiştirmeleri hesaplanmıştır. y ekseninde 2. katta, maksimum yerdeğiştirme 1,074 cm, y ekseninde minimum yerdeğiştirme -1,183 cm olarak bulunmuştur Binanın x, y eksenlerindeki 1. kattaki, yerdeğiştirme tepkisinin zamana bağlı olarak değişimi Şekil 3.73'de ifade edilmiştir.

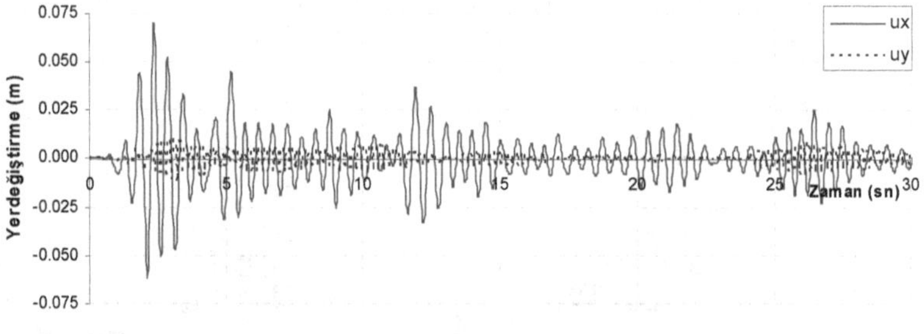

Şekil 3.73: İki katlı 3. model 2. kat x, y eksenlerinde yerdeğiştirme tepkisi

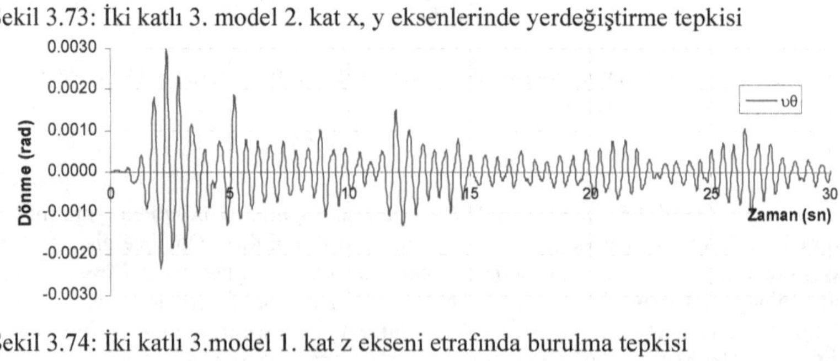

Şekil 3.74: İki katlı 3.model 1. kat z ekseni etrafında burulma tepkisi

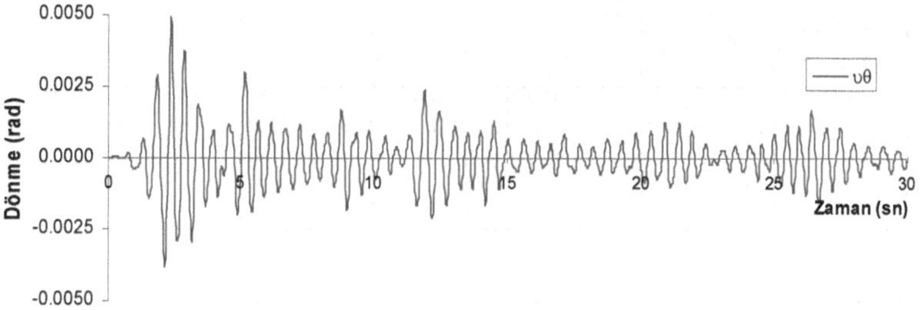

Şekil 3.75: İki katlı 3.model 2. kat z ekseni etrafında burulma tepkisi

Düşeyden geçen z ekseni etrafında 1. katta, maksimum dönme miktarı 0.00299 rad, minimum dönme -0.00236 rad olarak bulunmuştur. Düşeyden geçen z ekseni etrafında 2. katta, maksimum dönme miktarı 0.00492 rad, min. dönme -0.00380 rad olarak bulunmuştur. Binanın z ekseni etrafındaki burulma tepkisinin zamana bağlı olarak değişimi 1. ve 2. kat için Şekil 3.74ve 75'de ifade edilmiştir.

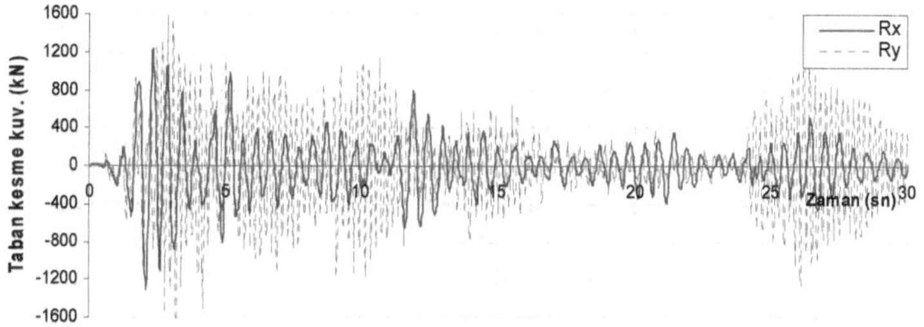

Şekil 3.76: İki katlı 3.model 1. kat x, y eksenlerinde taban kesme kuvveti tepkisi

Deprem ivme kaydının, yapıya etkimesi durumunda, 1. katta, x ekseninde maksimum taban kesme kuvveti tepkisi 1227,34 kN, minimum kesme kuvveti tepkisi – 1296,01 kN olarak bulunmuştur. y eksenindeyse, 1. katta, maksimum taban kesme kuvveti tepkisi 1687,04 kN, minimum taban kesme kuvveti tepkisi – 1763,36 kN olarak bulunmuştur. Binanın x, y eksenindeki taban kesme kuvvetinin zamana bağlı olarak değişimi Şekil 3.76'de ifade edilmiştir.

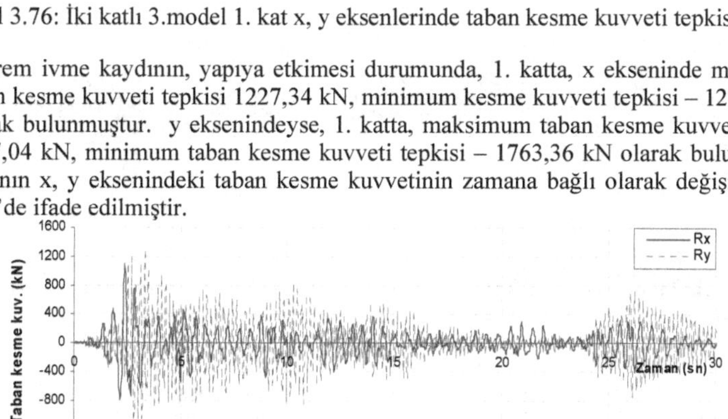

Şekil 3.77: İki katlı 3.model 2. kat x, y eksenlerinde taban kesme kuvveti tepkisi

2. katta, x ekseninde maksimum taban kesme kuvveti tepkisi 1081,76 kN, minimum kesme kuvveti tepkisi –788,444 kN olarak bulunmuştur. y eksenindeyse 2. katta, maksimum taban kesme kuvveti tepkisi 1262,11 kN, minimum taban kesme kuvveti tepkisi –1205,95 kN olarak bulunmuştur. Binanın 2. katında x, y eksenlerindeki taban kesme kuvvetinin zamana bağlı olarak değişimi Şekil 3.77'de ifade edilmiştir.

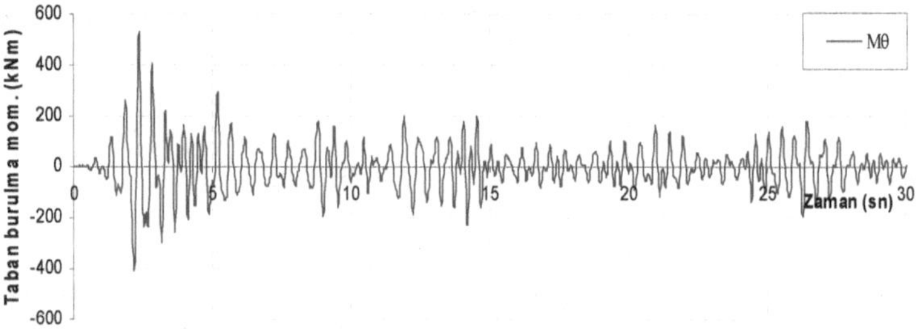

Şekil 3.78: İki katlı 3.model 1. kat z ekseni etrafında burulma momenti tepkisi

z ekseni etrafındaki, 1. kattaki maksimum burulma momenti tepkisi 528,687 kNm, minimum burulma momenti tepkisi – 407,202 kNm olarak bulunmuştur. Binanın z ekseni etrafındaki burulma momenti tepkisinin zamana bağlı olarak değişimi Şekil 3.78'de ifade edilmiştir. z ekseni etrafındaki, 2. kattaki maksimum burulma momenti tepkisi 348,918 kNm, minimum burulma momenti tepkisi – 307,086 kNm olarak bulunmuştur. Binanın z ekseni etrafındaki burulma momenti tepkisinin zamana bağlı olarak değişimi Şekil 3.79'da ifade edilmiştir.

Şekil 3.79: İki katlı 3.model 2. kat z ekseni etrafında burulma momenti tepkisi

Taban kesme kuvvetinin x,y eksenlerinde yerdeğiştirme ile ilişkisinin verildiği grafiği ve düşeyden geçen z ekseninde burulma momenti-dönme ilişikisinin grafik olarak değişimini aşağıdaki Şekil 3.80'de görmek mümkündür. Şekillerde de görüldüğü gibi dış merkezliği arttıran kenar düşey taşıyıcı elemanların boyutlarının giderek artması kuvvet yerdeğişitirme ilişkisini ifade eden grafiğin daha dikleşmesine sebep olmaktadır çünkü yer değiştirmeler göreceli olarak azalırken taban kesme kuvvetlerinde artışlar sistemin davranışını şekildeki hale getirmektedir.

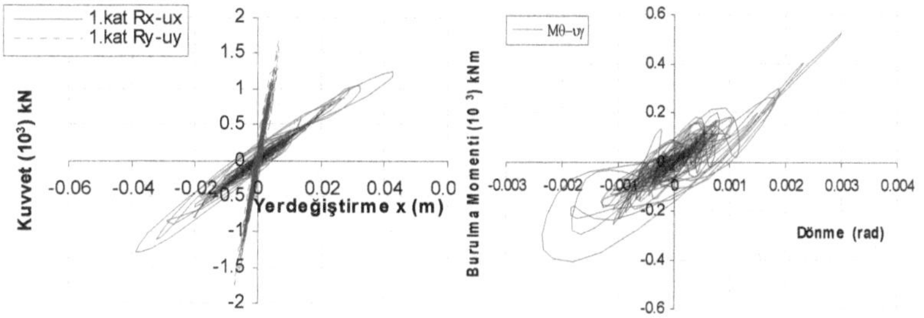

Şekil 3.80: İki katlı 3. model 1.kat x,y ekseni taban kesme kuvveti – yerdeğiştirme burulma momenti-dönme grafiği

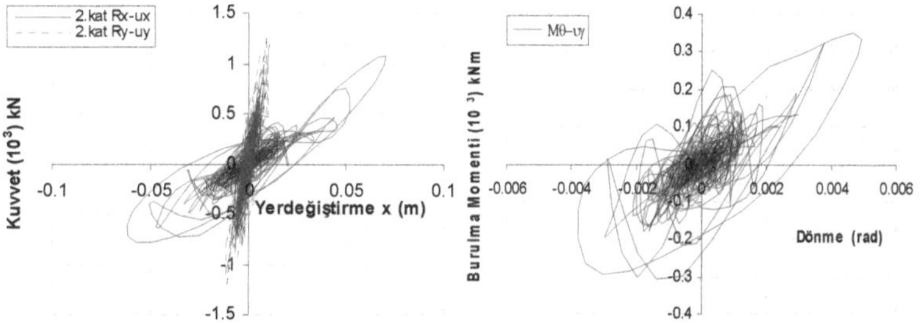

Şekil 3.81: İki katlı 3. model 2.kat x,y ekseni taban kesme kuvveti – yerdeğiştirme burulma momenti-dönme grafiği

Dördüncü modelde Şekil 3.51'de y aksındaki kolonların boyutları 25x125 cm yapılmıştır. y aksındaki kolonların aynı doğrultudaki boyutları 125 cm'dir. Böylece sistemin büyüyen dış merkezliği sağlanmıştır. Deprem ivme kaydının etkitilmesi durumunda, x ekseninde maksimum yerdeğiştirme 1. katta 3,880 cm, minimum yerdeğiştirme -3,382 cm olarak bulunmuştur. Binanın x eksenindeki 2. kattaki, yerdeğiştirme tepkisinin zamana bağlı olarak değişimi Şekil 3.83'de ifade edilmiştir. y ekseninde ise kesitin bu doğrultuda çok büyümesi dolayısıyla rijitliğin çok artması ve bu nedenle yerdeğiştirmelerin ihmal edilebilmesi söz konusu olmuştur.

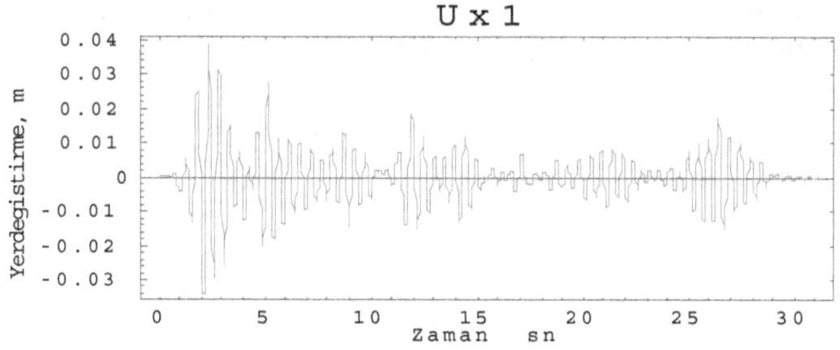

Şekil 3.82: İki katlı 4. model 1. kat x ekseninde yerdeğiştirme tepkisi

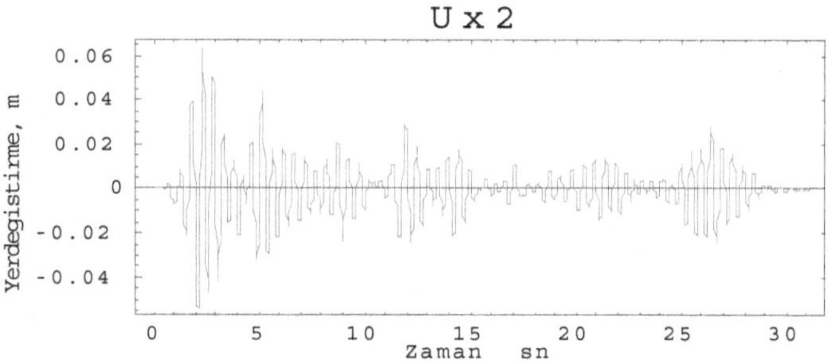

Şekil 3.83: İki katlı 4. model 2. kat x ekseninde yerdeğiştirme tepkisi

Düşeyden geçen z ekseni etrafında 1. katta, maksimum dönme miktarı 0.003139 rad, minimum dönme -0.00237 rad olarak bulunmuştur. Binanın z ekseni etrafındaki burulma tepkisinin zamana bağlı olarak değişimi Şekil 3.84'de ifade edilmiştir. Düşeyden geçen z ekseni etrafında 2. katta, maksimum dönme miktarı 0.005115 rad, minimum dönme -0.00381 rad olarak bulunmuştur. Binanın z ekseni etrafındaki burulma tepkisinin zamana bağlı olarak değişimi Şekil 3.85'de ifade edilmiştir.

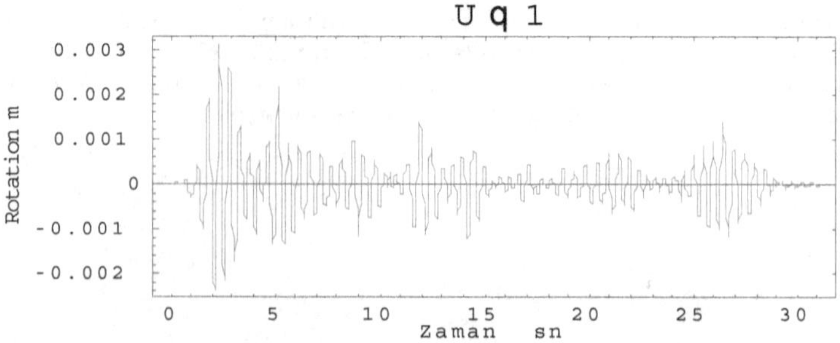

Şekil 3.84: İki katlı 4.model 1. kat z ekseni etrafında burulma tepkisi

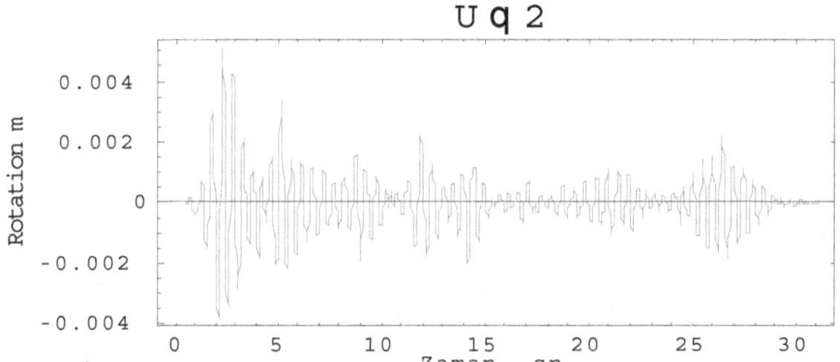

Şekil 3.85: İki katlı 4.model 1. kat z ekseni etrafında burulma tepkisi

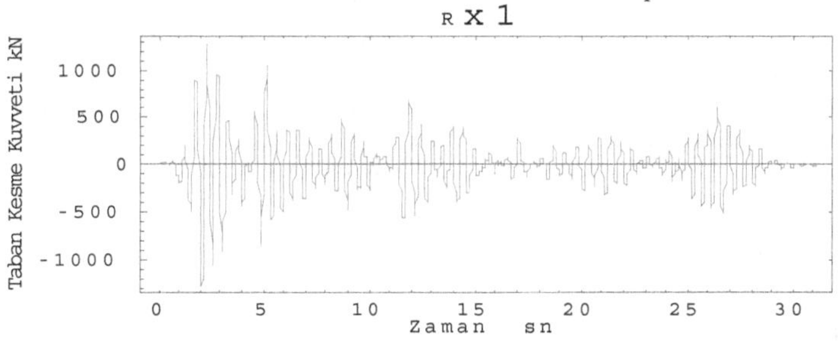

Şekil 3.86: İki katlı 4.model 1. kat x ekseninde taban kesme kuvveti tepkisi

Deprem ivme kaydının, yapıya etkimesi durumunda, 1. katta, x ekseninde maksimum taban kesme kuvveti tepkisi 1283,0 kN, minimum kesme kuvveti tepkisi – 1283,49 kN olarak bulunmuştur. Binanın x eksenindeki taban kesme kuvvetinin zamana bağlı olarak değişimi Şekil 3.86'da ifade edilmiştir. Binanın x eksenindeki taban kesme kuvvetinin zamana bağlı olarak değişimi Şekil 3.87'de ifade edilmiştir.

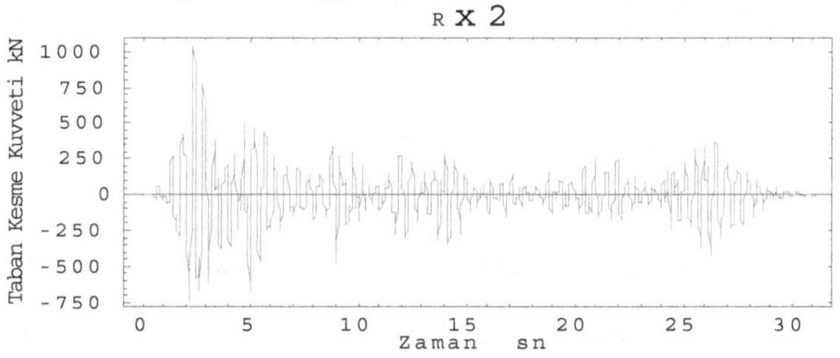

Şekil 3.87: İki katlı 4.model 2. kat x ekseninde taban kesme kuvveti tepkisi

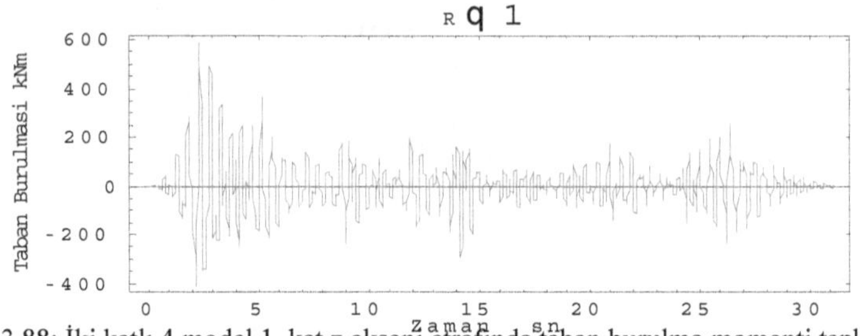

Şekil 3.88: İki katlı 4.model 1. kat z ekseni etrafında taban burulma momenti tepkisi

z ekseni etrafındaki, 1. kattaki maksimum burulma momenti tepkisi 587,763 kNm, minimum burulma momenti tepkisi – 408,633 kNm olarak bulunmuştur. Binanın z ekseni etrafındaki burulma momenti tepkisinin zamana bağlı olarak değişimi Şekil 3.88'de ifade edilmiştir. Binanın 2.kattaki, z ekseni etrafındaki burulma momenti tepkisinin zamana bağlı olarak değişimi Şekil 3.89'da ifade edilmiştir.

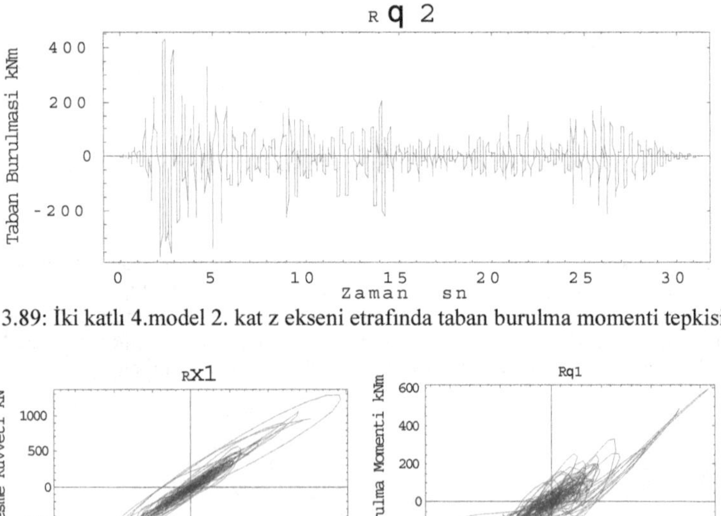

Şekil 3.89: İki katlı 4.model 2. kat z ekseni etrafında taban burulma momenti tepkisi

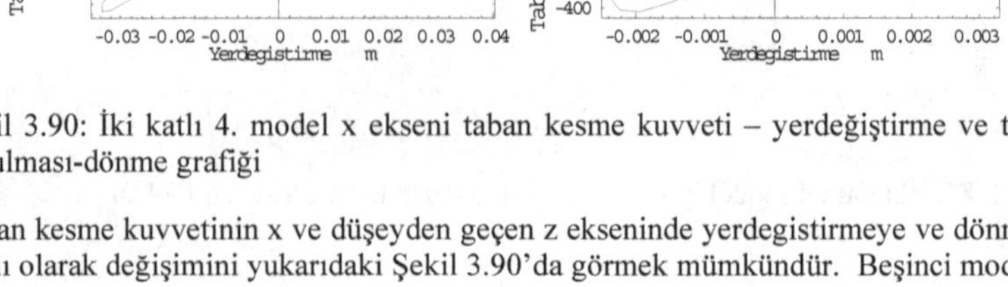

Şekil 3.90: İki katlı 4. model x ekseni taban kesme kuvveti – yerdeğiştirme ve taban burulması-dönme grafiği

Taban kesme kuvvetinin x ve düşeyden geçen z ekseninde yerdegistirmeye ve dönmeye bağlı olarak değişimini yukarıdaki Şekil 3.90'da görmek mümkündür. Beşinci modelde

Şekil 3.51'de y aksındaki kolonların boyutları 25x500 cm yapılmıştır. y aksındaki kolonların yerine o aksa boydan boya bir perde eleman yerleştirilmiştir. Deprem ivme kaydının binaya etkimesi durumunda, x ekseninde maksimum yerdeğiştirme 1. katta 2,225 cm, minimum yerdeğiştirme -1,778 cm olarak bulunmuştur. Binanın x eksenindeki 1. kattaki, yerdeğiştirme tepkisinin zamana bağlı olarak değişimi Şekil 3.91'de ifade edilmiştir.

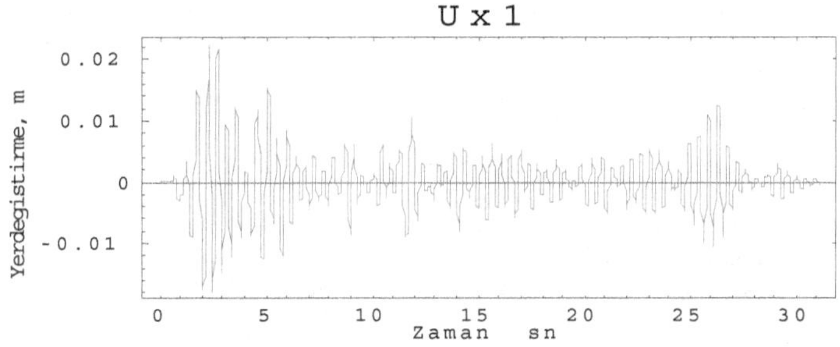

Şekil 3.91: İki katlı 5. model 1. kat x ekseninde yerdeğiştirme tepkisi

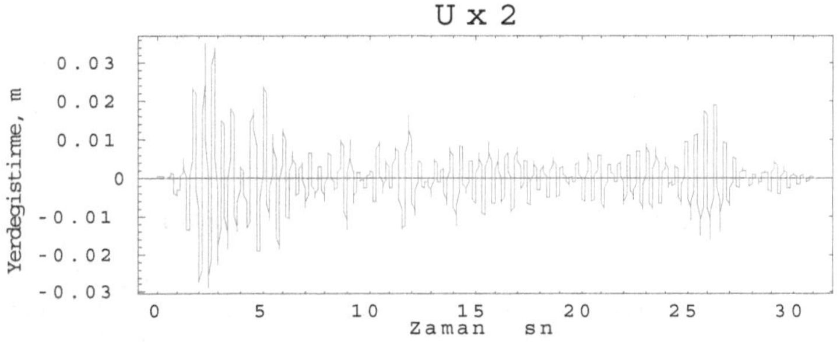

Şekil 3.92: İki katlı 5. model 2. kat x ekseninde yerdeğiştirme tepkisi

İkinci kattaysa x doğrultusunda maksimum 3,531 cm ve minimum -2,860 cm yerdeğiştirmeleri hesaplanmıştır. Binanın x eksenindeki 2. kattaki, yerdeğiştirme tepkisinin zamana bağlı olarak değişimi Şekil 3.92'de ifade edilmiştir. y ekseninde ise kesitin bu doğrultuda çok büyümesi dolayısıyla rijitliğin çok artması ve bu nedenle yerdeğiştirmelerin ihmal edilebilmesi söz konusu olmuştur.

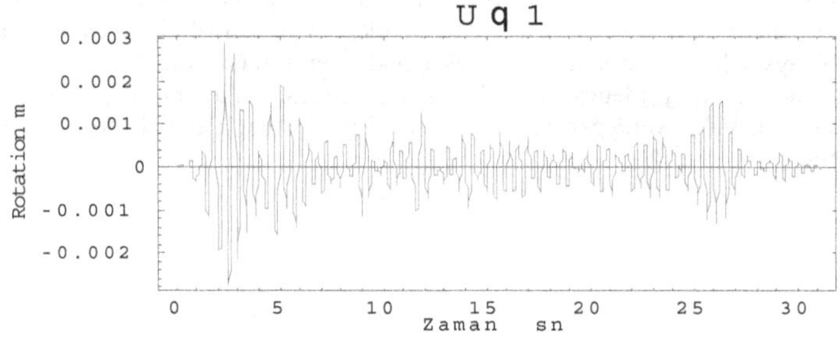

Şekil 3.93: İki katlı 5.model 1. kat z ekseni etrafında burulma tepkisi

Düşeyden geçen z ekseni etrafında 1. katta, maksimum dönme miktarı 0.00289 rad, minimum dönme -0.00273 rad olarak bulunmuştur. Binanın z ekseni etrafındaki burulma tepkisinin zamana bağlı olarak değişimi Şekil 3.93'de ifade edilmiştir.

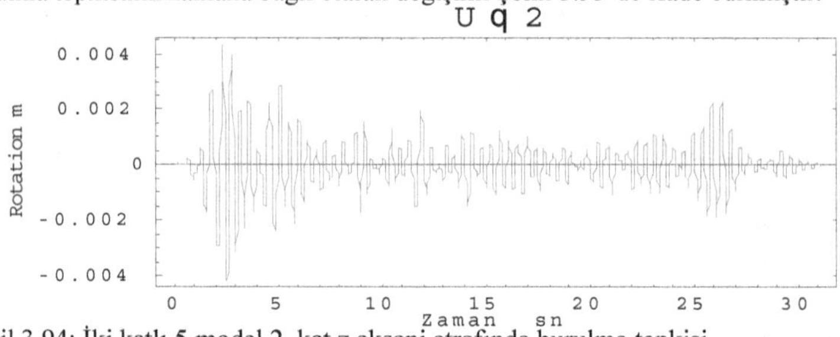

Şekil 3.94: İki katlı 5.model 2. kat z ekseni etrafında burulma tepkisi

Düşeyden geçen z ekseni etrafında 2. katta, maksimum dönme miktarı 0.00433 rad, minimum dönme -0.00417 rad olarak bulunmuştur. Binanın z ekseni etrafındaki burulma tepkisinin zamana bağlı olarak değişimi Şekil 3.94'de ifade edilmiştir.

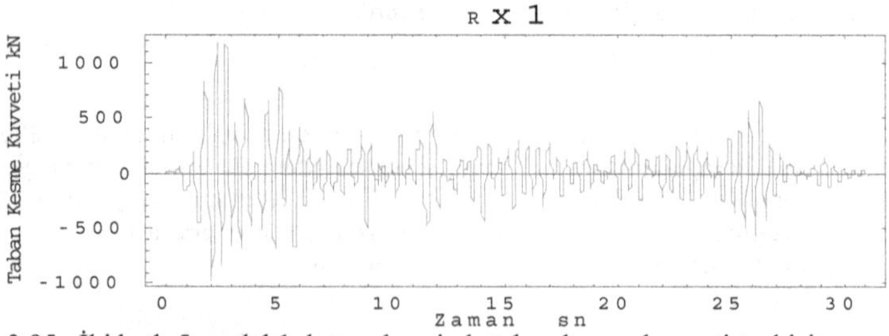

Şekil 3.95: İki katlı 5.model 1. kat x ekseninde taban kesme kuvveti tepkisi

Deprem ivme kaydının, yapıya etkimesi durumunda, 1. katta, x ekseninde maksimum taban kesme kuvveti tepkisi 1187,15 kN, minimum kesme kuvveti tepkisi – 969,582 kN olarak bulunmuştur. Binanın x eksenindeki taban kesme kuvvetinin zamana bağlı olarak değişimi Şekil 3.95'de ifade edilmiştir.

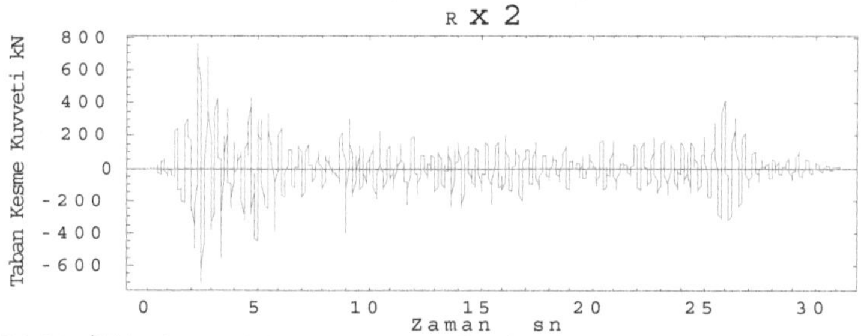

Şekil 3.96: İki katlı 5.model 2. kat x ekseninde taban kesme kuvveti tepkisi

2. katta, x ekseninde maksimum taban kesme kuvveti tepkisi 768,253 kN, minimum kesme kuvveti tepkisi – 712,145 kN olarak bulunmuştur. Binanın x eksenindeki taban kesme kuvvetinin zamana bağlı olarak değişimi Şekil 3.96'da ifade edilmiştir.

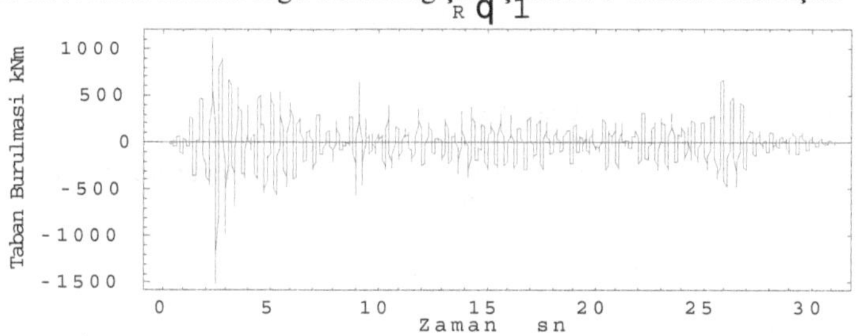

Şekil 3.97: İki katlı 5.model 1. kat z ekseni etrafında taban burulma momenti tepkisi

z ekseni etrafındaki, 1. kattaki maks. burulma momenti 1130,28 kNm, min. burulma momenti– 1504,99 kNm olarak bulunmuştur ve zamana bağlı olarak değişimi Şekil 3.97'de ifade edilmiştir. z ekseni etrafındaki, 1. kattaki maks. burulma momenti tepkisi 2161,33 kNm, min. burulma momenti tepkisi – 1424,57 kNm olarak bulunmuştur. Binanın z ekseni etrafındaki burulma momenti tepkisinin zamana bağlı olarak değişimi Şekil 3.98'de ifade edilmiştir.

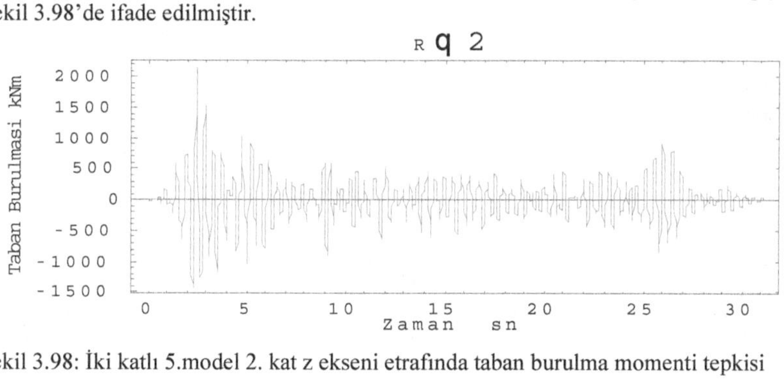

Şekil 3.98: İki katlı 5.model 2. kat z ekseni etrafında taban burulma momenti tepkisi

Taban kesme kuvveti ile burulma mom. x eksenindeki yerdegistirmeye ve z eks. dönmeye bağlı olarak değişimini aşağıdaki Şekil 3.99'da görmek mümkündür.

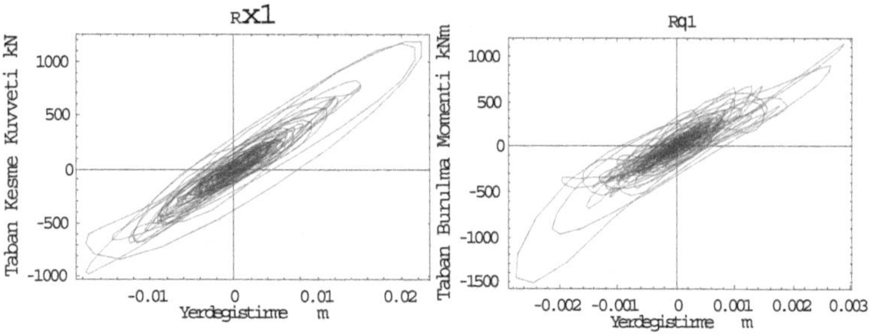

Şekil 3.99: İki katlı 5. model x ekseni taban kesme kuvveti – yerdeğiştirme ve taban burulması-dönme grafiği

3.6.2 Tepki sonuçlarının parametrik değerlendirmesi

İki katlı sistemin lineer malzeme davranışı için tepki sonuçlarının parametrik değişimlerini grafik olarak aşağıdaki gibi ifade edebiliriz.

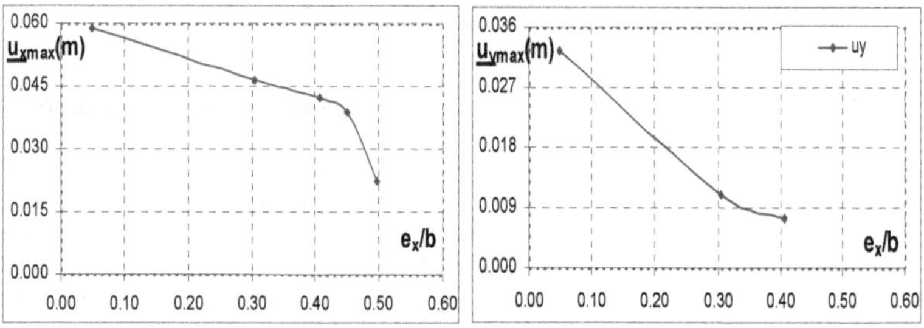

Şekil 3.100: 1. Kat x, y eks. maks. yerdeğiştirmelerin dış merkezlikle değişimleri

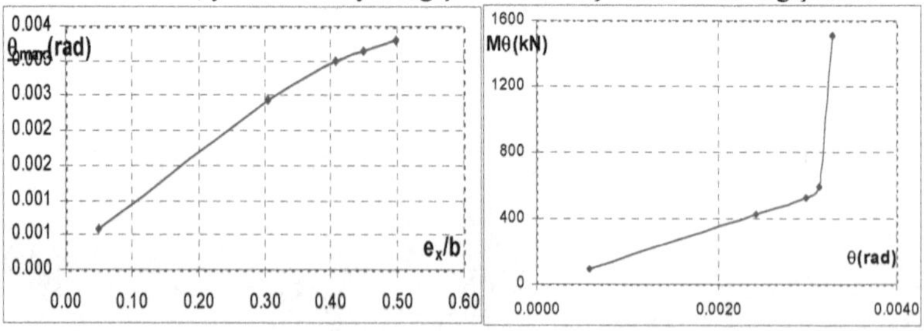

Şekil 3.101: Kat dönmeleri ve kat burulma mom. 1. katta parametrik değişimleri

Şekil 3.100 ve 103'de 1. ve 2. katta eksenel yer değiştirmelerle e_x/b dış merkezlik parametresine bağlı olarak değişimleri ifade edilmiştir. Şekillerden de görülebileceği gibi artan rijitliklerin dış merkezliği arttırdığı sistemde, eksenel yer değiştirmelerin azalmasına sebep olmakta ancak Şekil 3.101'de gösterildiği gibi kat dönmesi ve taban burulma momentlerinde ciddi ve sistemin lineer karakterine uygun sürekli artışlar gözlemlenmektedir. Şekil 3.102'de gösterilen taban kesme kuvvetlerinin 1. kattaki değişimleri de bu gidişatı desteklemektedirler.

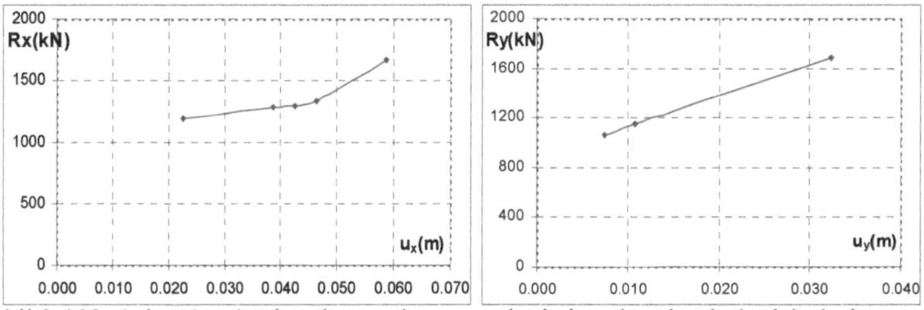

Şekil 3.102: 1. kat (x, y) taban kesme kuv. yer değiştirmelere bağlı değişimleri

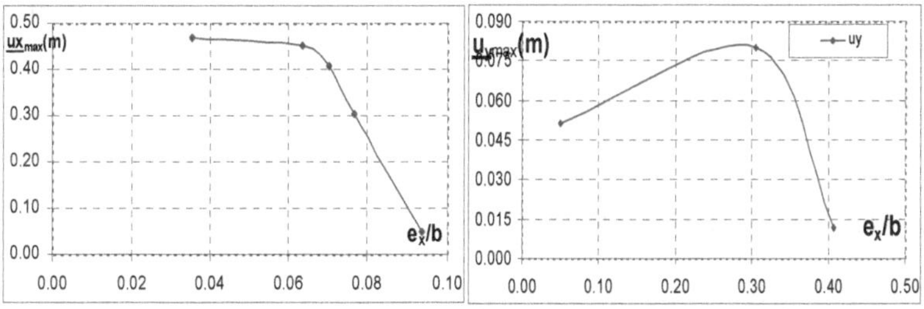

Şekil 3.103: 2. Kat x, y eks. maks. yerdeğiştirmelerin dış merkezlikle değişimleri

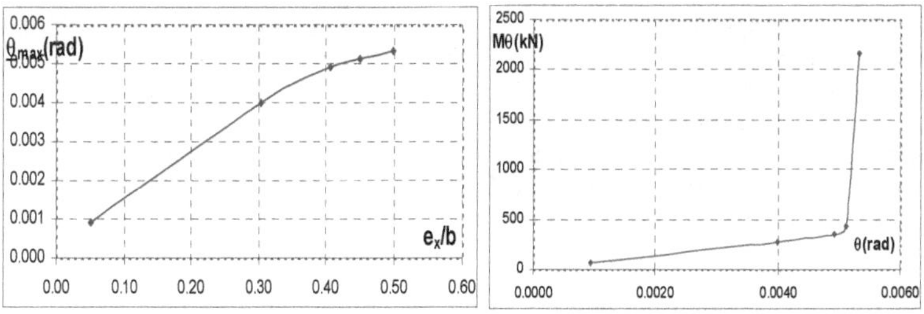

Şekil 3.104: Kat dönmeleri ve kat burulma mom. 2. katta parametrik değişimi

Şekil 3.104'de 2. kattaki burulma dönmesinin dış merkezliğe bağlı değişimi ile burulma momentinin burulma dönmesine bağlı değişimi ifade edilmiştir. Burada burulma dönmesinin değişimi sistemin lineer karakteri ile uyumlu şekilde değişmektedir. Burulma momentinin değişimi ise daha θ değerine bağlı olarak daha keskin dönüş göstermektedir. Bu değişimin temelinde analiz yapılan son sistemlerdeki kenar rijitliklerinin boydan boya perde yerleştirilmesi ile aşırı arttırılması güçlü bir ihtimaldir.

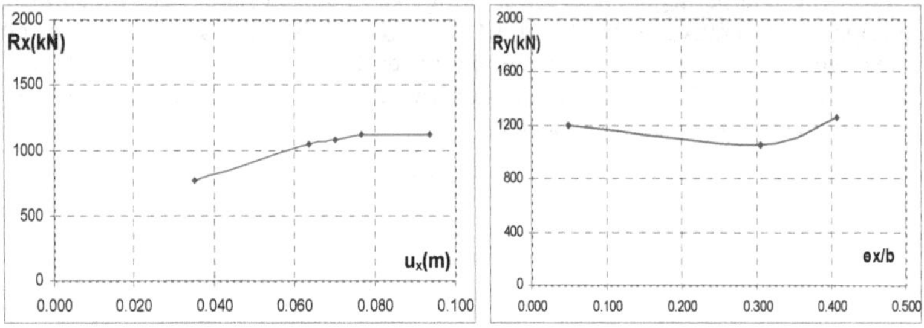

Şekil 3.105: 2. kat (x, y) taban kesme kuvvetlerinin modellere bağlı değişimleri

Şekil 3.105'de 2. kattaki x ve y doğrultularındaki taban kesme kuvvetlerinin değişimi ifade edilmiştir. x doğrultusunda lineer değişimi destekleyen bir gidiş söz konusu iken dış merkezliğin katkısı ile y doğrultusunda daha değişken bir gidiş gözlemlenmektedir. İkinci kattaki tepkilerin birinci kata oranla daha yüksek seyrettiği görülmektedir. Genel itibariyle üst katların deprem etkisi altında daha büyük yer değiştirmeler yapması beklenen bir durum olduğundan grafik değişimler de bu formata uygun seyretmektedir.

3.7 Üç Katlı Asimetrik Sistem Modeli

3.7.1 Sayısal çözüm algoritması

Bölüm 3.6'da hesaplanan iki katlı model dikkate alınıp, aynı modelin üç katlısı için analizler yapılırsa (1. ,2. ve 3. kat karakteristiklerinin aynı olduğu, kat yüksekliği, kolon boyutları, döşeme kalınlığı gibi özelliklerin değişmediği kabul edilmektedir), sistem genel hareket denkleminde yer alan rijitlik, sönüm ve kütle matrisler 3.53, 54 ve 55'de verildiği şekilde oluşacaktır. Yer değiştirme vektörü 3.56'da ifade edilmiştir. Sistemde 9 serbestlik derecesi ortaya çıkacak ve bunun sonucunda da matrisler 9x9 boyutuna gelecektir. Sistemin genel hareket denklemi ise 3.57 eşitliğinde gösterilmiştir.

$$k = \begin{bmatrix} [k_{xx}]_{3x3} & [0]_{3x3} & [k_{x\theta}]_{3x3} \\ [0]_{3x3} & [k_{yy}]_{3x3} & [k_{y\theta}]_{3x3} \\ [k_{x\theta}]_{3x3} & [k_{y\theta}]_{3x3} & [k_{\theta\theta}]_{3x3} \end{bmatrix} \tag{3.53}$$

$$c=\begin{bmatrix}[c_x]_{3x3} & [0]_{3x3} & [0]_{3x3}\\ [0]_{3x3} & [c_y]_{3x3} & [0]_{3x3}\\ [0]_{3x3} & [0]_{3x3} & [c_\theta]_{3x3}\end{bmatrix} \qquad (3.54)$$

$$m=\begin{bmatrix}[m]_{3x3} & [0]_{3x3} & [0]_{3x3}\\ [0]_{3x3} & [m]_{3x3} & [0]_{3x3}\\ [0]_{3x3} & [0]_{3x3} & [I_\theta]_{3x3}\end{bmatrix} \qquad (3.55)$$

$$u=\{u_{x1} \quad u_{x2} \quad u_{x3} \quad u_{y1} \quad u_{y2} \quad u_{y3} \quad u_{\theta 1} \quad u_{\theta 2} \quad u_{\theta 3}\} \qquad (3.56)$$

$$m\ddot{u}(t)+c\dot{u}(t)+ku(t)=-mu_g(t) \qquad (3.57)$$

Yukarıda verilmiş olan hareket denklemlerinde ilgili rijitlik matrisleri kullanılarak, El Centro 1940 depremi kuzey-güney bileşeni 0,02 sn aralıklı olarak dinamik olarak üç katlı yapıya etkitilmiştir. Denklemlerin çözümünde Wilson-θ sayısal integrasyon yöntemi dikkate alınmıştır. Kütlenin, yapının kat döşemesinde, kütle merkezinde toplanmış olarak bulunduğu kabulü yapılmıştır. Ilk durumda y aksındaki kolonlar 25x50 cm'lik diktörtgen kolon olarak alınmıştır. Diğer akslarda herhangi bir değişiklik yoktur. Diğer kenar aksdaki kolonlar 40x40 cm'lik kare kolonlardır. Sistemde serbestlik derecesi olarak, her katta, kütle merkezinde, x ve y doğrultularında ötelenme(u_x, u_y), düşeyden geçen z ekseni etrafında dönme (θ_z) olmak üzere 3 serbestlik derecesi alınmıştır. Üç katlı sistemde her katta 3 serbestlik olduğundan 9 serbestlik derecesi sözkonusu olmakta ve sistemi ilgilendiren matrisler 9x9 boyutuna çıkmaktadır. Üç katlı birinci modelde Şekil 3.51'de y aksındaki kolonların boyutları 25x50 cm olarak tasarlanmıştır. y aksındaki kolonların aynı doğrultudaki boyutları 50 cm'dir. Böylece sistemin y ekseninde rijitliği arttılarak x ekseni üzerinde dışmerkezlik sağlanmıştır. Deprem ivme kaydının binaya etkimesi durumunda, x ekseninde maksimum yerdeğiştirme 1. katta 1,151 cm, minimum yerdeğiştirme -1,041 cm olarak bulunmuştur. y ekseninde 1. katta, maksimum yerdeğiştirme 0,0950 cm, y ekseninde minimum yerdeğiştirme -0,0960 cm olarak bulunmuştur. Binanın x, y eksenlerindeki 1. kattaki, yerdeğiştirme tepkisinin zamana bağlı olarak değişimi Şekil 3.106'da ifade edilmiştir.

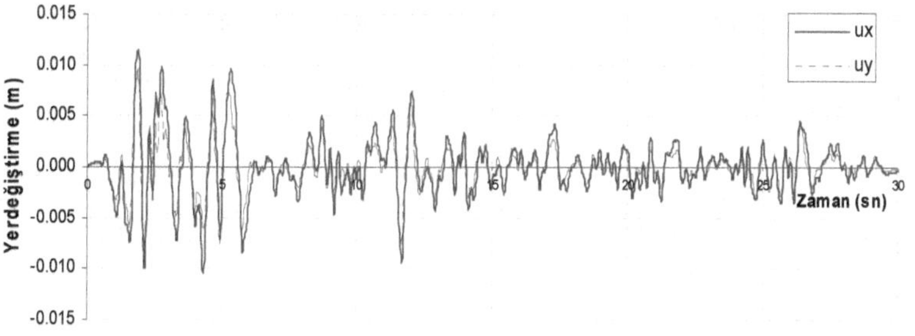

Şekil 3.106: Üç katlı 1. model 1. kat x, y eksenlerinde yerdeğiştirme tepkisi

Tablo 3.4: Üç katlı asimetrik modeli sistem birinci katta tepki değerleri

Model No	Eksantrik Kolon Boyutu	ex/b	$u_x$max	$u_y$max	$u_\theta$max
1	25x50	0.0497	0,01151	0,09600	0,000124
2	25x75	0.3047	0,01030	0,00619	0,000573
3	25x100	0.4071	0,00993	0,00316	0,000695
4	25x125	0.4502	0,00968		0,000728
5	25x500	0.4984	0,00645		0,000836

Tablo 3.5: Üç katlı asimetrik sistem modeli ikinci katta tepki değerleri

Model No	Eksantrik Kolon Boyutu	ex/b	$u_x$max	$u_y$max	$u_\theta$max
1	25x50	0.0497	0,02060	0,01688	0,00023
2	25x75	0.3047	0,01821	0,01032	0,000945
3	25x100	0.4071	0,01758	0,00543	0,001220
4	25x125	0.4502	0,01710		0,001320
5	25x500	0.4984	0,01058		0,00718

Tablo 3.6: Üç katlı asimetrik sistem modeli üçüncü katta tepki değerleri

Model	Eksantrik Kolon	ex/b	$u_x$max	$u_y$max	$u_\theta$max
1	25x50	0.0497	0,02604	0,0211	0,000304
2	25x75	0.3047	0,02299	0,01256	0,001232
3	25x100	0.4071	0,02110	0,00664	0,001605
4	25x125	0.4502	0,02140		0,001740
5	25x500	0.4984	0,01291		0,001060

Yapı modellerinde deprem etkisi altında ortaya çıkan tepki niceliklerinin en yüksek değerleri ile ilgili sonuçlar ve eleman boyutları, üç katlı sistem için birinci kat ile ilgili olarak Tablo3.4, ikinci katla ilgili olarak Tablo 3.5 ve üçüncü katla ilgili olarak Tablo 3.6'da verilmiştir. Modellerin detaylı tepki değerlendirmeleri ileriki bölümlerde ayrıntılı olarak incelenmiştir.

Üç katlı sistem birinci modelinde düşeyden geçen z ekseni etrafında 1. katta, maksimum dönme miktarı 0.000124 rad, minimum dönme -0.000106 rad olarak bulunmuştur. Binanın z ekseni etrafındaki burulma tepkisinin zamana bağlı olarak değişimi Şekil 3.107'de ifade edilmiştir.

Şekil 3.107: Üç katlı 1.model 1. kat z ekseni etrafında burulma dönmesi tepkisi

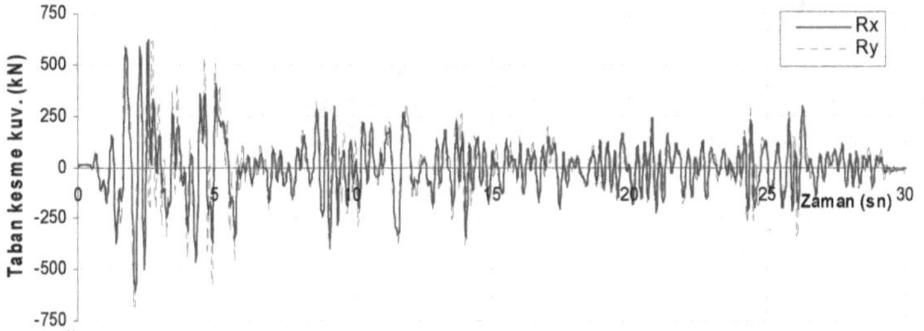

Şekil 3.108: Üç katlı 1. model 1. kat x, y eksenlerinde taban kesme kuvveti tepkisi

Şekil 3.109: Üç katlı 1.model 1. kat z ekseni etrafında burulma momenti tepkisi

Deprem ivme kaydının, yapıya etkimesi durumunda, 1. katta, x ekseninde maksimum taban kesme kuvveti tepkisi 624,61 kN, minimum kesme kuvveti tepkisi – 610,062 kN olarak bulunmuştur. y eksenindeyse, 1. katta, maksimum taban kesme kuvveti tepkisi 615,738 kN, minimum taban kesme kuvveti tepkisi –681,174 kN olarak bulunmuştur. Binanın x, y eksenlerindeki taban kesme kuvvetinin zamana bağlı olarak değişimi Şekil 3.108'de ifade edilmiştir. z ekseni etrafındaki, 1. kattaki maksimum burulma momenti tepkisi 28,540 kNm, minimum burulma momenti tepkisi – 36,879 kNm olarak bulunmuştur. Binanın z ekseni etrafındaki burulma momenti tepkisinin zamana bağlı olarak değişimi Şekil 3.109'de ifade edilmiştir.

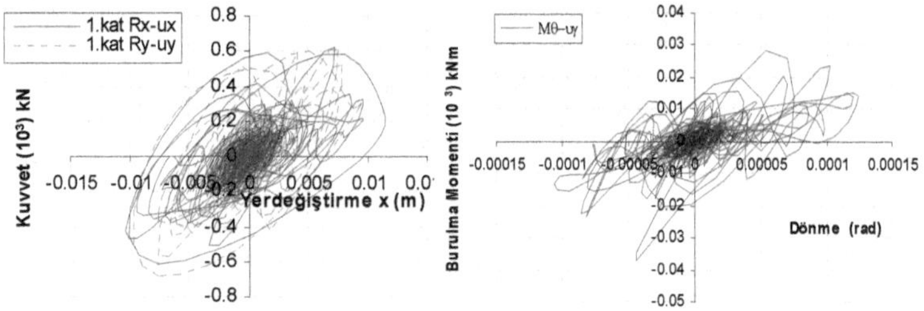

Şekil 3.110: Üç katlı 1. model x, y ekseni taban kesme kuvveti – yerdeğiştirme ve taban burulması – dönme grafiği

Taban kesme kuvvetinin x ve y eksenlerindeki yer değiştirmeye bağlı değişimleri ile düşeyden geçen z ekseninde oluşan burulma momenti ile burulma dönmesine bağlı olarak değişimini yukarıdaki Şekil 3.110'da görmek mümkündür.

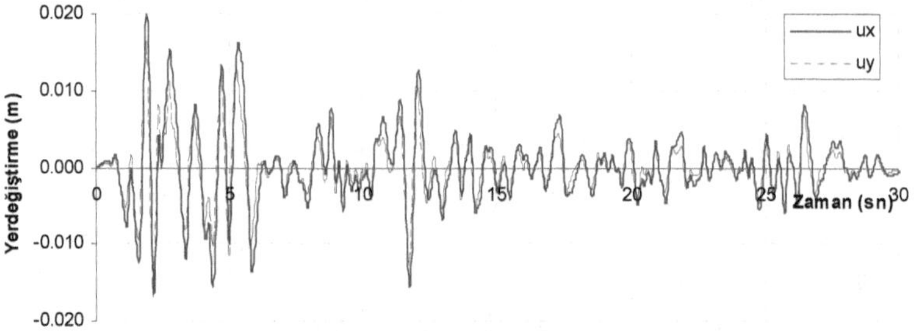

Şekil 3.111: Üç katlı 1. model 2. kat x, y eksenlerinde yerdeğiştirme tepkisi

İkinci kattaysa x doğrultusunda maksimum 2,06 cm ve minimum -1,651 cm yerdeğiştirmeleri hesaplanmıştır. y ekseninde 2. katta, maksimum yerdeğiştirme 1,651 cm, y ekseninde minimum yerdeğiştirme -1,688 cm olarak bulunmuştur. Binanın x ve y eksenlerindeki yerdeğiştirme tepkisinin zamana bağlı olarak değişimi Şekil 3.111'de ifade edilmiştir.

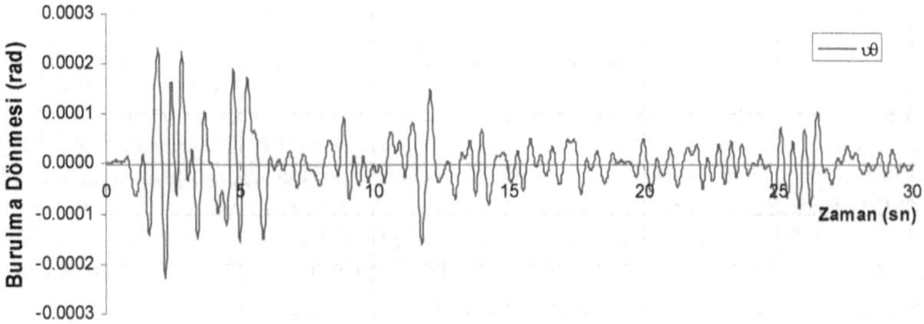

Şekil 3.112: Üç katlı 1.model 2. kat z ekseni etrafında burulma dönmesi tepkisi

Düşeyden geçen z ekseni etrafında 2. katta, maksimum dönme miktarı 0.00023 rad, minimum dönme -0.000227 rad olarak bulunmuştur. Binanın z ekseni etrafındaki burulma tepkisinin zamana bağlı olarak değişimi Şekil 3.112'de ifade edilmiştir.

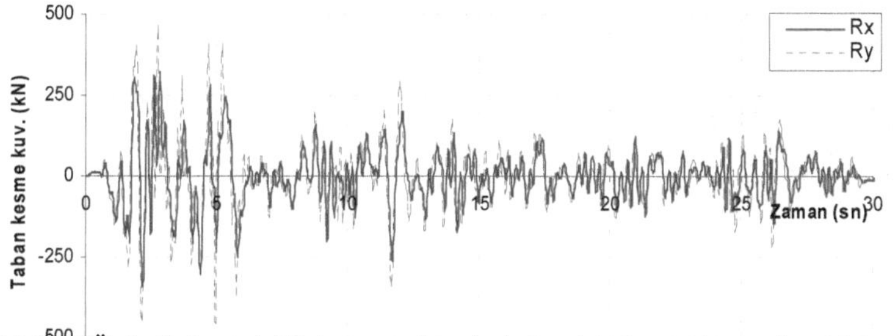

Şekil 3.113: Üç katlı 1. model 2. kat x, y eksenlerinde taban kesme kuvveti tepkisi

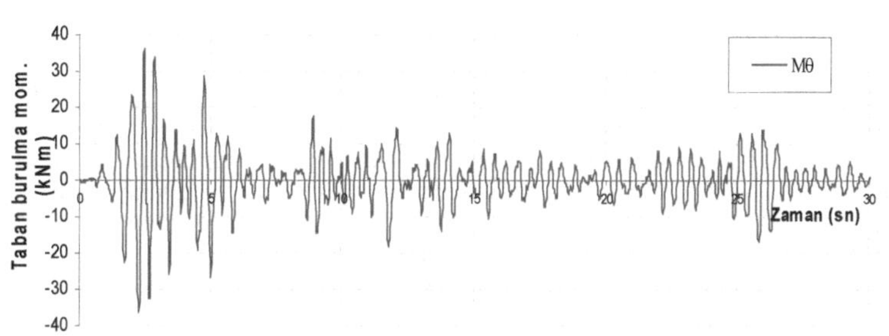

Şekil 3.114: Üç katlı 1.model 2. kat z ekseni etrafında burulma momenti tepkisi

Taban kesme kuvvetleri ve taban burulma momentleri değişimi Şekil 3.113 ve 114'de ifade edilmiştir.

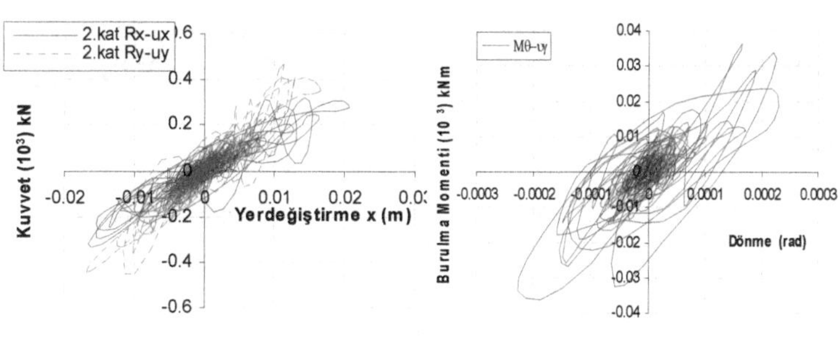

Şekil 3.115: Üç katlı 1. model x, y ekseni taban kesme kuvveti – yerdeğiştirme ve taban burulması – dönme grafiği

Taban kesme kuvvetinin x ve y eksenlerindeki yer değiştirmeye bağlı değişimleri ile düşeyden geçen z ekseninde oluşan burulma momenti ile burulma dönmesine bağlı olarak değişimini yukarıdaki Şekil 3.115'de görmek mümkündür.

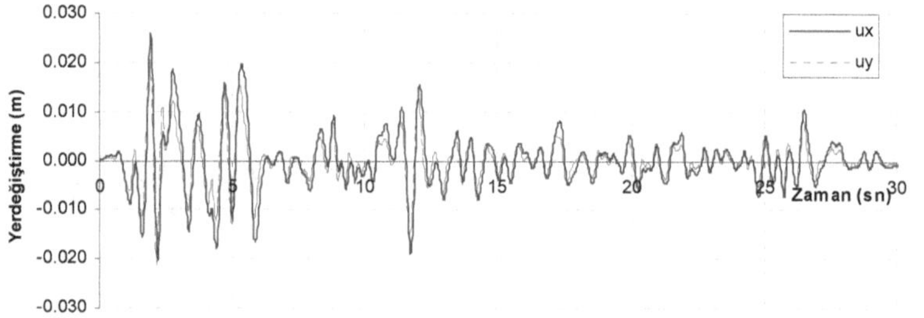

Şekil 3.116: Üç katlı 1. model 3. kat x, y eksenlerinde yerdeğiştirme tepkisi

Üçüncü katta x doğrultusunda maksimum 2,604 cm ve minimum -2,017 cm yerdeğiştirmeleri hesaplanmıştır. y ekseninde 3. katta, maksimum yerdeğiştirme 2,060 cm, y ekseninde minimum yerdeğiştirme -2,110 cm olarak bulunmuştur. Binanın x ve y eksenlerindeki yerdeğiştirme tepkisinin zamana bağlı olarak değişimi Şekil 3.116'da ifade edilmiştir. Düşeyden geçen z ekseni etrafında 3. katta, maksimum dönme miktarı 0.000292 rad, minimum dönme -0.000304 rad olarak bulunmuştur. Binanın z ekseni etrafındaki burulma tepkisinin zamana bağlı olarak değişimi Şekil 3.117'de ifade edilmiştir.

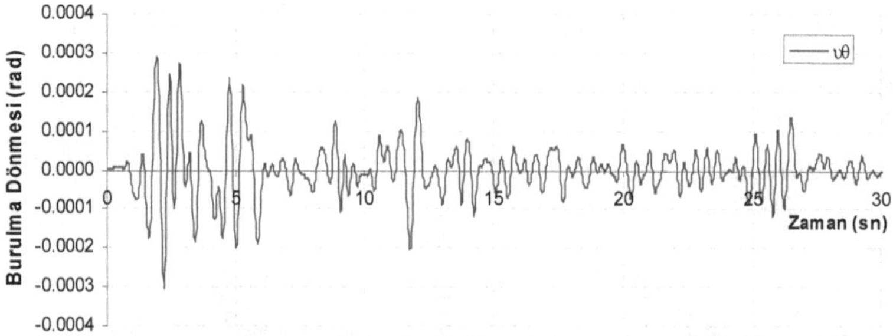

Şekil 3.117: Üç katlı 1.model 3. kat z ekseni etrafında burulma dönmesi tepkisi

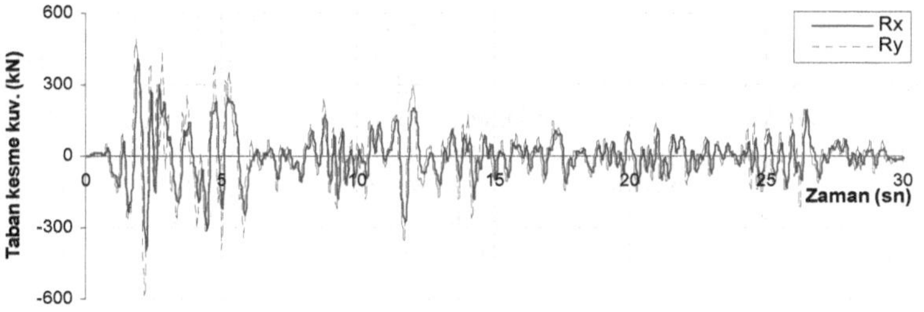

Şekil 3.118: Üç katlı 1. model 3. kat x, y eksenlerinde taban kesme kuvveti tepkisi

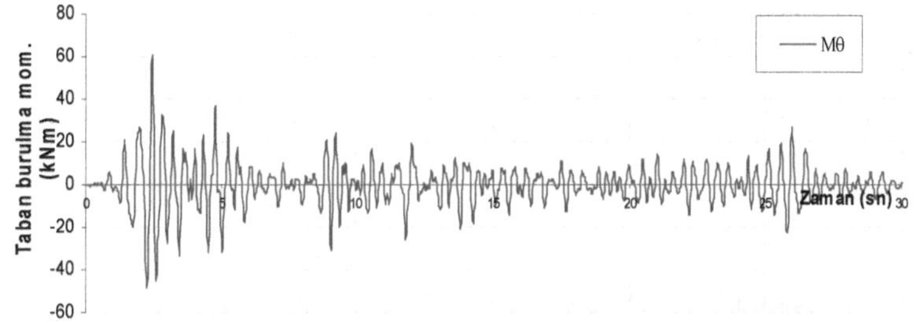

Şekil 3.119: Üç katlı 1.model 3. kat z ekseni etrafında burulma momenti tepkisi

Taban kesme kuvvetinin 3. katta, x ve y eksenlerindeki zamana bağlı değişimleri Şekil 3.118'de gösterilmiştir. Düşeyden geçen z ekseninde 3. katta oluşan burulma momentinin zamana bağlı olarak değişimini yukarıdaki Şekil 3.119'da görmek mümkündür. y eksenindeki kesitlerin büyümesinin arttırdığı rijitliklerin bu eksende karşılanacak olan taban kesmek kuvvetini arttırdığı şekilden gözlemlenmektedir. Kesme kuvveti ile yer değiştirme, taban burulma momenti ile burulma dönmesi arasındaki dinamik ilişkisi Şekil 3.120'de gösterilmiştir.

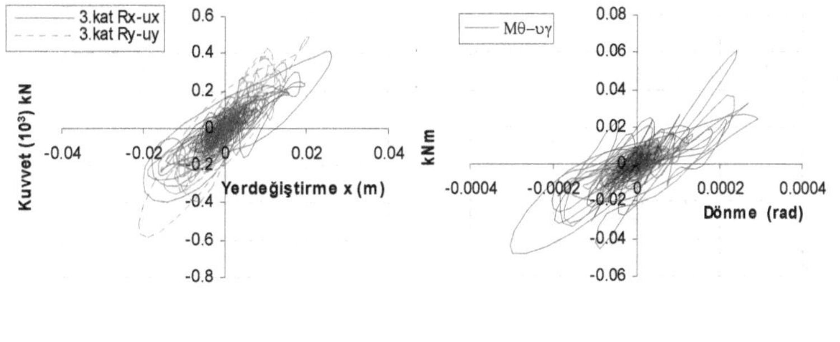

Şekil 3.120: Üç katlı 1. model 3.kat x, y ekseni taban kesme kuvveti – yerdeğiştirme ve taban burulma momenti-dönme grafikleri

Üç katlı ikinci modelde Şekil 3.51'de y aksındaki kolonların boyutları 25x75 cm olarak tasarlanmıştır. y aksındaki kolonların aynı doğrultudaki boyutları 75 cm'dir. Böylece sistemin y ekseninde rijitliği arttılarak x ekseni üzerinde dışmerkezlik sağlanmıştır. Deprem ivme kaydının binaya etkimesi durumunda, x ekseninde maksimum yerdeğiştirme 1. katta 1,030 cm, minimum yerdeğiştirme -0,961 cm olarak bulunmuştur. y ekseninde 1. katta, maksimum yerdeğiştirme 0,507 cm, y ekseninde minimum yerdeğiştirme -0,619 cm olarak bulunmuştur. Binanın x, y eksenlerindeki 1. kattaki, yerdeğiştirme tepkisinin zamana bağlı olarak değişimi Şekil 3.121'de ifade edilmiştir.

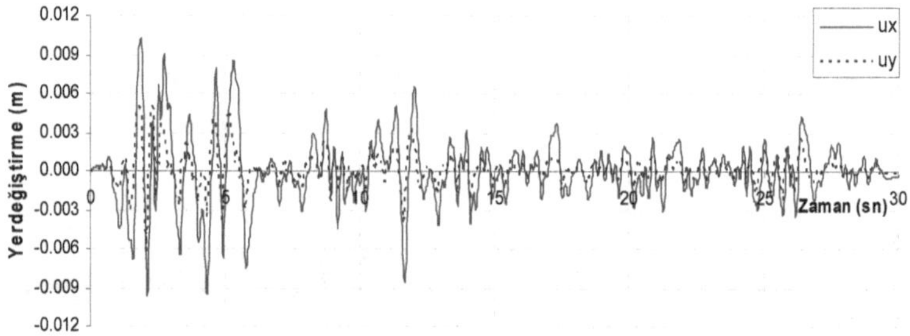

Şekil 3.121: Üç katlı 2. model 1. kat x, y eksenlerinde yerdeğiştirme tepkisi

Düşeyden geçen z ekseni etrafında 1. katta, maksimum dönme miktarı 0.000573 rad, minimum dönme -0.000464 rad olarak bulunmuştur. Binanın z ekseni etrafındaki burulma tepkisinin zamana bağlı olarak değişimi Şekil 3.122'de ifade edilmiştir.

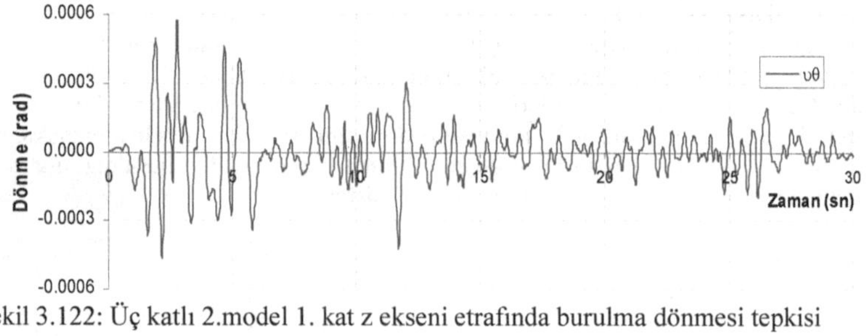

Şekil 3.122: Üç katlı 2.model 1. kat z ekseni etrafında burulma dönmesi tepkisi

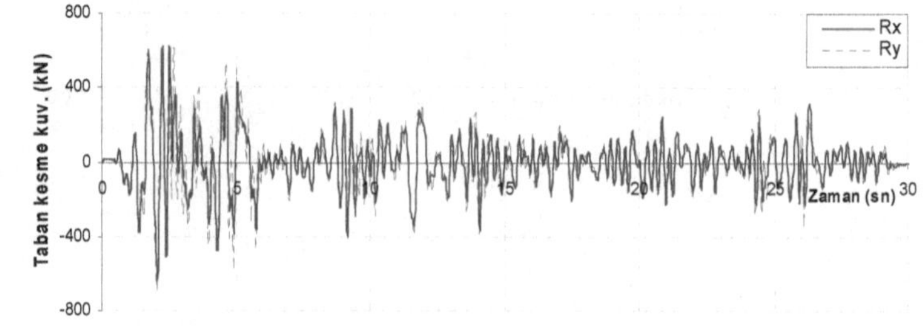

Şekil 3.123: Üç katlı 2. model 1. kat x, y eksenlerinde taban kesme kuvveti tepkisi

Deprem ivme kaydının, yapıya etkimesi durumunda, 1. katta, x ekseninde maksimum taban kesme kuvveti tepkisi 622,937 kN, minimum kesme kuvveti tepkisi – 639,977 kN olarak bulunmuştur. y eksenindeyse, 1. katta, maksimum taban kesme kuvveti tepkisi 622,921 kN, minimum taban kesme kuvveti tepkisi –676,45 kN olarak bulunmuştur. Binanın x ve y eksenlerindeki taban kesme kuvvetinin zamana bağlı olarak değişimi Şekil 3.123'de ifade edilmiştir.

Şekil 3.124: Üç katlı 2.model 1. kat z ekseni etrafında burulma momenti tepkisi

z ekseni etrafındaki, 1. kattaki maksimum burulma momenti tepkisi 122,17 kNm, minimum burulma momenti tepkisi – 160,426 kNm olarak bulunmuştur. Binanın z ekseni etrafındaki burulma momenti tepkisinin zamana bağlı olarak değişimi Şekil 3.124'de ifade edilmiştir. Taban kesme kuvvetinin x ve y eksenlerindeki yer değiştirmeye bağlı değişimleri ile düşeyden geçen z ekseninde oluşan burulma momenti ile burulma dönmesine bağlı olarak değişimini yukarıdaki Şekil 3.125'de görmek mümkündür.

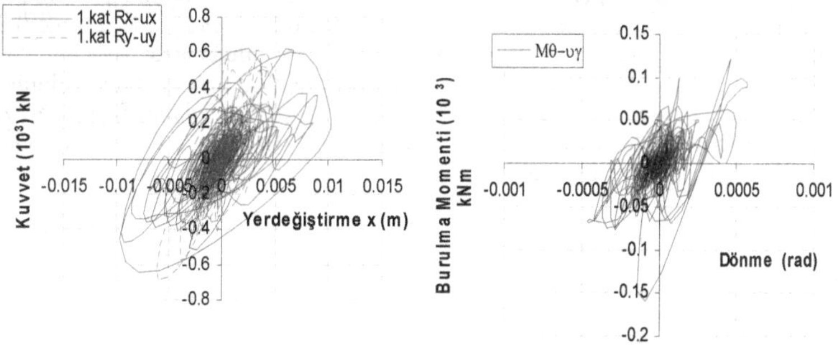

Şekil 3.125: Üç katlı 2. model 1.kat x, y ekseni taban kesme kuvveti – yerdeğiştirme ve taban burulma momenti-dönme grafikleri

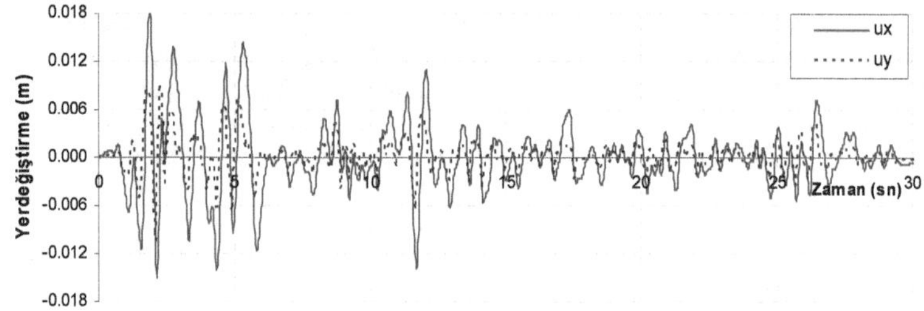

Şekil 3.126: Üç katlı 2. model 2. kat x, y eksenlerinde yerdeğiştirme tepkisi

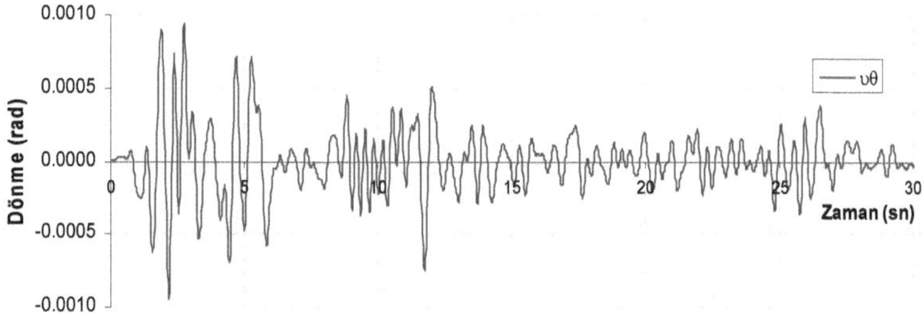

Şekil 3.127: Üç katlı 2.model 2. kat z ekseni etrafında burulma dönmesi tepkisi

İkinci kattaysa x doğrultusunda maksimum 1,821 cm ve minimum -1,506 cm yerdeğiştirmeleri hesaplanmıştır. y ekseninde 2. katta, maksimum yerdeğiştirme 0,877 cm, y ekseninde minimum yerdeğiştirme -1,032 cm olarak bulunmuştur. Binanın x ve y eksenlerindeki yd. zamana bağlı olarak değişimi Şekil 3.126'da ifade edilmiştir. Düşeyden geçen z ekseni etrafında 2. katta, maksimum dönme miktarı 0,0009397 rad, minimum dönme -0,000945 rad olarak bulunmuştur. Binanın z ekseni etrafındaki burulma tepkisinin zamana bağlı olarak değişimi Şekil 3.127'de ifade edilmiştir.

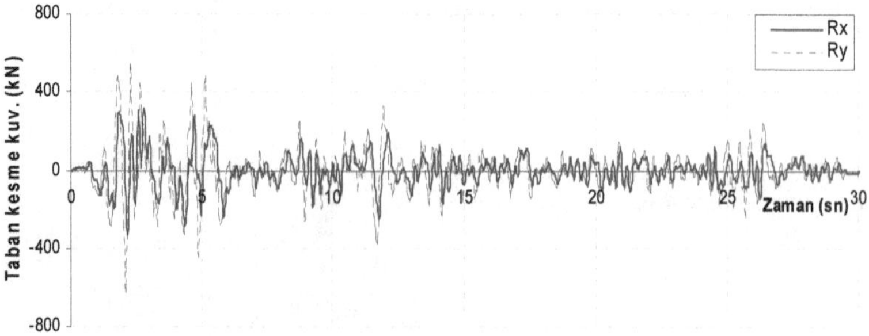

Şekil 3.128: Üç katlı 2. model 2. kat x, y eksenlerinde taban kesme kuvveti tepkisi

Şekil 3.129: Üç katlı 2.model 2. kat z ekseni etrafında burulma momenti tepkisi

İkinci katta taban kesme kuvvetinin x ve y eksenlerindeki zaman bağlı değişimleri, düşeyden geçen z eks. oluşan burulma momenti ile burulma dönmesine bağlı olarak değişimini yukarıdaki Şekil 3.128 ve 129'da görmek mümkündür.

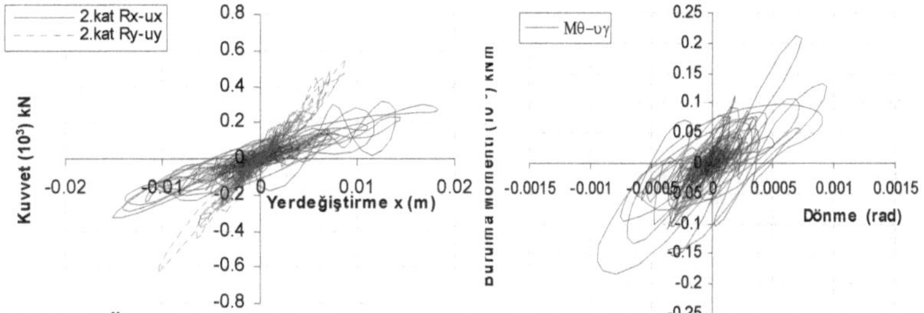

Şekil 3.130: Üç katlı 2. model 2.kat x, y, z ekseni taban kesme kuvveti – yerdeğiştirme ve taban burulması-dönme grafikleri

Üç katlı 2. model 2.kat x, y, z ekseni taban kesme kuvveti – yerdeğiştirme ve taban burulması-dönme arasındaki dinamik değişim Şekil 3.130'da gösterilmiştir. Üçüncü kattaysa x doğrultusunda maksimum 2,299 cm ve minimum -1,802 cm yerdeğiştirmeleri hesaplanmıştır. Binanın üçüncü katta x ve y eksenlerindeki yerdeğiştirme tepkisinin zamana bağlı olarak değişimi Şekil 3.131'de ifade edilmiştir.

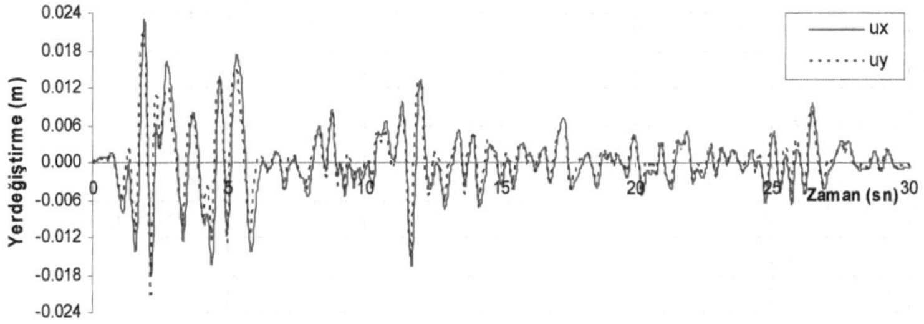

Şekil 3.131: Üç katlı 2. model 3. kat x, y eksenlerinde yerdeğiştirme tepkisi

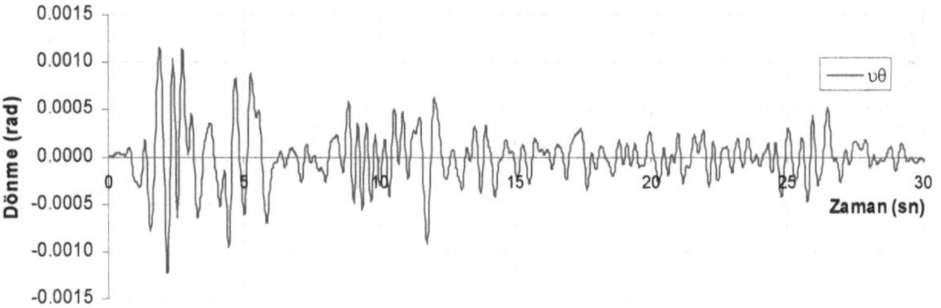

Şekil 3.132: Üç katlı 2.model 3. kat z ekseni etrafında burulma dönmesi tepkisi

Düşeyden geçen z ekseni etrafında 3. katta, maksimum dönme miktarı 0,00115 rad, minimum dönme -0,001232 rad olarak bulunmuştur. Binanın z ekseni etrafındaki burulma tepkisinin zamana bağlı olarak değişimi Şekil 3.132'de ifade edilmiştir.

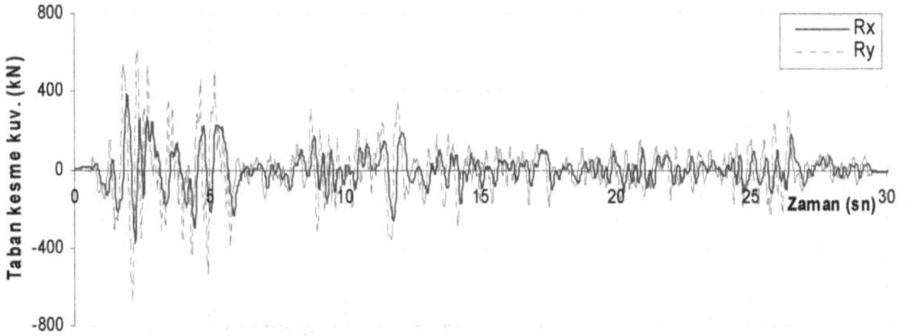

Şekil 3.133: Üç katlı 2. model 3. kat x, y eksenlerinde taban kesme kuvveti tepkisi

Şekil 3.134: Üç katlı 2.model 3. kat z ekseni etrafında burulma momenti tepkisi

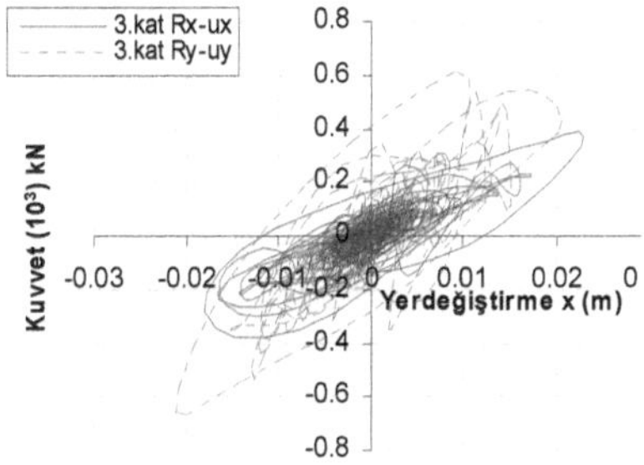

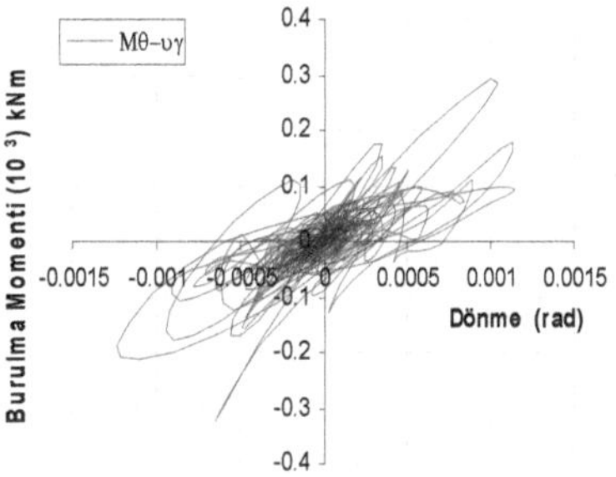

Şekil 3.135: Üç katlı 2. model 3.kat x, y ekseni taban kesme kuvveti – yerdeğiştirme ve taban burulma momenti-dönme grafikleri

Taban kesme kuvvetlerinin eksenel olarak zaman alanında depreme bağlı değişimleri Şekil 3.133, taban burulmasının değişimi Şekil 3.134'de gösterilmiştir. Taban kesme kuvveti – yerdeğiştirme ve taban burulma momenti-burulma dönmesi ilişkilerinin dinamik etkiler altındaki çevrimsel değişimi ise Şekil 3.135'de ifade edilmiştir.

Üç katlı üçüncü modelde Şekil 3.51'de y aksındaki kolonların boyutları 25x100 cm olarak tasarlanmıştır. y aksındaki kolonların aynı doğrultudaki boyutları 100 cm'dir. Böylece sistemin y ekseninde rijitliği arttılarak x ekseni üzerinde dışmerkezlik bir önceki modele göre daha da arttırılmıştır. Deprem ivme kaydının binaya etkimesi durumunda, x ekseninde maksimum yerdeğiştirme 1. katta 0,993 cm, minimum yerdeğiştirme -0,952 cm olarak bulunmuştur. y ekseninde 1. katta, maksimum yerdeğiştirme 0,316 cm, y ekseninde minimum yerdeğiştirme -0,315 cm olarak bulunmuştur. Binanın x ve y eksenlerindeki 1. kattaki, yerdeğiştirme tepkisinin zamana bağlı olarak değişimi Şekil 3.136'da ifade edilmiştir.

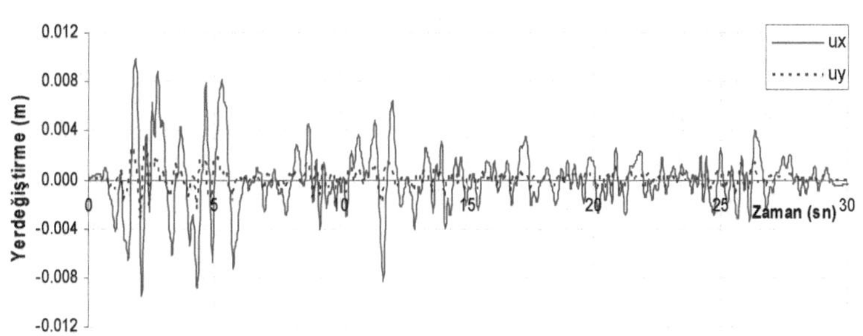

Şekil 3.136: Üç katlı 3. model 1. kat x, y eksenlerinde yerdeğiştirme tepkisi

Binanın z ekseni etrafındaki burulma tepkisinin zamana bağlı olarak değişimi Şekil 3.137'de ifade edilmiştir.

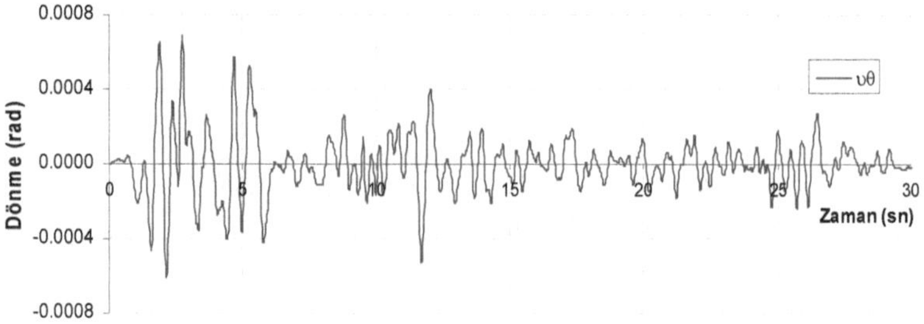

Şekil 3.137: Üç katlı 3.model 1. kat z ekseni etrafında burulma dönmesi tepkisi

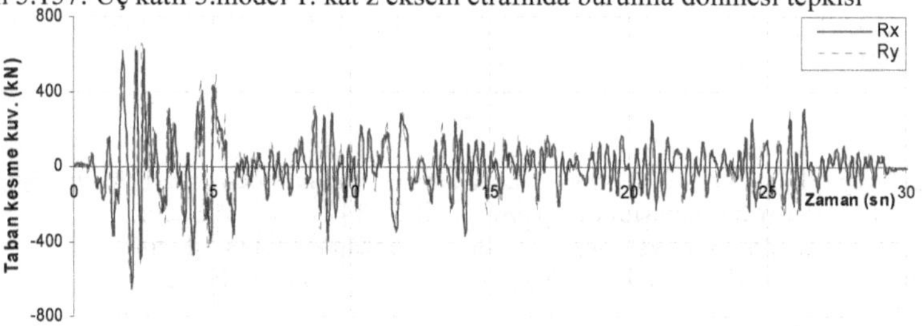

Şekil 3.138: Üç katlı 3. model 1. kat x, y eksenlerinde taban kesme kuvveti tepkisi

Deprem ivme kaydının, yapıya etkimesi durumunda, 1. katta, x ekseninde maksimum taban kesme kuvveti tepkisi 624,336 kN, minimum kesme kuvveti tepkisi – 651,834 kN olarak bulunmuştur. y eksenindeyse, 1. katta, maksimum taban kesme kuvveti tepkisi 657,717 kN, minimum taban kesme kuvveti tepkisi –616,114 kN olarak bulunmuştur. Binanın x, y eksenlerindeki taban kesme kuvvetinin zamana bağlı olarak değişimi Şekil 3.138'de ifade edilmiştir

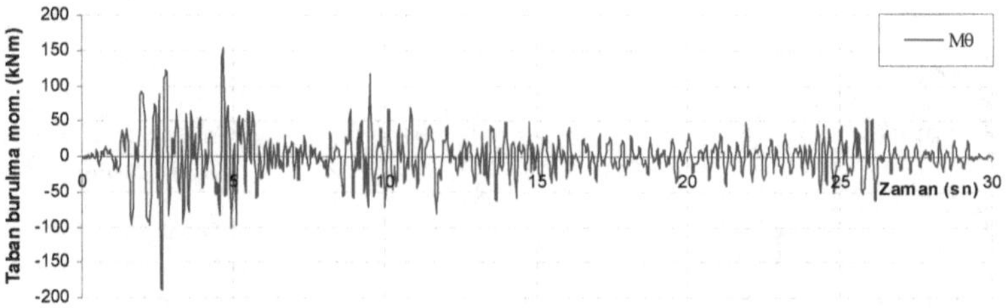

Şekil 3.139: Üç katlı 3.model 1. kat z ekseni etrafında burulma momenti tepkisi

z ekseni etrafındaki, 1. kattaki maksimum burulma momenti tepkisi 153,722 kNm, minimum burulma momenti tepkisi – 188,264 kNm olarak bulunmuştur. Binanın z ekseni etrafındaki burulma momenti tepkisinin zamana bağlı olarak değişimi Şekil 3.139'da ifade edilmiştir. Birinci katta taban kesme kuvvetinin x ve y eksenlerindeki yer değiştirmeye bağlı değişimleri ile düşeyden geçen z ekseninde oluşan burulma momenti ile burulma dönmesine bağlı olarak çevrimsel değişimini yukarıdaki Şekil 3.140'da görmek mümkündür. Şekillerden de görüldüğü gibi artan dış merkezlik oranları taban burulmalarını arttırmakta, taban kesme kuvvetlerinin çevrimsel dönüş sayılarını geliştirmektedir. Bu durumun binada yorulmaya bağlı yıpranmaları da getirerek ek rijitlik kaybına sebep olması beklenebilir.

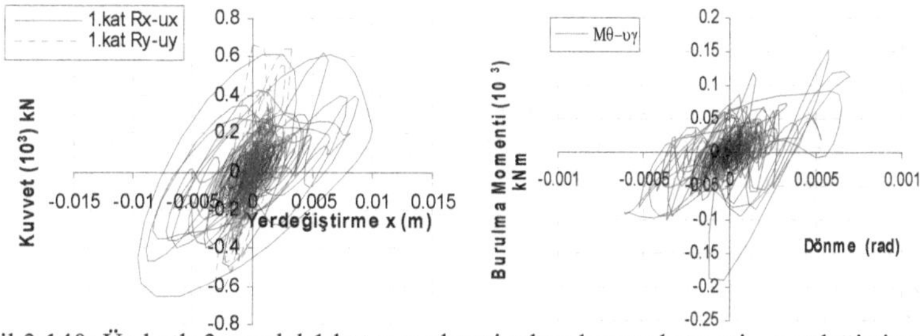

Şekil 3.140: Üç katlı 3. model 1.kat x, y ekseni taban kesme kuvveti – yerdeğiştirme ve taban burulması-dönme grafikleri

İkinci kattaysa x doğrultusunda maksimum 1,758 cm ve minimum -1,495 cm yerdeğiştirmeleri hesaplanmıştır. y ekseninde 2. katta, maksimum yerdeğiştirme 0,543 cm, y ekseninde minimum yerdeğiştirme -0,529 cm olarak bulunmuştur. Binanın x ve y eksenlerindeki yerdeğiştirme tepkisinin zamana bağlı olarak değişimi Şekil 3.141'de ifade edilmiştir.

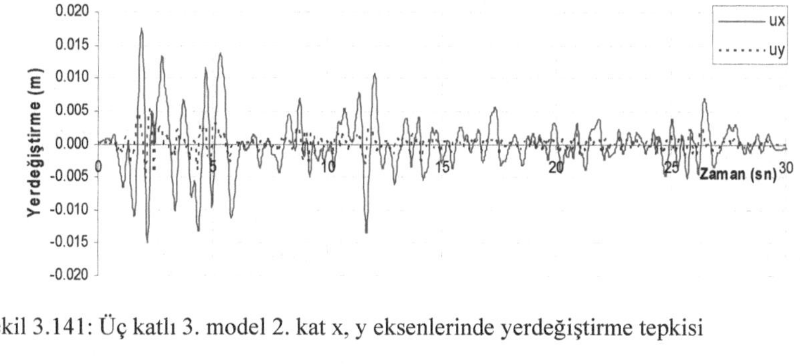

Şekil 3.141: Üç katlı 3. model 2. kat x, y eksenlerinde yerdeğiştirme tepkisi

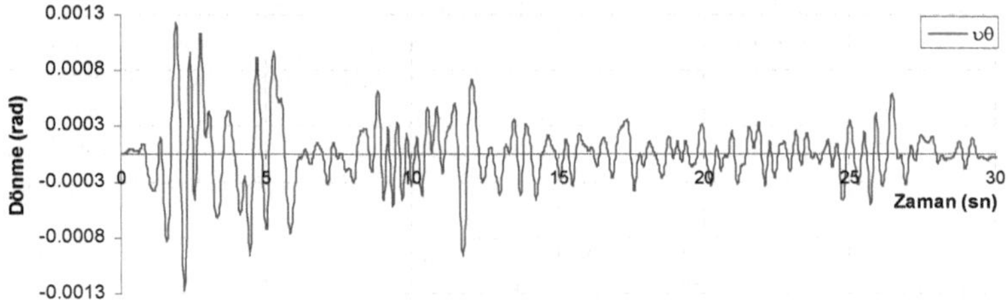

Şekil 3.142: Üç katlı 3.model 2. kat z ekseni etrafında burulma dönmesi tepkisi

Düşeyden geçen z ekseni etrafında 2. katta, maksimum dönme miktarı 0,00118 rad, minimum dönme -0,00122 rad olarak bulunmuştur. Binanın z ekseni etrafındaki burulma tepkisinin zamana bağlı olarak değişimi Şekil 3.142'de ifade edilmiştir

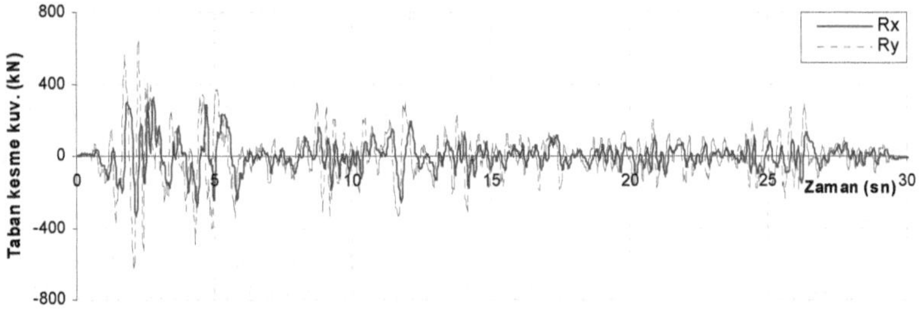

Şekil 3.143: Üç katlı 3. model 2. kat x, y eksenlerinde taban kesme kuvveti tepkisi

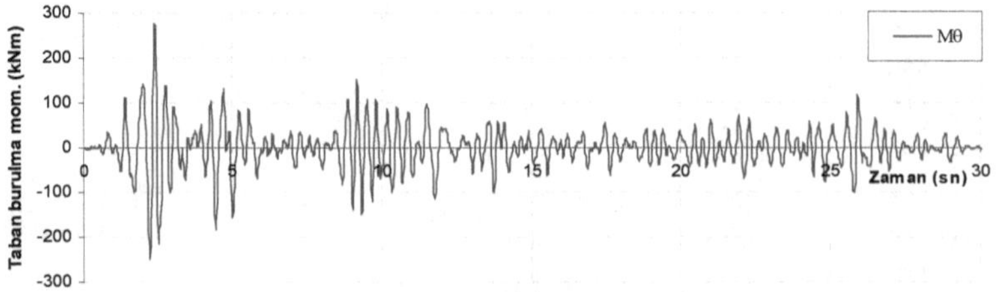

Şekil 3.144: Üç katlı 3.model 2. kat z ekseni etrafında burulma momenti tepkisi

Taban kesme kuvvetlerinin eksenel olarak zaman alanındaki değişimleri Şekil 3.143'de görülmektedir. Binanın z ekseni etrafındaki burulma tepkisinin zamana bağlı olarak değişimi Şekil 3.144'de ifade edilmiştir. Taban kesme kuvveti ve momentin yer değiştirme ve dönmelere bağlı çevrimsel değişimi Şekil 3.145'de gösterilmiştir.

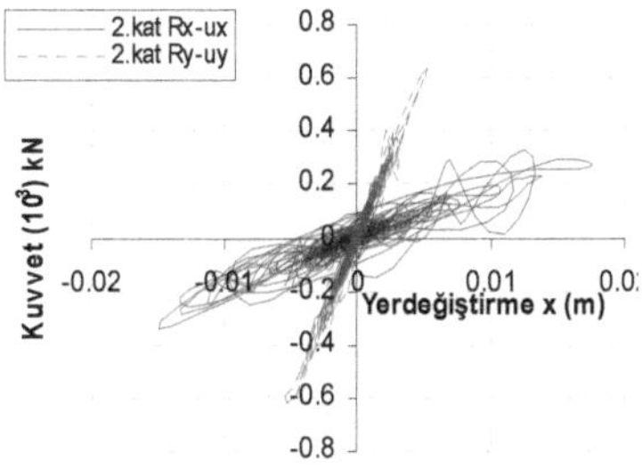

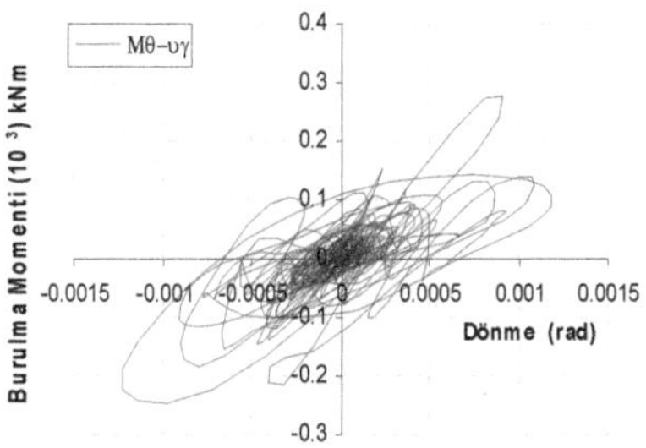

Şekil 3.145: Üç katlı 3. model 2.kat x, y ekseni taban kesme kuvveti – yerdeğiştirme ve taban burulması-dönme grafikleri

Üçüncü kattaysa x doğrultusunda maksimum 2,211 cm ve minimum -1,799 cm yerdeğiştirmeleri hesaplanmıştır. y ekseninde 3. katta, maksimum yerdeğiştirme 0,664 cm, y ekseninde minimum yerdeğiştirme -0,64 cm olarak bulunmuştur. Binanın y eksenindeki yerdeğiştirme tepkisinin zamana bağlı olarak değişimi Şekil 3.146'da ifade edilmiştir.

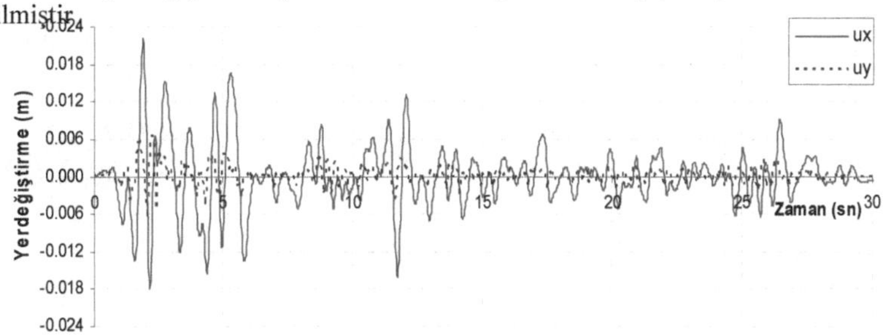

Şekil 3.146: Üç katlı 3. model 3. kat x, y eksenlerinde yerdeğiştirme tepkisi

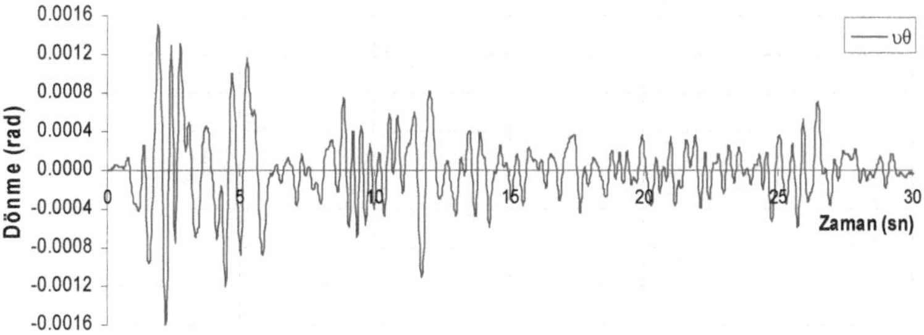

Şekil 3.147: Üç katlı 3.model 3. kat z ekseni etrafında burulma dönmesi tepkisi

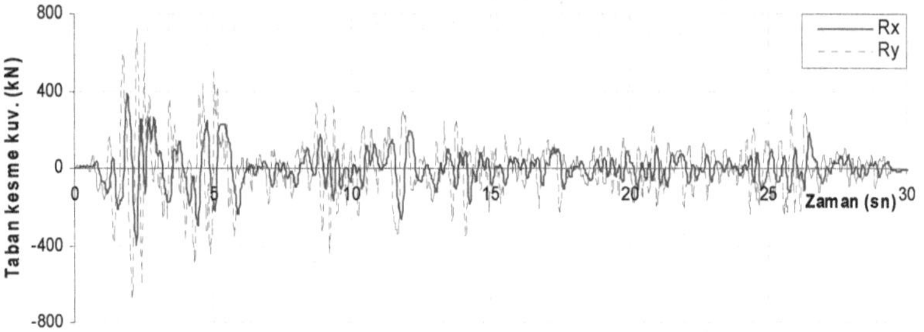

Şekil 3.148: Üç katlı 3. model 3. kat x, y eksenlerinde taban kesme kuvveti tepkisi

Üç katlı 3. model 3. kat x, y eksenlerinde yerdeğiştirme tepkisi Şekil 3.146'da, burulma dönmesi tepkisi 3.147'de gösterilmiştir. Eksenel taban kesme kuv. 3. kattaki değişimleri ile taban burulma momentinin değişimleri ise Şekil 3.148 ve 149'da gösterilmiştir. 3.kat x, y ekseni taban kesme kuvveti – yerdeğ. ve taban burulması-dönme ilişkisinin zamanla değişim ise Şekil 3.150'de gösterilmiştir.

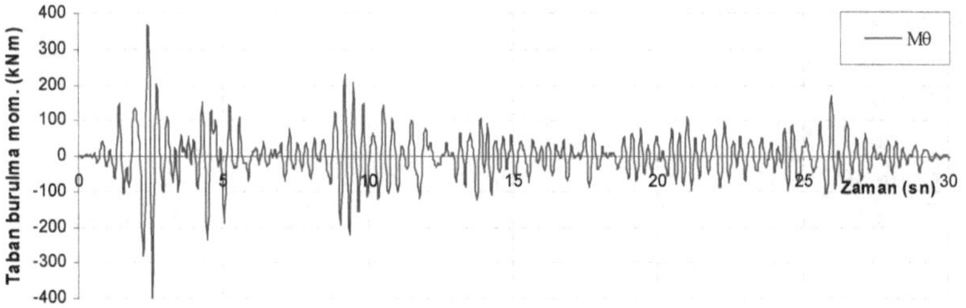

Şekil 3.149: Üç katlı 3.model 3. kat z ekseni etrafında burulma momenti tepkisi

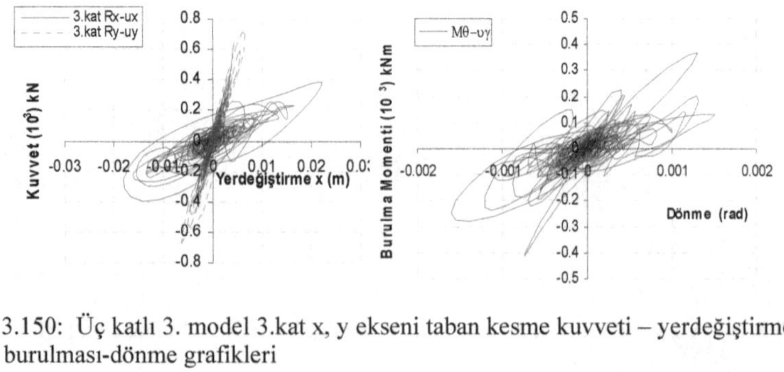

Şekil 3.150: Üç katlı 3. model 3.kat x, y ekseni taban kesme kuvveti – yerdeğiştirme ve taban burulması-dönme grafikleri

Üç katlı dördüncü modelde Şekil 3.51'de y aksındaki kolonların boyutları 25x125 cm olarak tasarlanmıştır. Binanın x eksenindeki 1. kattaki, yerdeğiştirme tepkisinin zamana bağlı olarak değişimi Şekil 3.151'de ifade edilmiştir. y ekseninde kesitlerin çok büyümesinden dolayı yerdeğiştirmeler küçüktür. Çünkü x eksenine göre yaklaşık 5 kat artan kolon y doğrultusundaki boyutunun getirdiği rijitlik artışı sistemin o doğrultudaki yer değiştirmelerini oldukça küçültmüştür.

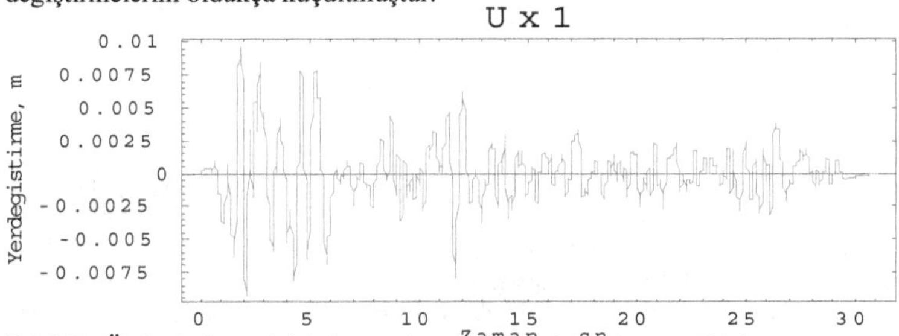

Şekil 3.151: Üç katlı 4. model 1. kat x ekseninde yerdeğiştirme tepkisi

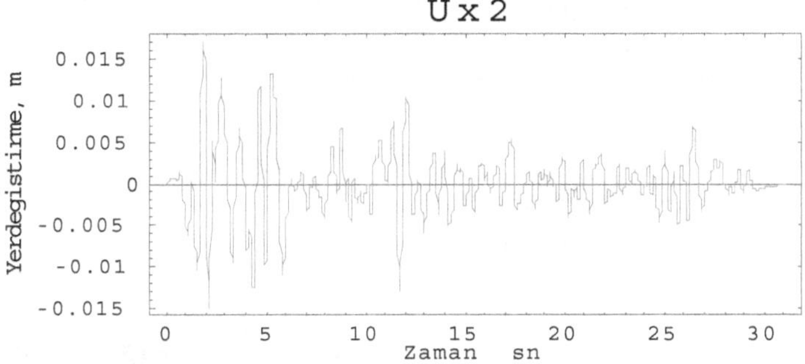

Şekil 3.152: Üç katlı 4. model 2. kat x ekseninde yerdeğiştirme tepkisi

Binanın x eksenindeki 2. kattaki, yerdeğiştirme tepkisinin zamana bağlı olarak değişimi Şekil 3.152'de ifade edilmiştir. Üçüncü kattaysa x doğrultusunda maksimum 2,140 cm ve minimum -1,825 cm yerdeğiştirmeleri hesaplanmıştır. Binanın x eksenindeki 3. kattaki, yerdeğiştirme tepkisinin zamana bağlı olarak değişimi Şekil 3.153'de ifade edilmiştir.

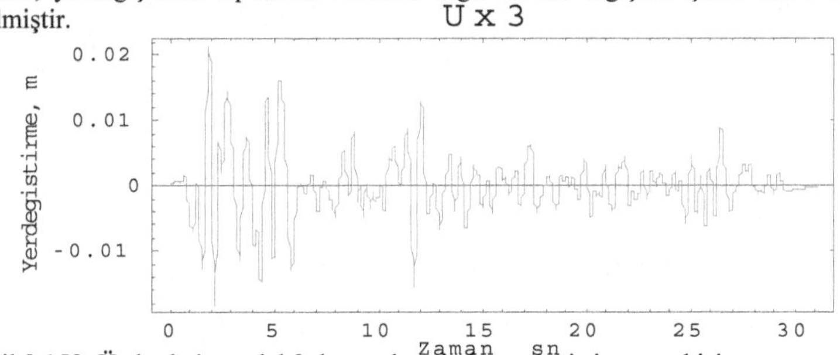

Şekil 3.153: Üç katlı 4. model 3. kat x ekseninde yerdeğiştirme tepkisi

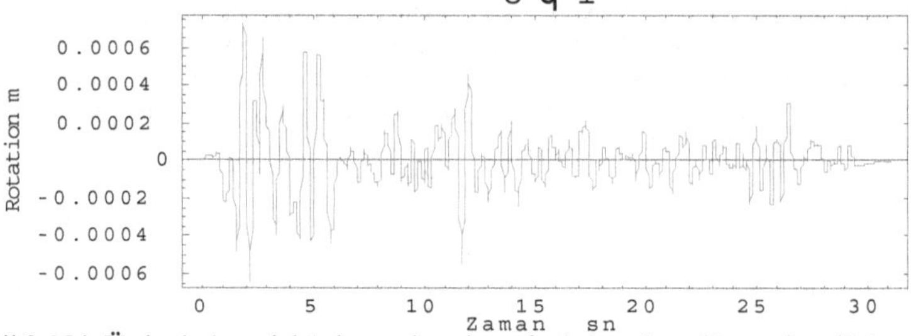

Şekil 3.154: Üç katlı 4.model 1. kat z ekseni etrafında burulma dönmesi tepkisi

Düşeyden geçen z ekseni etrafında 1. katta, maksimum dönme miktarı 0,000728 rad, minimum dönme -0,000639 rad olarak bulunmuştur. Binanın z ekseni etrafındaki burulma tepkisinin zamana bağlı olarak değişimi Şekil 3.154'de ifade edilmiştir. Binanın z ekseni etrafındaki 2. katta, burulma tepkisinin zamana bağlı olarak değişimi Şekil 3.155'de ifade edilmiştir.

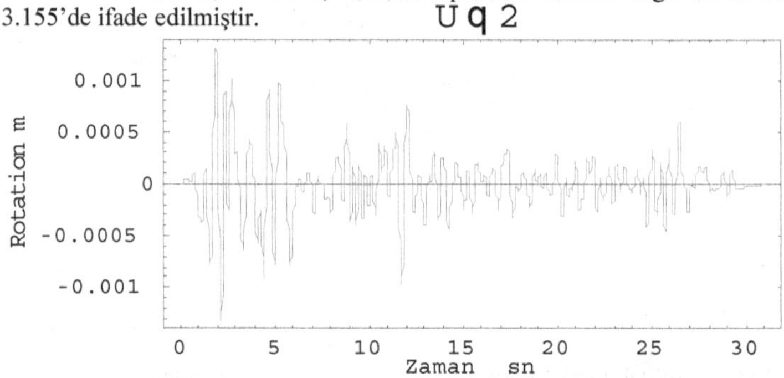

Şekil 3.155: Üç katlı 4.model 2. kat z ekseni etrafında burulma tepkisi

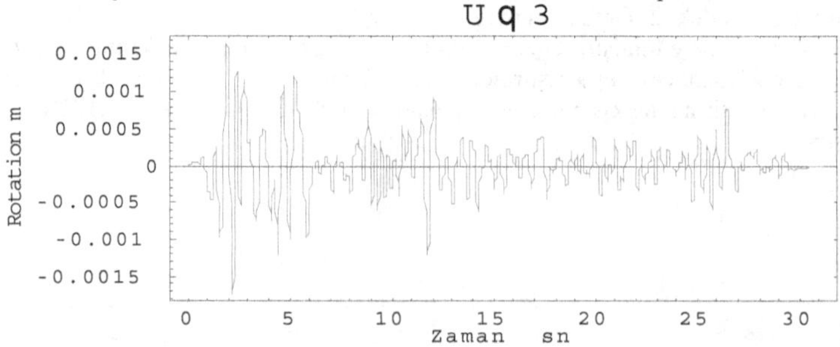

Şekil 3.156: Üç katlı 4.model 3. kat z ekseni etrafında burulma tepkisi

Düşeyden geçen z ekseni etrafında 3. katta, maksimum dönme miktarı 0,00165 rad, minimum dönme -0,00174 rad olarak bulunmuştur. Binanın z ekseni etrafındaki burulma tepkisinin zamana bağlı olarak değişimi Şekil 3.156'da ifade edilmiştir.

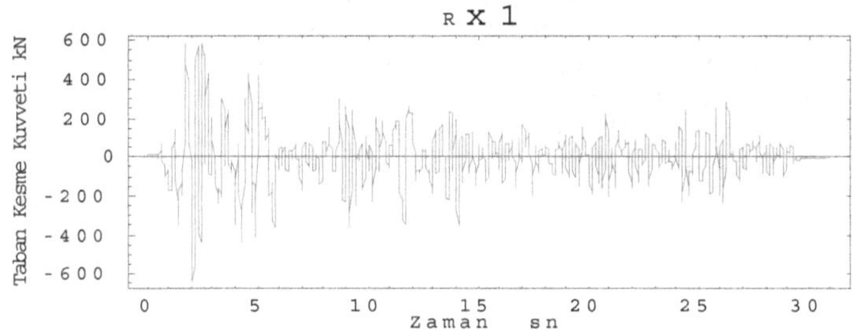

Şekil 3.157: Üç katlı 4.model 1. kat x ekseninde taban kesme kuvveti tepkisi

Deprem ivme kaydının, yapıya etkimesi durumunda, 1. katta, x ekseninde maksimum taban kesme kuvveti tepkisi 586,53 kN, minimum kesme kuvveti tepkisi – 642,222 kN olarak bulunmuştur. Binanın x eksenindeki taban kesme kuvvetinin zamana bağlı olarak değişimi Şekil 3.157'de ifade edilmiştir. y ekseninde kesitlerin çok büyümesinden dolayı taban kesme kuvvetleri dikkate alınacak sınırların dışına çıkmıştır.

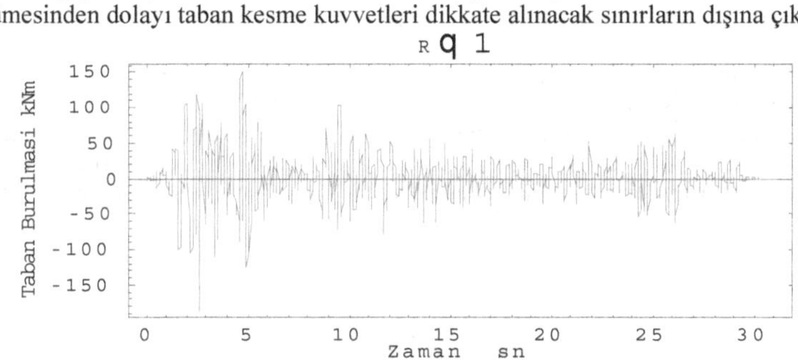

Şekil 3.158: Üç katlı 4.model 1. kat z ekseninde taban burulma momenti tepkisi

Binanın z ekseni etrafındaki burulma momenti tepkisinin zamana bağlı olarak değişimi Şekil 3.158'de ifade edilmiştir. Taban kesme kuvvetinin x ve düşeyden geçen z ekseninde yerdegistirmeye bağlı olarak çevrimsel değişimini aşağıdaki Şekil 3.159'da görmek mümkündür.

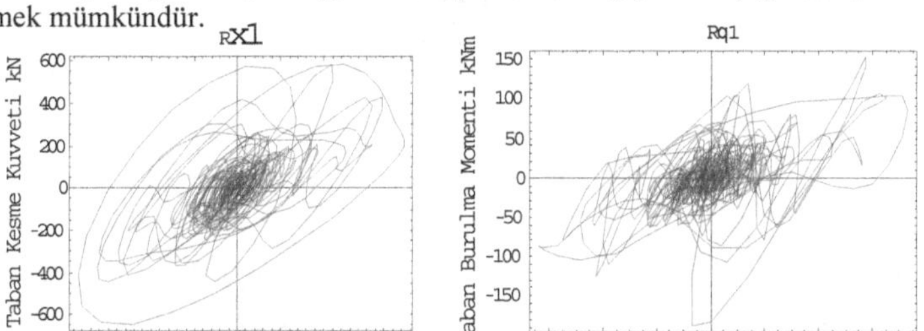

Şekil 3.159: Üç katlı 4. model x ekseni taban kesme kuvveti – yerdeğiştirme z ekseni taban burulması – dönme grafiği grafiği

Üç katlı dördüncü modelde Şekil 3.51'de y aksındaki kolonlar kaldırılarak aks boyunca boyutları 25x500 cm olan bir perde eleman yerleştirilmiştir. Böylece perdenin konulmasıyla y ekseninde rijitliğin aşırı arttılmasıyla x ekseni üzerinde çok büyük bir dışmerkezlik ortaya çıkarılmıştır. Deprem ivme kaydının binaya etkimesi durumunda, x ekseninde maksimum yerdeğiştirme 1. katta 0,628 cm, minimum yerdeğiştirme -0,645 cm olarak bulunmuştur. Binanın x eksenindeki 1. kattaki, yerdeğiştirme tepkisinin zamana bağlı olarak değişimi Şekil 3.160'da ifade edilmiştir.

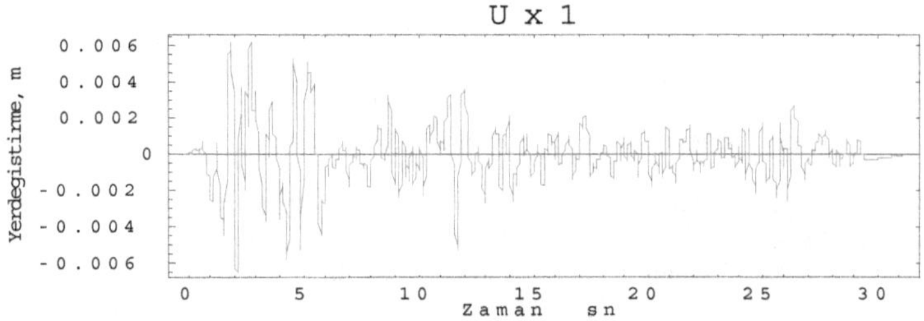

Şekil 3.160: Üç katlı 5. model 1. kat x ekseninde yerdeğiştirme tepkisi

İkinci kattaysa x doğrultusunda maksimum 1,058 cm ve minimum -0,984 cm yerdeğiştirmeleri hesaplanmıştır. Binanın x eksenindeki 2. kattaki, yerdeğiştirme tepkisinin zamana bağlı olarak değişimi Şekil 3.161'de ifade edilmiştir. Şekilden de görüldüğü gibi artık y eksenindeki değişimler ihmal edilebilecek değerlere düşmekle birlikte artan burulmalar x ekseninde önemli yer değiştirmelere sebep olmaktadırlar.

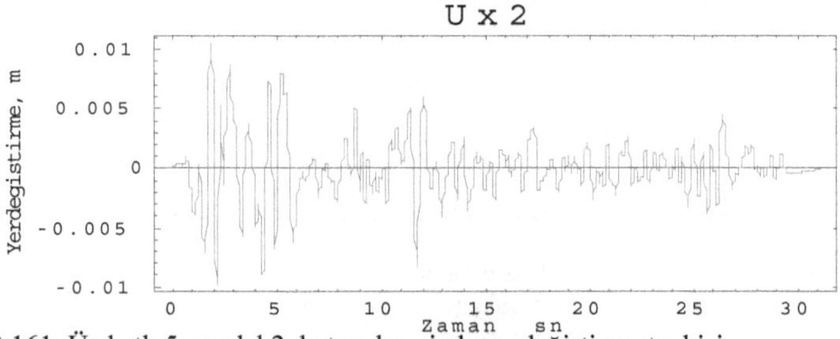

Şekil 3.161: Üç katlı 5. model 2. kat x ekseninde yerdeğiştirme tepkisi

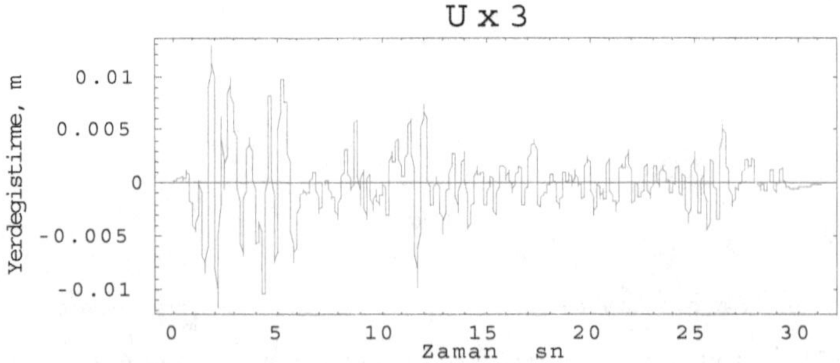

Şekil 3.162: Üç katlı 5. model 3. kat x ekseninde yerdeğiştirme tepkisi

Üçüncü kattaysa x doğrultusunda maksimum 1,291 cm ve minimum -1,173 cm yerdeğiştirmeleri hesaplanmıştır. Binanın x eksenindeki 2. kattaki, yerdeğiştirme tepkisinin zamana bağlı olarak değişimi Şekil 3.162'de ifade edilmiştir. y ekseninde kesitlerin çok büyümesinden dolayı yerdeğiştirmeler dikkate alınacak sınırların altında kalmıştır.

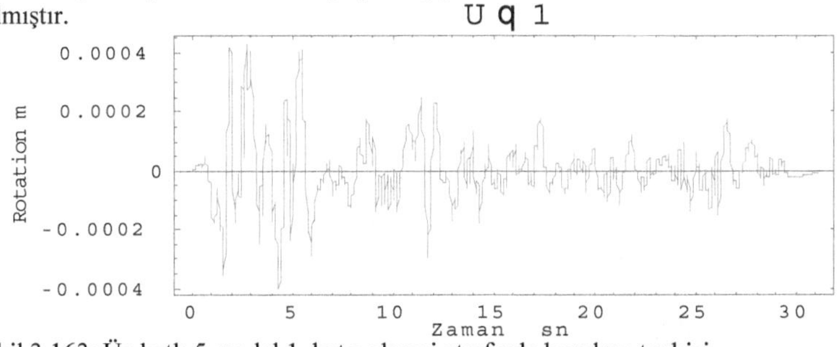

Şekil 3.163: Üç katlı 5.model 1. kat z ekseni etrafında burulma tepkisi

Düşeyden geçen z ekseni etrafında 1. katta, maksimum dönme miktarı 0,000436 rad, minimum dönme -0,000401 rad olarak bulunmuştur. Binanın z ekseni etrafındaki burulma tepkisinin zamana bağlı olarak değişimi Şekil 3.163'de ifade edilmiştir.

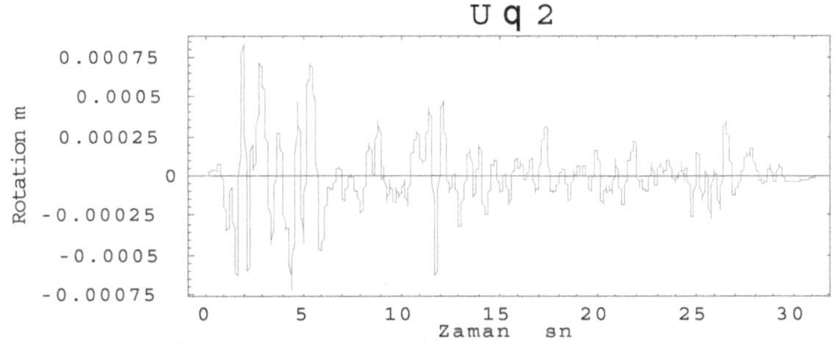

Şekil 3.164: Üç katlı 5.model 2. kat z ekseni etrafında burulma tepkisi

Düşeyden geçen z ekseni etrafında 2. katta, maksimum dönme miktarı 0,000837 rad, minimum dönme -0,000718 rad olarak bulunmuştur. Binanın z ekseni etrafındaki burulma tepkisinin zamana bağlı olarak değişimi Şekil 3.164'de ifade edilmiştir. Düşeyden geçen z ekseni etrafında 3. katta, maksimum dönme miktarı 0,00106 rad, minimum dönme -0,00092 rad olarak bulunmuştur. Binanın z ekseni etrafındaki burulma tepkisinin zamana bağlı olarak değişimi Şekil 3.165'de ifade edilmiştir.

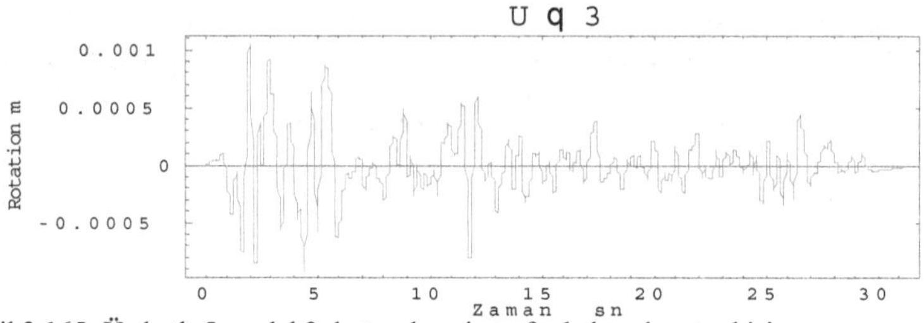

Şekil 3.165: Üç katlı 5.model 3. kat z ekseni etrafında burulma tepkisi

Yukarıdaki şekillerde de gösterildiği gibi üst katlarda yer değiştirme ve burulma değerleri daha büyük seviyelere ulaşmaktadır. Bu durum bize mantolama gibi güçlendirmelerde üst katlara doğru azalan kesitlerin burulma etkili binalarda sorunlara sebep olabileceğini gösterir.

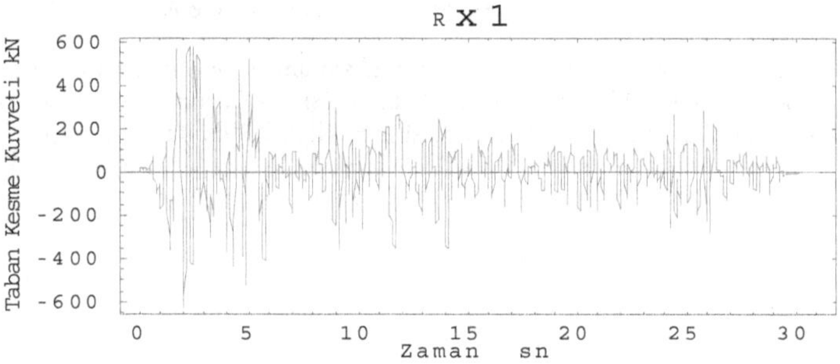

Şekil 3.166: Üç katlı 5.model 1. kat x ekseninde taban kesme kuvveti tepkisi

Deprem ivme kaydının, yapıya etkimesi durumunda, 1. katta, x ekseninde maksimum taban kesme kuvveti tepkisi 581,445 kN, minimum kesme kuvveti tepkisi – 627,529 kN olarak bulunmuştur. Binanın x eksenindeki taban kesme kuvvetinin zamana bağlı olarak değişimi Şekil 3.166'da ifade edilmiştir. y ekseninde kesitlerin çok büyümesinden dolayı taban kesme kuvvetleri dikkate alınacak sınırların dışına çıkmıştır.

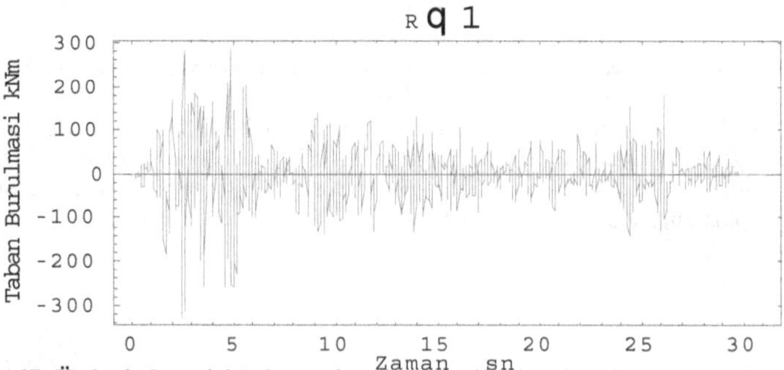

Şekil 3.167: Üç katlı 5.model 1. kat z ekseni etrafında taban burulma momenti tepkisi

Binanın z ekseni etrafındaki burulma momenti tepkisinin zamana bağlı olarak değişimi Şekil 3.167'de ifade edilmiştir. Taban kesme kuvvetinin x ekseni boyunca yerdeğiştirme tepkisi ve düşeyden geçen z ekseninde burulma dönmesine bağlı olarak çevrimsel değişimini aşağıdaki Şekil 3.168'de görmek mümkündür.

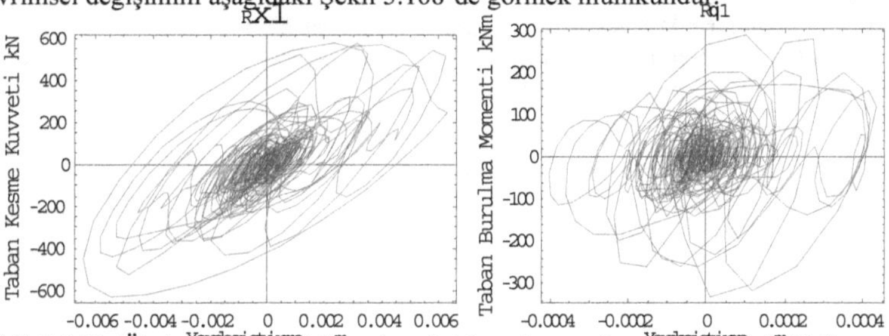

Şekil 3.168: Üç katlı 3. model x ekseni taban kesme kuvveti – yerdeğiştirme taban burulması-dönme grafiği

3.7.2 Tepki sonuçlarının parametrik değerlendirmesi

Yapılan analizleri kıyaslamak gerekirse dış merkezlik parametresindeki değişimi kat planında değişiklik olmadığı için Şekil 3.51 ile aynıdır. Ancak kat adedi üçe çıkmıştır. Diğer parametrelerin değişimi aşağıdaki şekillerde verilmiştir.

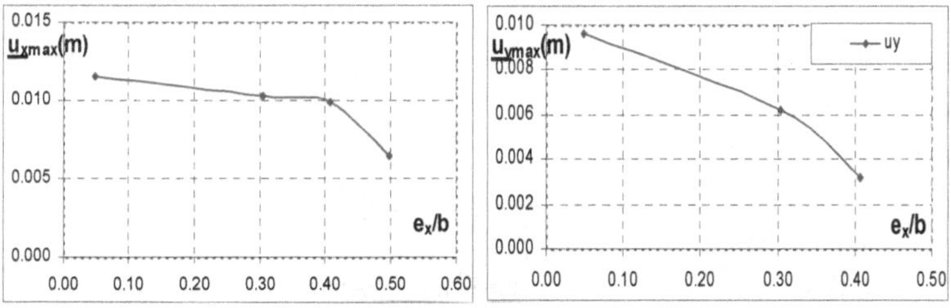

Şekil 3.169: 1. Kat x, y eks. maks. yerdeğiştirmelerin dış merkezlikle değişimleri

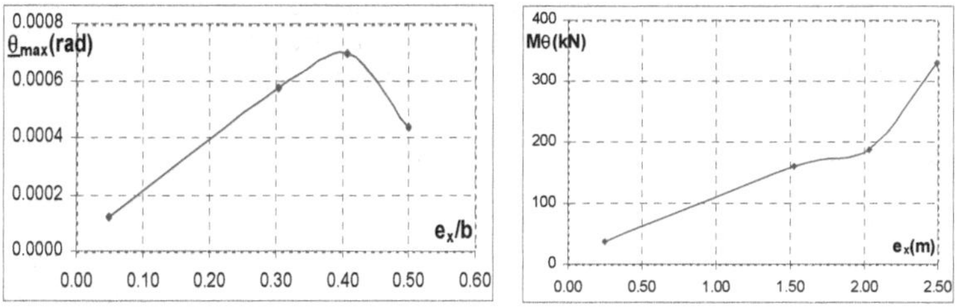

Şekil 3.170: Kat dönmeleri ve kat burulma mom. 1. katta parametrik değişimleri

Şekil 3.169 ve 172'de 1. ve 2. katta eksenel yer değiştirmelerle e_x/b dış merkezlik parametresine bağlı olarak değişimleri ifade edilmiştir. Şekillerden de görülebileceği gibi artan rijitliklerin dış merkezliği arttırdığı sistemde, eksenel yer değiştirmelerin azalmasına sebep olmaktadır. Şekil 3.170'de gösterildiği gibi kat dönmesi ve taban burulma momentlerinde sistemin genel karakteristiğine uygun değişimler gözlemlenmektedir. Şekil 3.171'de gösterilen taban kesme kuvvetlerinin 1. kattaki değişimleride bu gidişi desteklekmektedir.

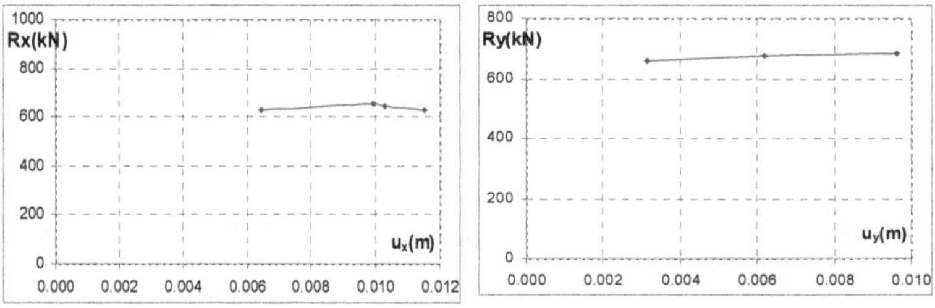

Şekil 3.171: 1. kat (x, y) taban kesme kuv. yer değiştirmelere bağlı değişimleri

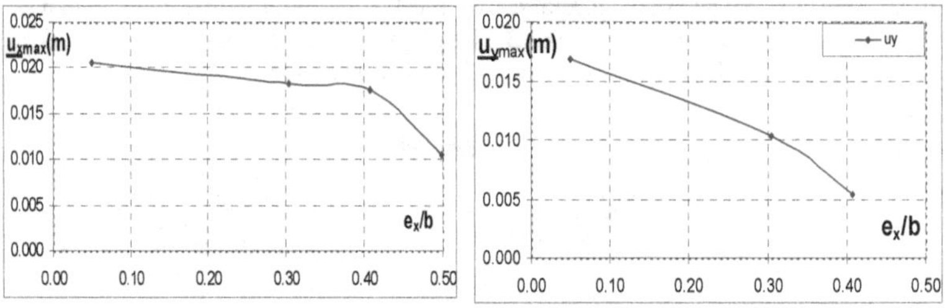

Şekil 3.172: 2. Kat x, y eks. maks. yerdeğiştirmelerin dış merkezlikle değişimleri

Şekil 3.173'de 2. kattaki burulma dönmesinin dış merkezliğe bağlı değişimi ile burulma momentinin dış merkezlik parametresine bağlı değişimi ifade edilmiştir. Burada burulma dönmesinin değişimi sistemin lineer karakteri ile uyumlu şekilde değişmektedir. Burulma momentinin değişimi de artan dış merkezlikle uyumlu olarak lineer katrakteri destekler şekilde artan bir formda değişmektedir.

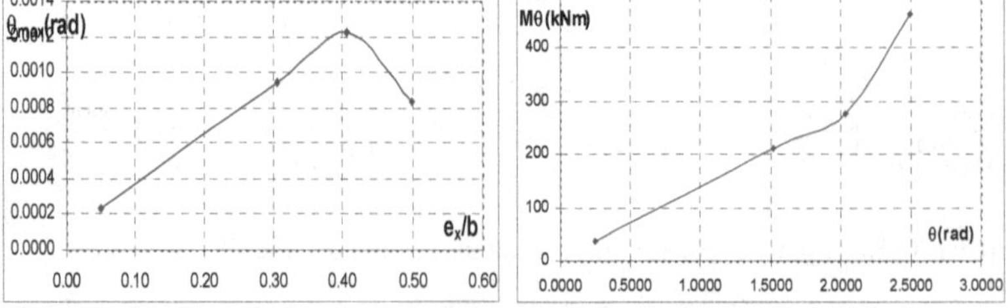

Şekil 3.173: Kat dönmeleri ve kat burulma mom. 2. katta parametrik değişimi

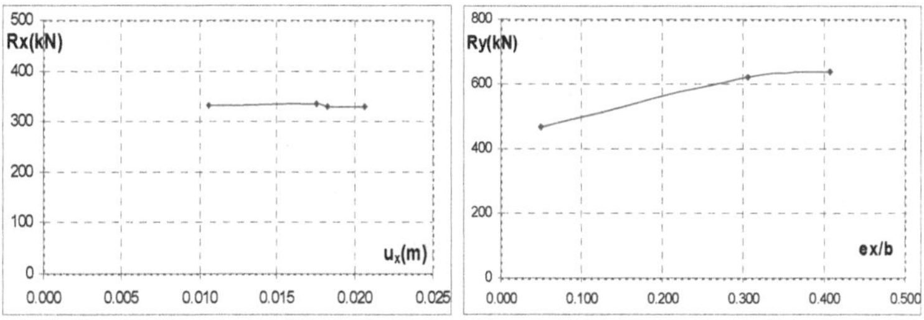

Şekil 3.174: 2. kat (x, y) taban kesme kuvvetlerinin modellere bağlı değişimleri

Şekil 3.174'de 2. kattaki x ve y doğrultularındaki taban kesme kuvvetlerinin değişimi ifade edilmiştir. x doğrultusunda kesitler değişmediği için kayda değer değişim olmadan gidiş söz konusu iken dış merkezliğin katkısı ile y doğrultusunda daha yükselerek artan bir değişim gözlemlenmektedir.

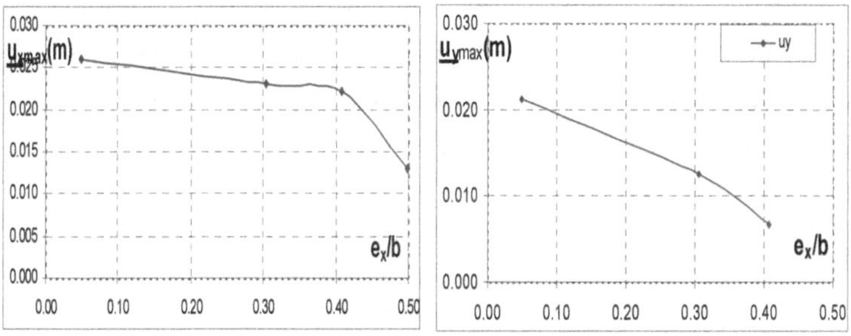

Şekil 3.175: 3. Kat x, y eks. maks. yerdeğiştirmelerin dış merkezlikle değişimleri

Şekil 3.175'de 3. katta eksenel yer değiştirmelerin, e_x/b dış merkezlik parametresine bağlı olarak değişimleri ifade edilmiştir. Artan rijitliklerin dış merkezliği arttırdığı sistemde, diğer katlarda olduğu gibi eksenel yer değiştirmeler azalmaktadır.

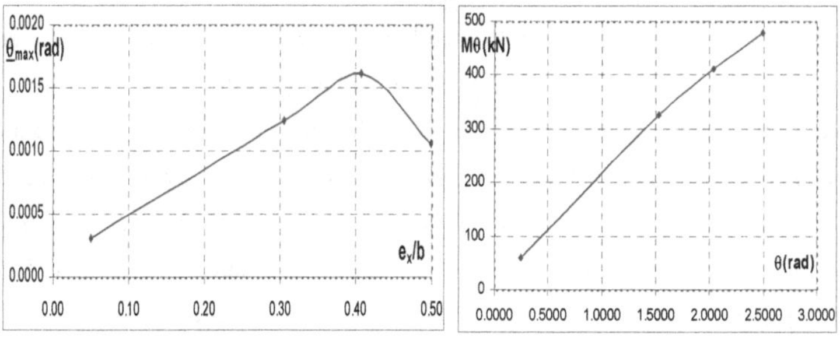

Şekil 3.176: Kat dönmeleri ve kat burulma mom. 3. katta parametrik değişimi

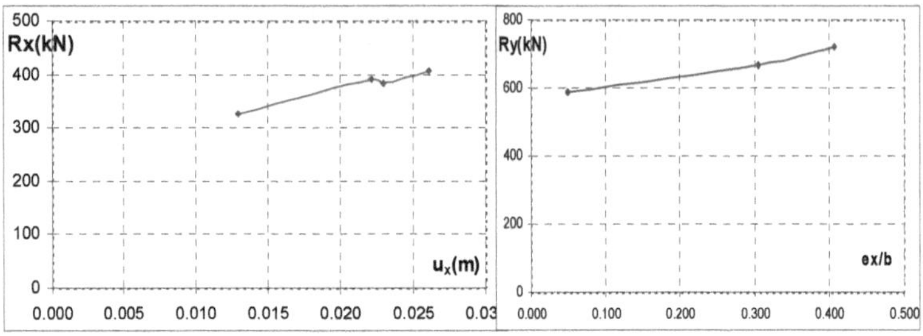

Şekil 3.177: 3. kat (x, y) taban kesme kuvvetlerinin modellere bağlı değişimleri

Şekil 3.176'da 3. kattaki burulma dönmesinin dış merkezliğe bağlı değişimi ile burulma momentinin dış merkezlik parametresine bağlı değişimi ifade edilmiştir. Burada burulma dönmesinin değişimi sistemin lineer karakteri ile uyumlu şekilde değişmektedir. Dış merkezlik arttıkça taban burulma momenti de artmaktadır. Şekil 3.177'de 3. kattaki x ve y doğrultularındaki taban kesme kuvvetlerinin değişimi ifade edilmiştir. Üçüncü kattaki eksenel taban kesme kuvvetlerindeki değişimi diğer katlardaki değişimlerle uyumlu seyretmektedir.

4. LİNEER OLMAYAN BURULMA DAVRANIŞININ İNCELENMESİ

Lineer olmayan analiz genel yaklaşım itibariyle, çeşitli yapısal özellikleri değişen sistemin belli bir zaman aralığında bu özelliklerin sabit kaldığı varsayılarak lineer olarak çözüm yapılan analiz yöntemidir. Tanımı itibariyle adım adım (step by step) çözüm yöntemi, lineer olmayan dinamik tepki analizi için en uygun çözüm yöntemidir. Bu şekilde hesap sisteminde, yük ve tepki analizi zaman aralıkları boyunca izlenen adım serileri şeklindedir. Her adımdaki yapı tepki nicelikleri, başlangıç anındaki yerdeğiştirme ve hıza bağlı olarak hesaplanır. Lineer olmayan analiz için küçük artımlar boyunca (zaman veya yerdeğiştirme), yapının fiziksel özelliklerinin sabit kaldığı kabul edilebilir. Ancak bir sonraki adımda farklı yapı özellikleri kullanılmış olabilecektir. Tek serbestlik dereceli idealize edilmiş kütle yay sistemi için plastik akmaya izin verilebiliyorsa geri çağrıcı kuvvetin formu Şekil 4.1'deki gibi olacaktır.

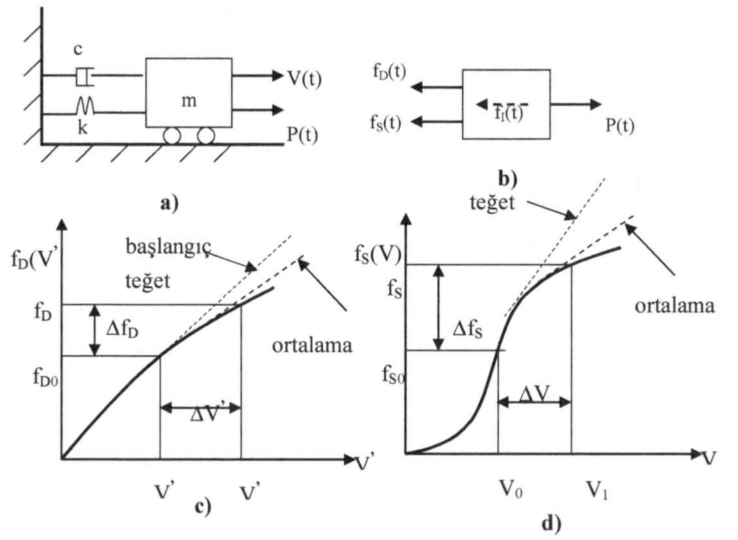

Şekil 4.1: Lineer olmayan dinamik sistemin gösterimi a) basit tek serbestlik dereceli sistem b) kuvvet dengesi c) lineer olmayan sönüm d) lineer olmayan rijitlik

Lineer olmayan sistemde, eğimin bir kısmı lineer elastik davranmaktadır, bu kısmın biraz daha ilerisinde şekil değiştirme için plastik akma olması gereklidir. Yapıda yük boşaltıldığında, davranış geri dönen yükleme, basınç plastik akması oluşturana dek elastik bölgede seyreder. Yapı bu modele uygun tekrarlı yüklere maruz kalabilir, özellikle de deprem yükü bu tip bir yüktür ve yükün boşaltılması da anlatılan şekildedir. Her tekrarda enerji harcanmaktadır ve bu davranışta sönümlenen enerji (hystresis loop) çevrimin altında kalan alan kadardır. Bu davranış genellikle belirli akma noktalarının ötesinde yerdeğiştirmenin geri çağırıcı kuvvet için herhangi bir değişiklik olmadığı durumda sabit kaldığı kabulü ile basitleştirilmiştir.

4.1 Durum Uzayı Yöntemi ile Dinamik Hesap

"Durum Uzayı" yönteminde, sistemin çeşitli etkenlere tepkisini hesaplamak için hem yer değiştirme hem de hızı bağımsız değişkenler olarak kabul etmektedir. Bu bağımsız değişkenler "durum" olarak isimlendirilmektedir. Dinamik hareket denklemi aşağıdaki 4.1 eşitliğinde ifade edilmiştir:

$$\ddot{x}(t) + 2\xi\omega_n\dot{x}(t) + \omega_n^{\,2}x(t) = F_e(t)/m \tag{4.1}$$

Burada dış kuvvet olarak deprem yer hareketi ile kütle matrisinin çarpılmasından elde edilen büyüklük kullanılacaktır:

$$F_e(t) = -Ma(t) \tag{4.2}$$

Buradaki bağımsız değişkenler olan yer değiştirme ve hızı içeren z(t) vektörü ile bu vektörün elde edildiği A ve F(t) matrisleri aşağıda 4.3'de ifade edilmişlerdir:

$$z(t) = \begin{Bmatrix} x(t) \\ \dot{x}(t) \end{Bmatrix} \qquad A = \begin{bmatrix} 0 & I \\ -M^{-1}K & -M^{-1}C \end{bmatrix} \qquad F(t) = \begin{Bmatrix} 0 \\ M^{-1}F_e(t) \end{Bmatrix} \tag{4.3}$$

Buradaki yer değiştirme ve kuvvet vektörleri de 4.4 eşitliğinde gösterilmiştir.

$$x(t) = \begin{Bmatrix} x_1(t) \\ x_2(t) \\ \cdot \\ \cdot \\ x_n(t) \end{Bmatrix} \qquad F_e(t) = \begin{Bmatrix} F_1(t) \\ F_2(t) \\ \cdot \\ \cdot \\ F_n(t) \end{Bmatrix} \tag{4.4}$$

$$\dot{z}(t) = Az(t) + F(t) \tag{4.5}$$

$$z(t) = e^{A(t-t_0)}z(t_0) = e^{A(t-t_0)} + e^{At}\int_{t_0}^{t} e^{-As}F(s)ds \tag{4.6}$$

Durum vektörünün türevi 4.5 eşitliğinde ifade edilmiştir. Vektörün kendisi ise 4.6'da gösterilmiştir. Burada $z(t_0)$ $t=t_0$ anındaki yer değiştirme ve hız bileşenlerini sembolize etmektedir. e^{At} ise "durum geçiş" matrisidir ve A matrisinin özdeğer ve özvektörlerinin hesabını gerektirir. Bu işlem yapıldığında T, dönüşüm matrisi tersi alınabilir. Bu yüzden e^{At} ifadesini kapalı formda yazmak çok zordur ve çoğu zaman sayısal hesaplama tercih edilmektedir. e^{At} nin sayısal hesabı 4.7 eşitliğinde gösterilmiştir.

$$e^{A\Delta t} = I + A\Delta t + \frac{1}{2!}(A\Delta t)^2 + \frac{1}{3!}(A\Delta t)^2 + ... \qquad (4.7)$$

Ancak çözüm için gereken değerler üstel olarak büyüdüğünden 1994 de Moler ve Van Loan, e^{At} yani "durum geçiş" matrisinin hesabı için "scaling" ve "squaring" yöntemini önermişlerdir. Buna göre matris üstel ifadesi 4.8 eşitliğinde gösterilmiştir:

$$e^{A\Delta t} = (e^{A\Delta t/m})^m \qquad (4.8)$$

Burada m bir tamsayıdır. $A\Delta t$ matrisi m'e bölünmektedir. Sonuç matrisinin elemanları ε_m'in maksimum değerlerini içerir ve daha önceden tanımlanmış sınırlar arasındadır. Böylece bu sınır değeri 1.0 alınabilir. Taylor serisine açılım genişletilirse ifade 4.9 eşitliğine dönüştürülmüştür [65].

$$e^{A\Delta t/m} = I + \frac{A\Delta t}{m} + \frac{1}{2!}\left(\frac{A\Delta t}{m}\right)^2 + \frac{1}{3!}\left(\frac{A\Delta t}{m}\right)^3 + ... \qquad (4.9)$$

Böylece yakınsama çok hızlı gerçekleşir ve genelde $\Delta t \leq (T_n/10)$ alınır. Sayısal integrasyon çözümü için matris denklemi 4.10 eşitliğinde verilmiştir.

$$z_{k+1} = e^{A\Delta t} z_k + A^{-1}(e^{A\Delta t} - I)F_k \qquad (4.10)$$

Burada e^{At} ifadesinin sistemin serbestlik derecesine bağlı olarak $2n \times 2n$'lik bir matris olduğu bu nedenle hesaplanmasında ciddi bir bilgisayar desteği gerektiği unutulmamalıdır. Bu yöntemin burulma davranışının zaman alanındaki incelenmesinde kullanılmak için idealize edilen kat planı Şekil 4.2'de verilmiştir.

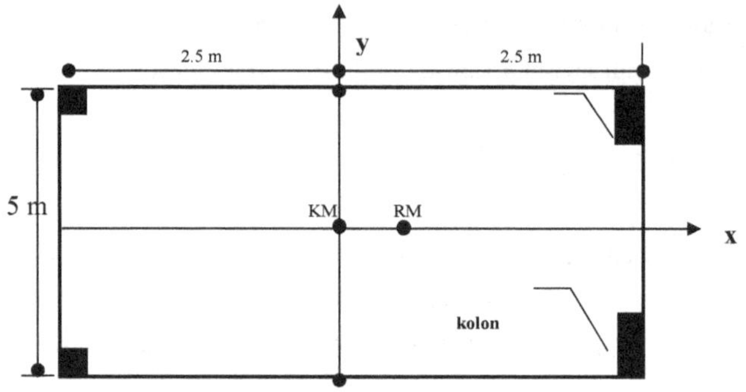

Şekil 4.2: İdealize edilmiş kat planı

Şekil 4.2'de verilen sistem x ve y eksenlerinde simetriktir. Kolonlar yönetmelik tarafından izin verilen en küçük kesit olan 25×25 cm'lik kare kesitlerdir. Söz konusu sitemin El-Centro N-S deprem kaydı verilerek "Durum Uzayı" yöntemi ile zaman alanında çözülmesi ile elde edilen çözümler, paket program ile yapılan çözümlerle karşılaştırılması, y doğrultusunda yer değiştirme değişimi ile taban kesme kuvveti zaman bağlı değişimi hesaplanmıştır. Yeşil renkli eğri programlanan "Durum Uzayı" yöntemi ile çözümü, kırmızı renkli eğri ise paket programı çözümünü göstermektedir. Burada amaçlanan sonuçların kontrolüdür.

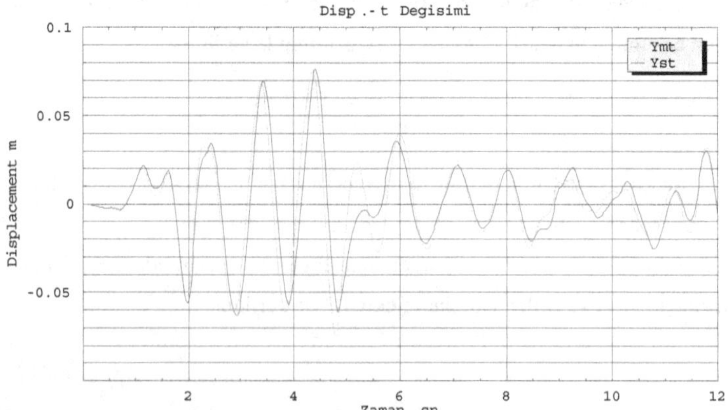

Şekil 4.3: Zaman alanında karşılaştırmalı yer değiştirme tepkisi

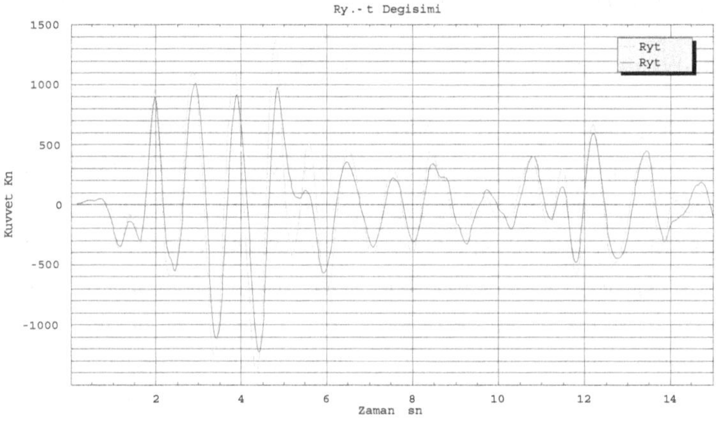

Şekil 4.4: Zaman alanında karşılaştırmalı taban kesme kuvveti (y eks.) tepkisi

Yukarıda anlatılan hesap algoritması, kenar akstaki kolon boyutları 40×40 cm boyutuna yükseltilirse sistemde burulma etkisi ortaya çıkacaktır. Bu durumda zaman alanındaki deprem etkisi altında yerdeğiştirme tepkisinin değişimlerin kıyaslaması Şekil 4.4'de verilen hale dönüşecektir. Taban kesme kuvvetinin ise değişimi yazılan program ve paket program çözümü için kıyaslamalı olarak verilmiştir.

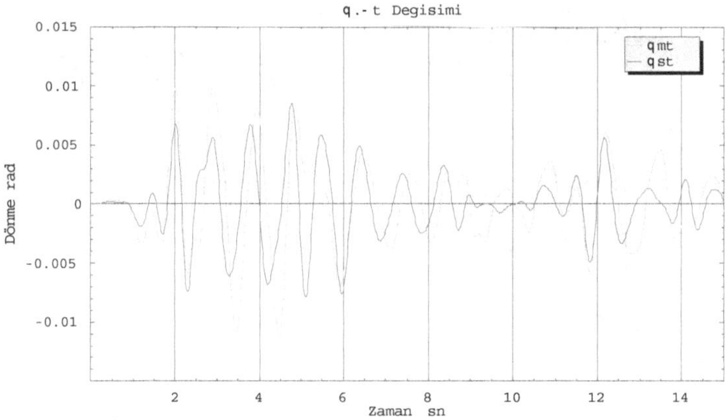

Şekil 4.5: Zaman alanında karşılaştırmalı taban burulması tepkisi

Yukarıdaki Şekil 4.5'de ise aynı sistem modeli için hesaplanan burulma dönmesinin kıyaslamalı gösterimi ifade edilmiştir. Sonuçlar oldukça tatminkar yakınlıktadır.

4.2 Elasto-Plastik Davranış İçin Hesap Sistematiği

Şekil 4.6 a'da görüldüğü gibi eğimin bir kısmı lineer elastik davranmaktadır, bu kısmın biraz daha ilerisinde şekil değiştirmeler için plastik akma olması beklenmektedir. Yapıda yük boşaltıldığında, davranış geri dönen yükleme, basınç plastik akması oluşturana dek elastik bölgede seyreder. Yapı tekrarlı yüklere maruz kalabilir. Özellikle de deprem yükü bu tip tekrarlı bir yüktür ve boşaltılması da aynı şekildedir. Her tekrarda enerji harcanmaktadır ve Şekil 4.6 a' da görüldüğü gibi miktarı eğrinin altında kalan alan kadardır. Bu davranış genellikle belirli akma noktalarının ötesinde yerdeğiştirmenin geri çağırıcı kuvvet için herhangi bir değişiklik olmadığı durumda sabit kaldığı kabulü ile basitleştirilmiştir. Bu formatta idealize edilmiş davranış, elasto-plastik davranıştır ve ilgili kuvvet-yerdeğiştirme ilişkisi ve Şekil 4.6 b' de görülebileceği gibidir. Kütle yay sistemindeki yapı modeli için, elasto-plastik davranan sistemde geri çağırıcı kuvvet ifadesi kolaylıkla yazılabilir. Bu ifade geri çağırıcı kuvvetin şiddetine bağlıdır, burada yerdeğiştirmenin artması (y>0) veya azalması (y<0) etkendir. Şekil 4.6b'de genel elasto-plastik tekrarlı davranış gösterilmiştir. Başlangıç koşulları yüksüz sistem için sıfır kabul edilmiştir ($y_o=0$, $y_o'=0$). Yük uygulandığında, E_0 eğrisi boyunca sistem elastik olarak davranmaktadır.

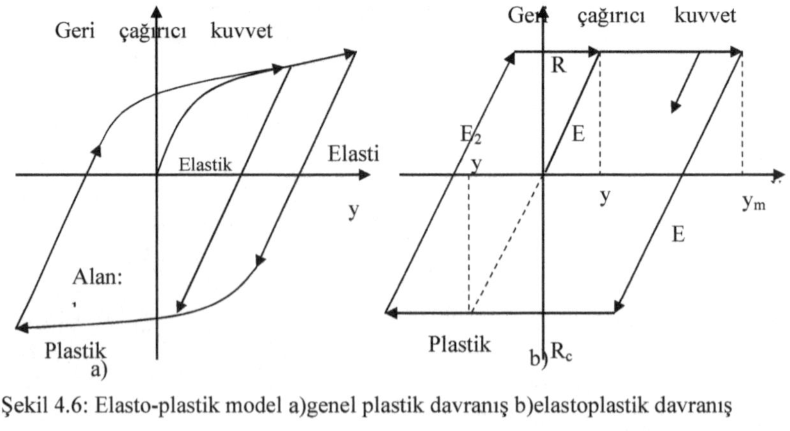

Şekil 4.6: Elasto-plastik model a)genel plastik davranış b)elastoplastik davranış

Çekmede y_t yerdeğiştirmesinin ötesinde plastik kuvvet sabit kalır. Herhangi bir andaki y yer değiştirmesinde plastik davranış başlamış olabilir, bu nedenle sistem her adımda kontrol edilir. y_c yer değiştirmesine ulaşıldığında ise, basınçta plastik davranış başlamıştır. Bu yer değiştirmeler sırasıyla 4.11 ve 4.12 ifadelerinde verilmiştir:

$$y_t=R_t/k \tag{4.11}$$

$$y_c=R_c/k \tag{4.12}$$

R_t ve R_c, çekme ve basınç için akmaya sebep olan kuvvetlerdir, k ise yapının elastik rijitliğidir. y yerdeğiştirmesi, $y_c<y<y_t$ aralığında kaldığında, E_0 doğrusu boyunca sistem sabit kalır. Eğer y yerdeğiştirmesi, y_t değerine ulaşırsa sistem T eğrisi boyunca çekme etkisi altında plastik davranmaya başlar bu sıradaki hız $y'>0$ olduğu kadar eğri T'de kalır. Hız yani yerdeğiştirmenin birinci türevi $y'<0$ olduğunda sistem E_1 elastik eğrisi boyunca hareket etmeye başlar ve yeni akma noktası $y_t=y_{max}$ olacaktır.

$$y_c=y_{max}-(R_t-R_c)/k \tag{4.13}$$

y_{max} ise değişim eğrisi boyunca, $y'=0$ olduğunda ortaya çıkan maksimum yerdeğiştirmedir. Bu durumun tersine eğer y, y_c değerine düşerse sistem basınçtaki C eğrisi boyunca plastik davranışa başlar ve $y'<0$ olana kadar aynı şekilde devam eder. Hız tekrar doğrultu değiştirdiğinde, sistem yine elastik davranmaya başlar ve $y'>0$ olur. Bu durumda yeni akma limitleri aşağıdaki gibi olacaktır yani $y_c=y_{min}$ olur. y_t ise 4.14'de verilmiştir.

$$y_t=y_{min}+(R_t-R_c)/k \tag{4.14}$$

y_{min}, C eğrisi boyunca, $y'=0$ olduğunda beliren minimum yerdeğiştirmedir. Aynı durum ($y_c<y<y_t$), sistem Şekil 6.2 b' de gösterildiği gibi, E_0, E_1, E_2 gibi elastik parçalar boyunca sabit kalacaktır [81].

Muhtemel elastik tekrar parçalarının herbirinde, geri çağırıcı kuvvetin hesabını incelersek, tekrarın elastik fazlarındaki (E_0, E_1, E_2) geri çağırıcı kuvvetin hesabı aşağıdaki gibi yapılabilir:

$R=R_t-(y_t-y)k$ (4.15)

Çekmedeki plastik fazdayken 4.16, plastik basınç fazındayken 4.17 eşitliğindeki gibi olacaktır.

$R=R_t$ (4.16)

$R=R_c$ (4.17)

4.2.1 Elasto-plastik hesap için çözüm algoritması

1) Giriş değerleri; k, m, c, R_t, R_c ve t zaman aralığı ve F_i kuvveti olmak üzere belirlenmelidir.

2) Başlangıç değerleri $y_0=0$ ve $y_0'=0$ olarak alınır.

3) Başlangıç ivmesi hesaplanır;

$$y_0''=\frac{F(t=0)}{m} \qquad (4.18)$$

4) Δt zamanı seçilir ve sabitler hesaplanır (lineer ivme yöntemi için)

$a_1 = 3/\Delta t$, $a_2 = 6/\Delta t$, $a_3 = \Delta t/2$, $a_4 = 6/\Delta t^2$

5)Başlangıç akma noktaları hesaplanır; $y_t=R_t/k$, $y_c=R_c/k$

Herbir zaman adımı için aşağıdaki kontroller uygulanır;

1) Elastik veya plastik durum için aşağıdaki kodlar hesaplanır

KEY=0 (elastik davranış)

KEY=-1 (basınçta plastik davranış)

KEY=1 (çekmede plastik davranış)

2) y yerdeğiştirmesi hesaplanır ve her adımın sonunda y' bulunur ve KEY değeri aşağıdaki durumlara bağlı olarak hesaplanır

a) Zaman adımının başında sistem elastik davrandığında

$y_c<y<y_t$ KEY=0

$y>y_t$ KEY=1

$y<y_t$ KEY=-1

b) Sistem zaman adımının başında, çekme durumunda plastik davrandığında

$y'>0$ KEY=1

$y'<0$ KEY=0

c) Sistem zaman adımının başında, basınç durumunda plastik davrandığında

$y'>0$ KEY=-1

$y'<0$ KEY=0

3) Efektif rijitlikler 4.19 eşitliğindeki şekilde hesaplanır:

$$\overline{k}_i = k_p + a_4 m + a_1 c_i \qquad (4.19)$$

$k_p = k$ elastik davranışta (KEY=0)

$k_p = 0$ plastik davranışta (KEY=1 veya -1)

4) Artımlı efektif kuvvet 4.20 eşitliğindeki gibi hesaplanır:

$$\overline{\Delta F_i} = \Delta F_i + (a_2 m + 3c_i) y_i' + (3m + a_3 c_i) y_i'' \qquad (4.20)$$

5) Artımlı yerdeğiştirmeler 4.21 eşitliğindeki şekilde hesaplanır:

$$\Delta y_i = \overline{\Delta F}_i / \overline{k_i} \qquad (4.21)$$

6) Artımlı hız değerleri 4.22 eşitliğindeki gibi hesaplanır:

$$\Delta y_i' = a_i \Delta y_i - 3 y_i - a_3 y_i'' \qquad (4.22)$$

7) Zaman aralığının sonunda hız ve yerdeğiştirme değerleri 4.23 eşitliğindeki şekilde hesaplanır:

$$y_{i+1} = y_i + \Delta y_i \tag{4.23.a}$$

$$y'_{i+1} = y'_i + \Delta y'_i \tag{4.23.b}$$

8) Zaman aralığının sonunda dinamik hareket denklemlerini kullanarak, y''_{i+1} ivmesi 4.24 eşitliğindeki gibi hesaplanır:

$$y'_{i+1} = \frac{1}{m}\left[F(t_{i+1}) - c_{i+1} y_{i+1} - R\right] \tag{4.24}$$

$R = R_t - (y_i - y_{i+1})k$ eğer KEY=0

$R = R_t$ KEY=1

$R = R_c$ KEY=-1

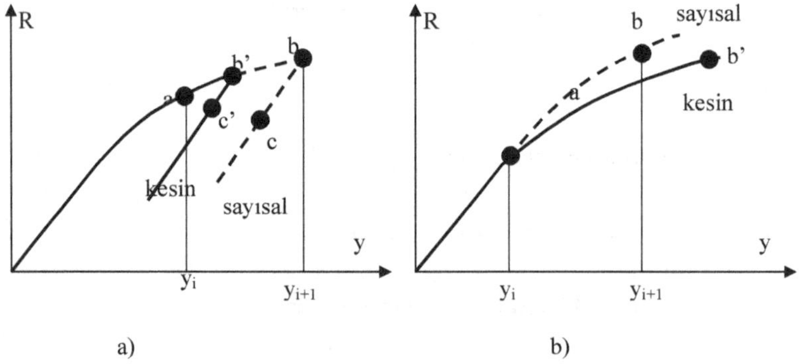

Şekil 4.7: Lineer olmayan kuvvet-yerdeğiştirme ilişkisinde kesin ve sayısal çözüm farkı a)sabit zaman aralığı kullanımı b) sekant rijitliği yerine tanjant rijitliğinin kullanılması

Zaman adımının başlangıcında, i zamanında, y_i yer değiştirmesi ve y'_i pozitiftir (örneğin yer değiştirme artmaktadır); bu kısım Şekil 4.7'de a noktası ile gösterilmektedir. Belirlenen zaman aralığı için söz konusu işlemler uygulanarak, i+1 zamanı için; y_{i+1} yer değiştirmesi ve y'_{i+1} hızı elde edilir, bu kısımda şekilde b noktasına karşı gelmektedir. Eğer y'_{i+1} hızı negatifse, zaman adımı süresince herhangi bir b' noktasında, hız sıfıra eşit olur sonra da işaret değiştirir ve yer değiştirme azalmaya başlar. Sayısal analizde sistematiğinde, eğer b' noktasının bulunmasını önemsenilmezse, bir sonraki adımda b noktasını hesaplanarak devam edilebilir ve kuvvet-yer değiştirme diyagramının boşaltma kısmında tanjant rijitliği kullanılır. Bu işlemle adımın sonunda c noktası, y_{i+2} yer değiştirmesi ve negatif hızı kullanılarak elde edilir. Diğer taraftan eğer b' zaman anı ile belirlenebilirse (çünkü hız bu arada sıfır olmak zorundadır), bir sonraki adım b' noktasından başlayabilir, c' ile belirlendiği gibi, hız ve yer değiştirme zaman adımının sonunda elde edilebilir. b' değerinin aşılarak b değerinin kullanılması kuvvet-yer değiştirme diyagramının tam çizgisini izlemesini engeller. Gerçek çizgiden ayrılma, hızın her dönüşümü ile ortaya çıkar ve sayısal hesaplarda bazı hatalar oluşmasına sebep olur. Elasto-plastik sistemlerdeki gibi keskin köşelerin olduğu kuvvet-yer değiştirme ilişkisi problemlerinde benzer sorunlarla karşılaşılmaktadır [82, 83].

Bu hataların kaldırılması ancak b' değerinin kesin olarak tespit edilmesiyle bulunabilir. Bu ancak t_i ve t_{i+1} zaman aralığının daha küçültülerek, örneğin $\Delta t/4$ alınarak integre edilmesi ile aşılabilir. Veya tüm zaman aralığından daha küçük bir aralıkta iterasyon yapılarak hızın tam olarak sıfır olduğu veya yaklaştığı zaman bulunabilir. Bilinmeyen sekant rijitliğinin yerine Şekil 4.4.b'de gösterildiği gibi, tanjant rijitliğinin kullanılması en başta bazı hatalara yol açmaktadır. i zamanında zaman adımının başındaki yer değiştirme a ile gösterilmiştir. a noktasında tanjant rijitliğinin kullanılması, i zamanından i+1 zamanına sayısal integrasyon, b noktası ile gösterilen u_{i+1} yer değiştirmesine yol açar. Eğer biz eğriyi tam olarak izlersek, sonuç yer değiştirme b' noktasında elde edilebilir. Bu uyumsuzluk bir dizi zaman adımının sonunda biriken hataların belirginleşmesinden kaynaklanmaktadır. Ancak bu tarz bir yakınsama işleminin ilave hesap ve zaman kullanımına neden olabilir. Yukarıda akış adımları detaylı olarak verilen algoritmanın detaylı akış diyagramı Ek H'de verilmiştir.

4.2.2 Çözüm algoritmasının sayısal uygulaması

Yukarıda verilen işlem adımlarının malzeme bakımından elasto plastik davranış gösteren Şekil 4.6'daki formata uygun, Şekil 4.2'de verilen sisteme uygulanması halinde sistemin kat yer değiştirmeleri ve dönmeleri analizler sonucu elde edilebilir.

Kat için sisteme etkiyen akma kesme kuvveti aşağıdaki gibi verilmiştir. Eleman akma kesme kuvvetleri için de f_{yi} değerleri kata etkiyen kuvvete dayalı olarak yazılabilmektedir. *w* burada kat ağırlığıdır.

$$V_{ey} = \frac{A(T_i)}{R} \cdot w \tag{4.25}$$

$$f_{yi} = \frac{k_i}{K_y} V_{ey} \tag{4.26}$$

Şekil 4.8'de gösterildiği (şekildeki x_p plastik davranış, x_{el} elastik davranış olmak üzere) gibi sistemin plastik bölgeye geçmesi ile yerdeğiştirme kapasitesi büyüme göstermektedir. Bu sistem iki doğrultuda simetrik olduğu için dönmeler sıfır olacağından kıyaslanma yapılmamıştır.

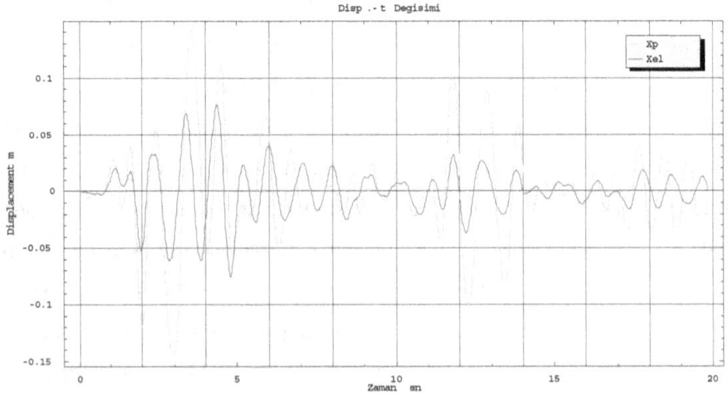

Şekil 4.8: y doğrultusunda zaman alanında yerdeğiştirme kıyaslaması

Aynı yapı sisteminde kenar akstaki kolon boyutları 40×40 cm ye çıkarıldığında sistemin x doğrultusundaki simetrisi otomatik olarak bozulacak ve burulma etkileri ortaya çıkacaktır. Söz konusu istem için y doğrultusunda ötelenme ve burulma dönmesi tepkileri elastik ve elasto-plastik davranış için Şekil 4.9 ve Şekil 4.10'da verilmiştir. Bu şekillerden de görülebileceği gibi sistemin y doğrultusundaki yer değiştirmeleri büyüme göstermektedir. Aynı şekilde dönme tepkilerinde de artışlar söz konusu olmaktadır.

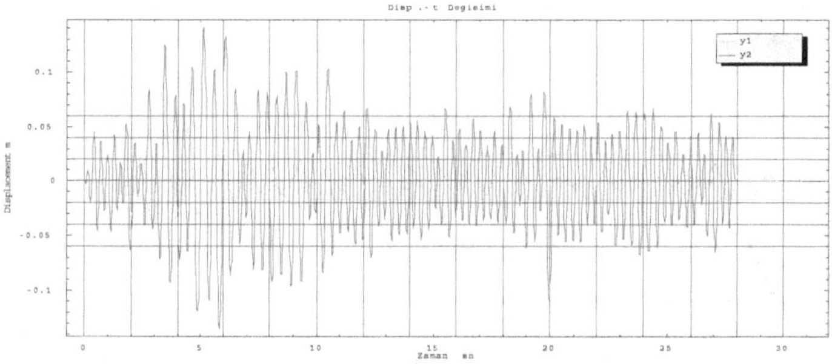

Şekil 4.9: y doğrultusunda zaman alanında yerdeğiştirme kıyaslaması

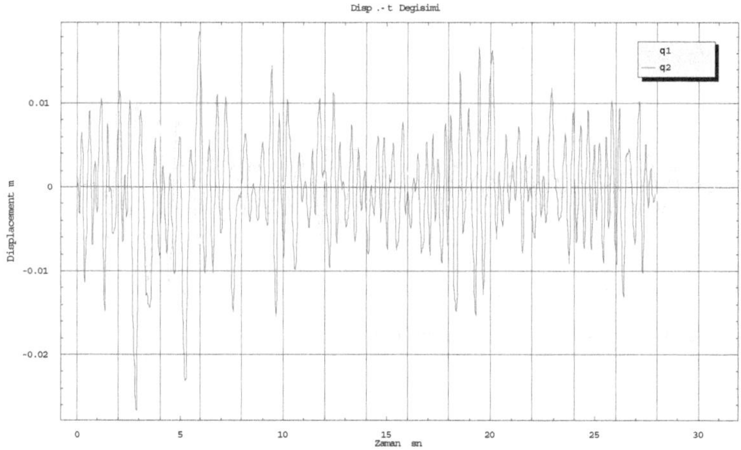

Şekil 4.10: θ burulma dönmesi için zaman alanında kıyaslama

4.3 Lineer Olmayan Sistemde Süneklik Gereksinimi

Süneklik, tanım itibariyle kuvvet altında, toplam yer değiştirmenin, lineer yer değiştirmeye oranı olarak tanımlanabilir [78, 80]. Burada i. elemanın kuvvet-yer değiştirme ilişkisi Şekil 4.11'de verilmiştir. Kat düzlemindeki i. elemanın süneklik gereksinimi bu durumda 4.27 eşitliğindeki gibi alınabilir.

$$\mu_i=\Delta u_i/\Delta y_i \qquad (4.27)$$

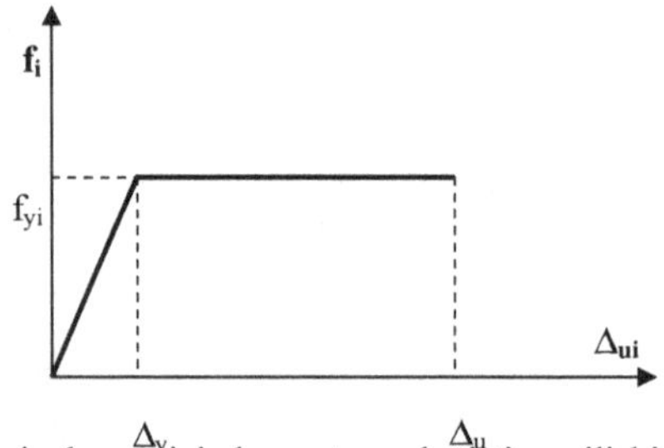

Şekil 4.11: i. eleman için kuvvet-yer değiştirme ilişkisi

Sayısal olarak 4.29 eşitliğinde verilen eleman akmasının söz konusu olduğu seviyede, bir süneklik ihtiyacı oluşmaktadır. Kenar kolonların büyütülmesi durumundaysa, burulma dolayısı ile artan yer değiştirme ve burulma dönmeleri, süneklik ihtiyacını arttırmaktadır.

Sistemin elastik davranış durumunda, tasarım taban kesme kuvveti y doğrultusunda V_{ey} , toplam akma dayanımıdır. V_{ey} hesaplanmasında, T_y ötelenme periyoduna bağlı olarak tasarım spektrumundan bulunan değer kullanılacaktır.

$$V_{ey}=\frac{A(T_i)}{R}\cdot w \qquad (4.28)$$

w burada kat ağırlığıdır. Süneklik katsayısı başta 4 olarak alınmıştır. R değeri sistemin süneklik kapasitesi μ=4 alınmasına dayalı olarak elde edilmiştir ve deprem etkisi altında, hem elastik hem de elastik olmayan durumda ki yer değiştirmelerin aynı olduğu kabul edilmektedir. Kat içindeki herhangi bir i. elemanın akma dayanımı rijitliği ile orantılı alınmaktadır. Burulma etkisi dengelenmiş sistemde yani kütle merkezi ile rijitlik merkezi çakışan sistemlerde;

$$f_{yi} = \frac{k_i}{K_y} \mathrm{V}_{ey} \qquad (4.29)$$

Burulma etkisi dengelenmemiş sistemde yani kütle merkezi ile rijitlik merkezi arasında e dış merkezliği mevcut olan sistemlerde:

$$f_{yi} = \frac{k_i}{K_y} \mathrm{V}_{ey} \left[1 \pm \frac{1}{\Omega_R{}^2} \left(\frac{b}{r} \right)^2 \frac{e_{d1,2}}{b} \left(0.5 \pm \frac{e}{b} \right) \right] \qquad (4.30)$$

Humar ile Kumar tarafından verilmiş olan tasarım dış merkezlikleri aşağıdaki 4.31'deki eşitlikte verilen frekans oranına bağlı olarak 4.32'de verilmiştir [78]:

$$\Omega_R = \frac{\omega_\theta}{\omega_y} = \frac{T_y}{T_\theta} \qquad (4.31)$$

$$e_{d1} = e + 0.1b \qquad (4.32.a)$$

$$e_{d2} = e - 0.1b \qquad \Omega_R \geq 1.0 \qquad (4.32.b)$$

$$e_{d2} = -0.1b \qquad \Omega_R < 1.0 \qquad (4.32.c)$$

Burada tüm elemanların aynı anda aktıkları ve maksimum yer değiştirmelerinin eşit olduğu kabul edilmektedir. Bu pratiklik nedeniyle her bir elemanın süneklik gereksinimi sistem sünekliği gereksinimi ile aynı olacaktır. Eğer eleman kesitleri değişmeye başlarsa aynı kesite sahip elemanlarda akma değerleri farklılaşmaya başlayacağından doğal olarak eleman ve sistem süneklik gereksinimleri farklılaşmaya başlayacaktır. Bu durumda sistem genel sünekliği yaklaşımından, elemanların ayrı ayrı sünekliğini tanımlamaya geçmek gerekecektir.

4.4 Bilineer Davranışın Yapı Modeline Uygulanması

Yukarıda malzeme bakımından lineer olmayan sistemin elasto-plastik davranış kabulü ile dinamik deprem yükleri etkisindeki davranışı modellenmiştir. Gerçek davranışa daha yakın olması nedeniyle yatay yük taşıyıcı elemanlarda, bilineer yatay yük –

yerdeğiştirme kabulü yapılması daha uygun olacaktır [84]. Bazı çalışmalarda "pinching" ya da "çimdiklenme" denilen zamana dayalı rijitlik kaybına dayanan modelde tavsiye edilmekle birlikte, bu etkinin içerdiği sonuçların bilineer model tarafından yeterli şekilde yansıtıldığı makalelerde belirtilmiştir [64].

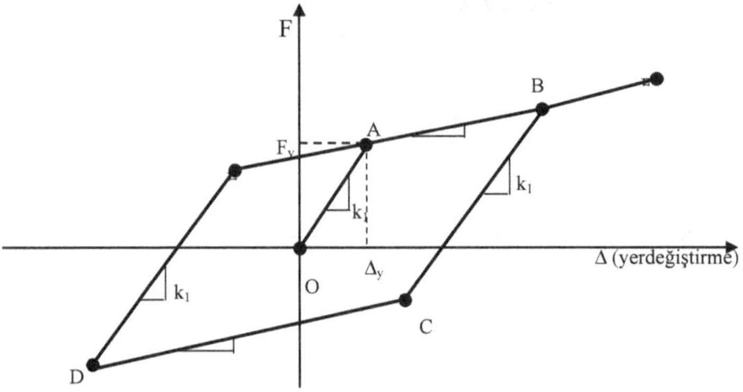

Şekil 4.12: Bilineer kuvvet yer değiştirme grafiği

Şekil 4.12'deki eğride OA kısmı, eğrinin lineer kısmını teşkil etmektedir. OA aralığında, sistem lineer davranmaktadır. Eğer sisteme gelen dış kuvvet, F_y akma kuvvetinden küçükse, şekil değiştirme yani ε_y akma şekil değiştirmesinin altında kalacak, böylece moment değeri de akma momenti M_y değerinden küçük olacaktır. Bu nedenle sisteme gelen dış kuvvet akma kuvveti F_y'nin altındaysa veya yer değiştirme akma yer değiştirmesi Δ_y'nin altındaysa, yapının tepkisi lineer tepki bölgesinde kalacaktır.

Eğer sisteme gelen kuvvet F_y değerini aşarsa ε_y akma şekil değiştirmesi de aşılır. Böylece kuvvet yer değiştirme ilişkisindeki A-B arası kısma ulaşılır. Artık kuvvet yer değiştirme ilişkisinde, Şekilde 4.12'de görülen k_1 rijitliği etkili değildir, sistem rijitliği artık k_2 olacaktır. Eğer bu aralıkta kuvvet azalırsa, izlenecek olan eğrinin B-C arasındaki kısmına gelinmiş olur. Bu kısımda rijitlik tekrar $k_1$değerine ulaşır. Aynı şekilde değişen eğride, yer değiştirme ve hızdaki değişimlere bağlı olarak C'den D'ye, D'den E'ye ve E'den F'ye doğru bir değişim sergilenir.

Bu sistemin değişimi lineer değildir ya da başka bir ifadeyle "nonlineerdir". Çünkü yapıdaki rijitlik değeri her yapı tepkisi için k_1 değerinde sabit olarak kalmaz. Yapı tepkisinin değerine göre değişir. Lineer olmayan sistemin iki temel elemanı vardır:

1. "Zarf eğrisi" veya "belkemiği" eğrisidir. Yukarıdaki şekilde bu kısmı O-A-F eğrisi temsil etmektedir.

2. Çevrimsel veya "hysteresis" ilişki: Bu durum, sistemdeki yükün boşaltılması ve yeniden yüklenmesi durumundaki "belkemiği" eğrisini tarif eder. Bu durum, yukarıdaki şekilde B'den C'ye ve D'den E'ye kadar olan kısımlarda gösterilmiştir.

Bu iki temel eleman, yapı malzemesi ve yapının doğasında bulunan belirsizliklerin bir fonksiyonu olarak değişmektedir. Bu davranış, temel olarak "malzeme bakımından lineer olmayan" sistem davranış olarak tarif edilmektedir. Bu yaklaşım yapı elemanlarının deprem etkisi altındaki davranışlarını daha gerçekçi olarak yansıtmaktadır.

Deprem etkisi altındaki lineer olmayan davranışta ise yükleme ve boşaltma etkileri her adımda ani değişiklikler gösterdiğinden çok hızlı ve ani değişimler söz konusu olmaktadır. Bu durumlarda sistemin hangi aşamada olduğunu belirlemek için yapı tepkisindeki yer değiştirme, kuvvet, hız gibi parametrelerin her adımda kontrolü gerekmektedir. Hız, davranışın hangi bölgede olduğu ya da değişim noktalarının belirlenmesi için hayati öneme sahip bir parametredir. Çünkü bu durumda sadece yer değiştirme veya kuvvetin kontrolü lineer olmayan davranış bölgesinin belirlenmesi için yeterli olamamaktadır. Bu nedenle yazılan program algoritmasında bu parametrelerin değişimi her adımda kontrol edilerek davranış bölgesi saptanmaktadır. Özellikle dönüş noktalarının belirlenmesi, deprem ivme kaydı altında zaman alanında yapılan analizlerde ciddi bir problemdir. Çünkü depremden kaynaklanan dış etki yüzünden ani dönüşler olabilmekte ve sayısal analizlerden dolayı kesin dönüş noktasını belirlemek mümkün olamadığından yaklaşık noktalar belirlemek gerekmektedir. Yaklaşıklık düzeyinin artması sistemin stabilitesinin bozulmasını hızlandırabilir. Bu durumu engellemek ve dönüş noktalarının yaklaşıklık düzeyinin arttırmak için çalışılan deprem ivme kaydı aralığının sıklaştırılması gerekmektedir. Bu durumun dezavantajı ise hesaplanacak adım sayısının artmasından dolayı işlem adımlarının artması ve adımlar arasındaki ani değişimlerden dolayı oluşabilecek olan stabilite bozukluklarıdır. Yazılan programda, genelde mevcut deprem kayıtlarında kullanılan 0.02 sn aralıklı deprem verilerinin sonuca verdiği hassasiyeti arttırmak ve yaklaşımı güçlendirmek için yazılan ayrı bir program yazılmıştır. Bu program yardımı ile 0.02 sn aralıklı deprem kayıtları lineer interpolasyon yardımı ile 0.005 sn aralığına dönüştürülmüştür. Bu sayede daha hassas hesap yapmak mümkün olmuştur.

4.4.1 Bilineer davranış modeli program algoritması ve uygulama

Belirlenen algoritmaya dayalı program yazılım dili kullanılarak yukarıdaki bilgilere dayalı olarak hesaplamalar gerçekleştirilmiştir. Program algoritması genel itibariyle aşağıdaki ana kavramları içermektedir.

- Yapıya ait genel bilgilerin programa girilmesi (yapı geometrisi, kütlesi gibi)
- Taşıyıcı elemanlara ait bilgilerin girilmesi
- Verilere dayalı olarak eleman ötelenme ve burulma rijitliklerinin hesaplanması.
- Sistem kütle, sönüm ve rijitlik matrislerinin oluşturulması
- Sistemin ötelenme ve burulma periyodu, frekansı gibi karakteristik parametrelerin hesaplanması
- Sistemde akma sınırının aşılması durumunda değişen rijitlik değerlerine bağlı olarak sistemin değişen karakteristik parametrelerinin ve matrislerinin yeniden hesaplanması
- Deprem ivme kayıtlarının dış ortamdaki dosyadan okutturularak dış yük matrisinin hesaplanması
- Durum uzayı yönteminde daha önce belirlenen durum matrislerinin hesaplanması
- Dinamik hareket denkleminin durum uzayı formunda nümerik olarak zaman alanında adım adım çözümü için hareket denklemlerinin oluşturulması ve çözüm yapılması
- Sistemin tepki karakteristiklerinin elde edilerek yer değiştirme, hız, ivme, taban kesme kuvveti gibi değerlerin hesaplanması

- Yukarıda hesaplanan değerlerin kontrollerinin yapılarak yapının bilineer davranışta hangi aşamada olduğunun belirlenmesi ve davranış eğrisinde bulunan konuma bağlı olarak gerekiyorsa rijitlik, sönüm gibi matrislerin değiştirilmesi ve buna bağlı olarak zamana bağlı tepki karakteristiklerinin elde edilmesi.
- Bulunan değerlerin zamana bağlı olarak dosyalara yazdırılması
- Zamana bağlı olarak elde edilen parametrik değerlerin grafik çıktılarının ekrana bastırılması ve gerekli kıyaslama dosyalarının meydana getirilmesi.

Dinamik hareket denklemi 4.33'de tanımlanmış ve matris elemanlarının açılımı ise denklem 4.34'de gösterilmiştir. Sistem rijitlik matrisinin, elemanların ötelenme ve burulma rijitliklerine bağlı olarak hesaplanması 4.35, 4.36 ve 4.37 denklemlerinde gösterilmiştir. Yazılan programda, birinci adımda yapının kütlesi, kat yüksekliği, malzeme elastisite modülü, kat planı geometrisi, taşıyıcı elemanların sayısı, eleman boyutları, varsa duvarlara ait konumları gibi yapı karakteristiklerine ait bilgiler programa girilmiştir. Girilen bilgilere bağlı olarak program, sistem rijitlik ve sönüm matrisleri 4.34, 4.35, 4.36, 4.37, 4.38, 4.39, 4.40 denklemlerinden elde hesaplamaktadır. Sönümsüz serbest titreşim için yapıya ait periyot ve frekanslar program tarafından hesaplanmaktadır. Yukarıda detayları verilen algoritmaya ait detaylı akış diyagramı Ek I'da ifade edilmiştir.

$$M\ddot{x}(t) + C\dot{x}(t) + Kx(t) = F_e(t) \tag{4.33}$$

$$\begin{bmatrix} M & 0 & 0 \\ 0 & M & 0 \\ 0 & 0 & I_\theta \end{bmatrix} \begin{Bmatrix} \ddot{x}_x(t) \\ \ddot{x}_y(t) \\ \ddot{\theta}(t) \end{Bmatrix} + \begin{bmatrix} C_{xx} & C_{xy} & C_{x\theta} \\ C_{yx} & C_{yy} & C_{y\theta} \\ C_{\theta x} & C_{\theta y} & C_{\theta\theta} \end{bmatrix} \begin{Bmatrix} \dot{x}_x(t) \\ \dot{x}_y(t) \\ \theta(t) \end{Bmatrix} + \begin{bmatrix} K_{xx} & K_{xy} & K_{x\theta} \\ K_{yx} & K_{yy} & K_{y\theta} \\ K_{\theta x} & K_{\theta y} & K_{\theta\theta} \end{bmatrix} \begin{Bmatrix} x_x(t) \\ x_y(t) \\ \theta(t) \end{Bmatrix} = \begin{Bmatrix} M\ddot{x}_{gx}(t) \\ M\ddot{x}_{gy}(t) \\ 0 \end{Bmatrix} \tag{4.34}$$

$$K_{xx} = \sum_{i=1}^{n} k_{ix} \qquad K_{yy} = \sum_{i=1}^{n} k_{iy} \tag{4.35}$$

$$K_{y\theta} = e_x K_{yy} \qquad K_{x\theta} = e_y K_{xx} \tag{4.36}$$

$$K_{\theta\theta} = \sum_{i=1}^{n} k_{ix} y_i^2 + \sum_{i=1}^{n} k_{iy} x_i^2 \tag{4.37}$$

Sönüm matrisi denklem 4.38'de görüldüğü gibi kütle ve rijitlik ile orantılı olarak seçilmiştir. Rayleigh sönümü adı da verilen bu denklemdeki α ve β katsayıları doğal frekanslara ve ξ sönüm oranına bağlı olarak 4.39 ve 4.40 denklemlerinde gösterildiği gibi hesaplanabilir.

$$C = \alpha M + \beta K \tag{4.38}$$

$$\alpha = \xi \frac{\omega_i \omega_j}{\omega_i + \omega_j} \tag{4.39}$$

$$\beta = \xi \frac{2}{\omega_i + \omega_j} \tag{4.40}$$

Dinamik hareket denklemi yukarıdaki gibi oluşturulduktan sonra, "Durum Uzayı" yöntemi kullanılarak sayısal olarak çözülmüştür. Yazılan program algoritmasında sisteme ait kütle, sönüm, rijitlik gibi matrisler hesaplandıktan sonra bu yöntemde aşağıda verilen formülasyonlar kullanılarak 0.005 sn zaman aralıkları için deprem kuvveti dış etkisi altında yapı davranış karakteristik değerleri (yerdeğiştirme, hız, ivme, kesme kuvveti, geri çağırıcı kuvvet gibi) hesaplanmakta ve gerek taşıyıcı eleman, gerekse duvar için akma karakteristik değerleri kontrol edilmekte ve davranışın hangi bölgede olduğu tespit edilmektedir. Bu yöntemde, sistemin çeşitli dış etkilere tepkisini hesaplamak için hem yerdeğiştirme hem de hızı bağımsız değişkenler olarak kabul edilmektedir. Bu bağımsız değişkenler "Durum" olarak isimlendirilmektedir. Buradaki bağımsız değişkenler, yer değiştirme ve türevlerini içeren z(t) vektörü 4.41 denkleminde ifade edilmiştir. Durum vektörünü bulmak için; A matrisinin hesaplanması denklem 4.42'de, dış yük matrisi F(t) denklem 4.43'de, türev içeren diferansiyel denklem 4.44'de ve bu ifadenin açılımı 4.45 denkleminde gösterilmiştir. Diferansiyel denklemin çözümü ise 4.46 denkleminde verilmiştir.

$$z(t) = \begin{Bmatrix} x(t) \\ \dot{x}(t) \end{Bmatrix} = \begin{bmatrix} 0 & I \\ -M^{-1}K & -M^{-1}C \end{bmatrix} \cdot \begin{Bmatrix} x(t) \\ \dot{x}(t) \end{Bmatrix} + \begin{Bmatrix} 0 \\ M^{-1}F_e(t) \end{Bmatrix} \tag{4.41}$$

$$A = \begin{bmatrix} 0 & I \\ -M^{-1}K & -M^{-1}C \end{bmatrix} \quad (4.42)$$

$$F(t) = \begin{Bmatrix} 0 \\ M^{-1}F_e(t) \end{Bmatrix} \quad (4.43)$$

$$\dot{z}(t) = Az(t) + F(t) \quad (4.44)$$

$$\dot{z}(t) = \begin{Bmatrix} \dot{x}(t) \\ \ddot{x}(t) \end{Bmatrix} = \begin{bmatrix} 0 & I \\ -M^{-1}K & -M^{-1}C \end{bmatrix} + \begin{Bmatrix} x(t) \\ \dot{x}(t) \end{Bmatrix} + \begin{Bmatrix} 0 \\ M^{-1}F_e(t) \end{Bmatrix} \quad (4.45)$$

$$z(t) = e^{A(t-t_0)} z(t_0) = e^{A(t-t_0)} + e^{At} \int_{t_0}^{t} e^{-[A]s} F(s)ds \quad (4.46)$$

Burada $z(t_0)$, $t=t_0$ anındaki yer değiştirme ve hız bileşenlerini sembolize etmektedir. e^{At} ise "Durum Geçişi" matrisidir ve A matrisinin özdeğer ve özvektörlerinin hesabını gerektirir. Bu yüzden e^{At} ifadesini kapalı formda yazmak çok zordur ve çoğu zaman sayısal hesaplama tercih edilmektedir. Sayısal integrasyon çözümü için matris denklemi 4.47'de verilmiştir.

$$z_{k+1} = e^{A\Delta t} z_k + A^{-1}(e^{A\Delta t} - I)F_k \quad (4.47)$$

Böylece yakınsama çok hızlı gerçekleşir ve genelde zaman aralığı $\Delta t \leq (T_n/10)$ alınır. Dış etki olarak gerçek deprem ivme kaydı bilgisi kullanılmaktadır. Deprem kayıtlarının mevcut hali 0.02 sn için verilmiştir. Ancak bu zaman aralığı lineer olmayan analizde dönüş noktalarının tespiti için yeterli olmadığından, bilineer malzeme davranışı kabulü yapılmasından dolayı, daha önce de ifade edildiği gibi, yazılan bir başka alt program yardımı ile lineer interpolasyon yapılarak deprem verileri 0.005 sn aralıklı hale getirilerek bir dosyaya yazdırılmış ve lineer olmayan zaman alanındaki hesaplamalarda bu ivme kaydı kullanılmıştır. Program bu aşamada 0.005 sn aralıklı hale getirilen deprem kaydının bir diğer alt program yardımı ile ilgili dosya dışarıdan çağrıldıktan sonra, kütle matrisi ile çarpılarak, $F_e(t)$ yani dış etki olan deprem kuvveti matrisi elde edilmektedir. Hesaplamalar, zaman alanında yapılmıştır. Dinamik etki olarak verilen deprem ivme kayıtlarında altı adet deprem ivme kaydı kullanılmıştır. Söz konusu ivme kayıtlarının tamamı yukarıda belirtilen lineer, interpolasyon yöntemi ile 0.005 sn aralıklı hale dönüştürülerek kullanılmıştır. Program algoritmasının bilineer davranışı yansıtmasını test etmek için algoritma tek serbestlik dereceli bir sisteme ilk hız verilerek denemiştir. "Structural Dynamics for Engineers" kitabındaki örnek 2 de verilen sistemde denendiğinde Şekil 4.13'deki gösterilen çok yakın sonuçlar elde edilmiştir [65].

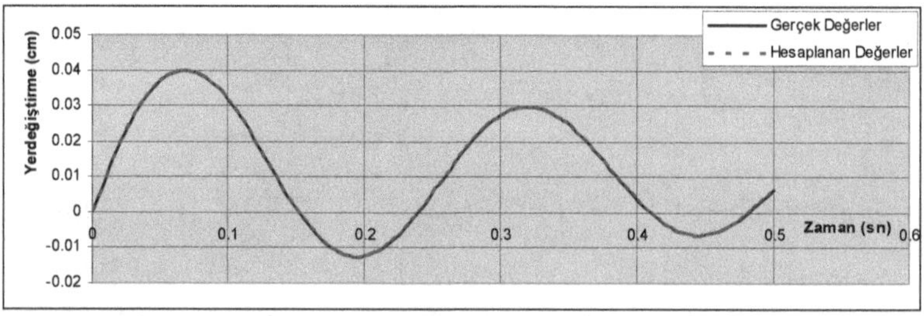

Şekil 4.13: Algoritma ve örnek sonuçlarının karşılaştırılması

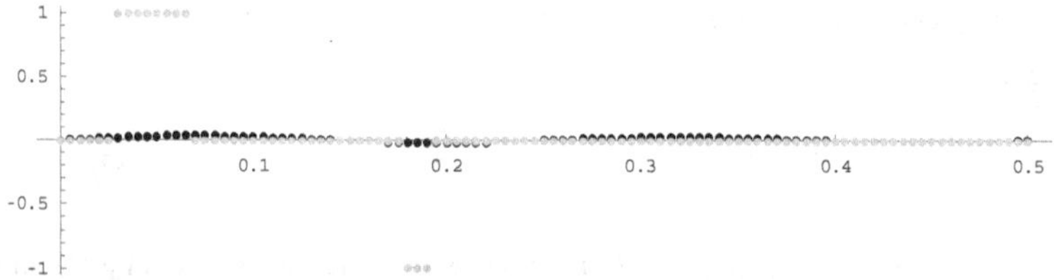

Şekil 4.14: Algoritmada yerdeğiştirmelerin lineer sınırı aştığı bölgeler

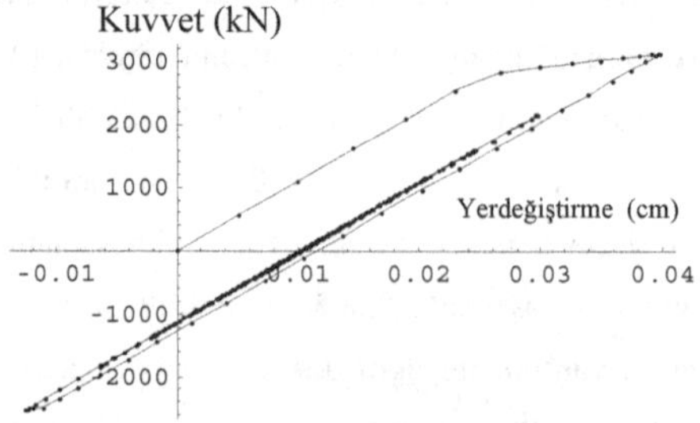

Şekil 4.15: Algoritma sonucu hesaplanan çevrimsel eğrisi

Hesaplanan yerdeğiştirme değerleri ile gerçek veriler arasındaki değişim Şekil 4.13'de verilmiştir. Şekilden de görülebileceği gibi sonuçların arasında % 0.1 oranının ötesinde bir fark oluşmamaktadır. Şekil 4.14'de ise yer değiştirmelerin basınç ve çekme bölgelerinde negatife geçtiği değerler gözlenmektedir. Şekil 4.15'de ise yer değiştirme ve geri çağırıcı kuvvet ilişkisini gösteren grafik çizilmiştir. Her iki durumda da hesaplanan ve gerçek olan değerler arasındaki farklar oldukça yaklaşıktır.

Programda kullanılacak olan gerek yapı elemanları gerekse duvarlar için akma yerdeğiştirmeleri hesaplanarak kontrol değerleri olarak kayıt edilmektedir. Sistem akma kesme kuvveti V_{ey}, T_y ötelenme periyoduna bağlı olarak tasarım davranış spektrumundan elde edilebilir. Burada başlangıçta süneklik R=4 alınmıştır. R hesabında sistem süneklik kapasitesi μ=4 olduğu kabulü yapılmıştır. Bu durumda y doğrultusundaki akma kesme kuvveti 4.48 denkleminden hesaplanabilir.

$$V_{yo}=V_{ey}/R \qquad (4.48)$$

Herhangi bir elemanın akma kesme kuvveti ise bu durumda 4.49 denkleminden elde edilebilir. Kesme kuvveti akma yerdeğiştirmesi değişimi grafik olarak aşağıdaki Şekil 4.16'da ifade edilmiştir.

$$f_{yi}=V_{yo}*k_i/K_y \qquad (4.49)$$

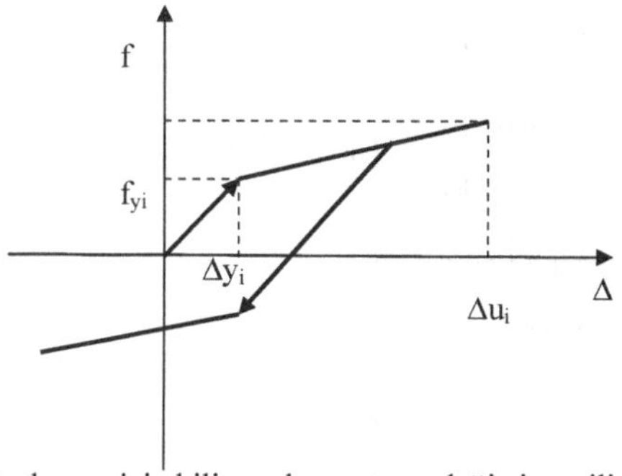

Şekil 4.16: i. eleman için bilineer kuvvet-yer değiştirme ilişkisi

4.5 Duvarların Modellenmesi ve Burulma Davranışına Etkisi

4.5.1 Duvarların yapı sistemi içinde modellenmesi

Son yıllarda yapılan çalışmalarda duvarların sistem rijitliğini etkilediği gerek deneysel gerekse teorik çalışmalarla ortaya konulmuştur. Ancak ülkelere göre değişen duvar yapım ve kullanılan malzeme özellikleri değiştiği için detay noktalarda bölgesel farklılıklardan söz edilebilir. Taşıyıcı olmayan dolgu duvarların, yapıların statik veya dinamik davranışına tam katkısı konusunda akademisyenler arasında kesin bir anlaşma yoktur. Bu nedenle bu alanda yeterli yönetmelik ve hesap kuralları da belirlenmemiştir. Ancak duvarların plandaki yerleşimlerine bağlı olarak sahip oldukları rijitlik dolayısıyla yapının depreme karşı davranışı üzerinde önemli bir etkiye sahip olduğu, deneylerde ve teorik çalışmalarda farklı bakış açılarına dayalı olarak gösterilmiştir [66, 68, 79].

Duvarların hesap sistemlerinde çeşitli yaklaşımlar olmakla birlikte deneysel çalışmalarla desteklenerek ortaya konulan en basitleştirilmiş hesap modeli olarak duvar diyagonali doğrultusunda eş değer çubuk modeli (equivalent strut model) kullanılmaktadır. Bu model Madan ve Reinhorn tarafından geliştirilmiş ve deneylerle de yeterli yaklaşımlar gösteren genel kabul görmüş bir modeldir [67].

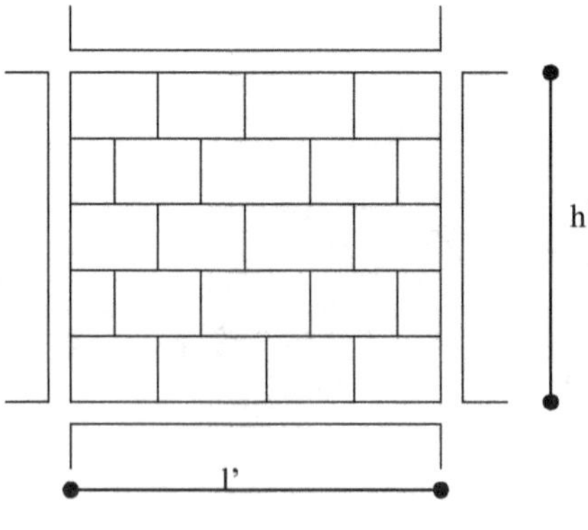

Şekil 4.17: Duvar geometrisi

Şekil 4.17'de genel duvar geometrisi gösterilmiştir. Genel duvar geometrisinde gösterilen şekle ait yük aktarımı modeli Şekil 4.18'de ifade edilmiştir. Temel olarak duvarların başlıca kesme kuvveti aldığı Şekil 4.18'de gösterilen modelde olduğu gibi kabul edilmektedir. Duvarların söz konusu yatay yük karşılama kapasitesinin olması özellikle deprem etkisi altında yıkıcı etkiye sahip olan taban kesme kuvvetinin bir bölümünün, yapı tarafından duvarlara aktarılarak karşılanması böylece yapıya deprem dayanımı açısından bir katkısının olması mümkün olabilmektedir.

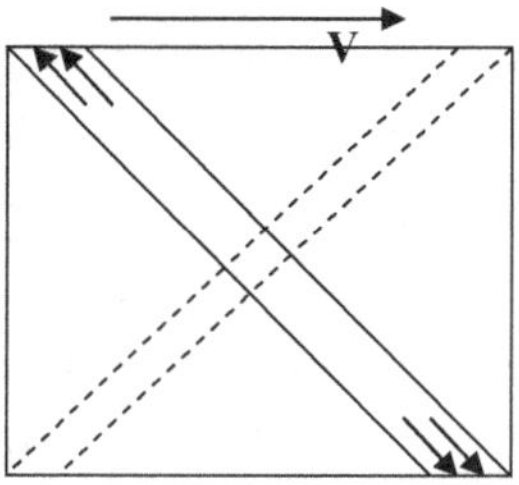

Şekil 4.18: Eşdeğer duvar modelinde yük aktarımı

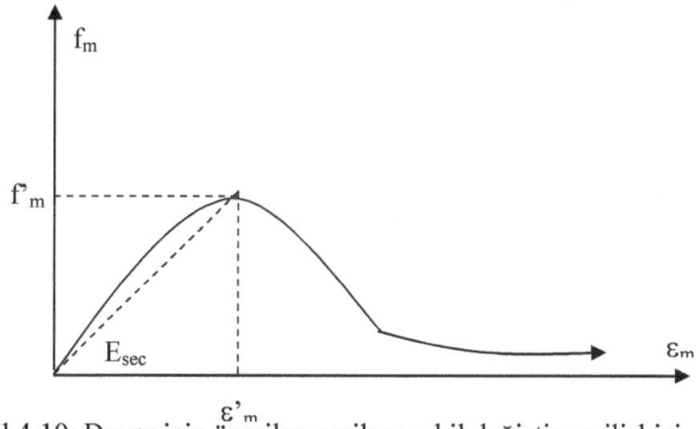

Şekil 4.19: Duvar için önerilen gerilme şekil değiştirme ilişkisi

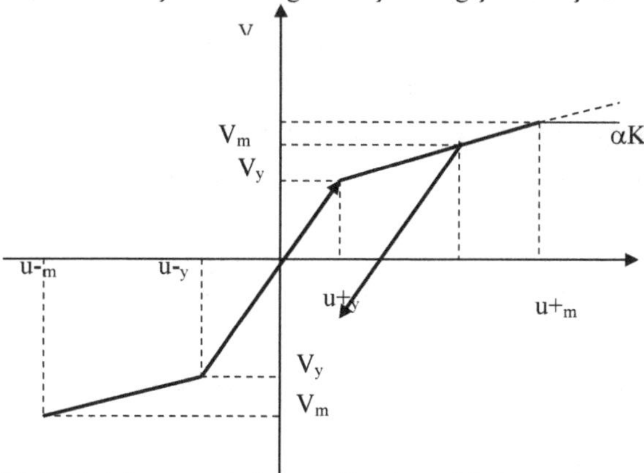

Şekil 4.20: Reinhorn tarafından önerilen duvar için kesme kuvveti yer değiştirme ilişkisi

Dolgu duvarlı sistemi sadece basınca çalışan eşdeğer şeritler kullanarak modelleyebiliyoruz. Duvarın çekme dayanımı çok küçük olduğu için ihmal edilebilmektedir.

Yatay yük yer değiştirme ilişkisi olarak duvarlı sistemin lineer davrandığını kabul etmek çok gerçekçi olmaz. Çünkü duvar deprem etkisinde gelen kesme kuvvetinin çok büyük olmayan değerlerinde kısa sürede çatlar ve tersinir deprem yükler altında zamanla rijitliğini kaybeder. Bu nedenle duvarın Şekil 4.19'daki gerilme şekil değiştirme ilişkisine dayalı olarak Reinhorn tarafından önerilen ve Şekil 4.20'deki gibi bilineer kesme kuvveti yer değiştirme ilişkisine bağlı tanımlanması daha gerçekçi olacaktır. Duvarın başlangıç elastik rijitliği, 4.50 eşitliğinde ifade edildiği gibi V_y akma kuvvetine dek geçerli ve akma sonrası azaltılmış rijitliği için 4.51 eşitliğinde gösterilen maksimum u_m değerine dek geçerli bir model alınabilir. Sınırsız olmayan duvar dayanımı, depremden kaynaklanan yer değiştirme u_m değerine ulaştığında tamamen devre dışı kalmaktadır.

$$V^+{}_m(V^-{}_m) \le A_d \cdot f'_m \cdot \cos\theta \le \frac{V \cdot t \cdot l'}{(1-0.45\tan\theta')\cos\theta} \le \frac{0.83 \cdot t \cdot l'}{\cos\theta} \qquad (4.50)$$

$$u^+{}_m(u^-{}_m) = \frac{\varepsilon'_m \cdot ld}{\cos\theta} \qquad (4.51)$$

$$Kd = \frac{Ed \cdot Ad}{l'} \qquad (4.52)$$

Yukarıdaki 4.52 eşitliğinde Kd duvar başlangıç rijitliği gösterilmiştir. Burada t, duvar kalınlığı, l' dolgu duvar yataydaki temiz boyu, f'_m, duvar prizma dayanımı, ε'_m, ilgili şekil değiştirme miktarı, θ, diyagonal bant açısı, V, duvar başlangıç basınç dayanımı, A_d, eşdeğer bant alanı, ld ise eşdeğer bant boyudur.

Duvar elastisite modülü 500-700 f_{ckd} olarak alınabilir. f_{ckd} karateristik duvar dayanımı ise 2000-4000 kN/m^2 alınabilmektedir. Duvarın uçtaki y aksına yerleştirilmesi durumunda ilgili duvar karakteristikleri aşağıdaki gibi hesaplanacaktır [67].

A_d=0.1458 m^2 , E_d=1.312.000 kN/m^2 , Kd=32812.5 kN/m , ε_m=2,28658.10^{-3}

f'_m=3000 kN/m^2 , $u+_m(u-_m)$=0.015m, $V+_m(V-_m)$=375 kN,

$u+_y(u-_y)$=0.007m, $V+_y(V-_y)$=333 kN olarak hesaplanmıştır.

$$V^k{}_y = V^0{}_y \cdot (1 - DI) \tag{4.53}$$

$$DI = \frac{\mu_{\max} - 1}{\mu_c - 1} \cdot \left[1 - 0.25 S_{pl} \int \left(\frac{V}{V_y} \right) \frac{d\mu}{(\mu_c - 1)} \right]^{-Sp2} \tag{4.54}$$

Burada k. adımdaki duvar akma dayanımı hesaplanmaktadır. $V^0{}_y$ ise başlangıç noktasındaki akma kesme kuvveti değeridir. DI ile duvar kümülatif hasar parametresidir ve duvar karakteristiklerine bağlı olarak belirlenmektedir. DI parametresinin hesabında kullanılan μ_c, monotonik süneklik kapasitesi, S_{p1} ve S_{p2} azalma hızını kontrol eden parametrelerdir. Söz konusu parametreler yorulmaya bağlıdır ve deneysel verilerden elde edilmektedir. Bu değişimi dikkate alarak hesap yapmak daha iyi bir yaklaşım sağlayabilecektir. Ancak duvar davranışını da gerçek sistem gibi bilineer olarak modelleyerek hesap yapma yolun gitmek mümkündür. Yukarıda açıklanan duvarın yer değiştirme ve alabileceği kesme kuvveti kapasitesi de algoritmaya kontrol kriterleri olara eklenmesi ile yeterli yaklaşımın sağlanacağı görülmektedir [67].

4.5.2 Duvarların lineer sistemin burulmasına etkisi

Şekil 4.2'de verilen sistem için duvarın davranışı lineer olarak düşünülerek, simetrik sisteme, duvar başlangıç rijitliği sisteme y doğrultusunda ilave edilirse yerdeğiştirme ve burulma tepkilerinin değişimi Şekil 4.21 ve 4.22'de gösterilmiştir. Şekillerdende görülebileceği gibi y doğrultusunda yer değiştirme tepkilerinde bir miktar azalma sağlanmakla beraber sistemin başlangıçta olmayan burulma tepkisi ortaya çıkmıştır. Duvarın y doğrultusundaki rijitliği devreye girdiğinde Şekil 4.2'de verilen sistem, duvarsız simetrik olması rağmen duvarın katkısı ile sistemin rijitlik merkezini pozitif x doğrultusunda 3.214 metre kaydırmıştır. Bunun sonucu olarak sistemde burulma etkileri ortaya çıkmıştır. Şekil 4.23'de görülebileceği gibi yer değiştirmelerin azalması ile taban kesme kuvvetleri de y doğrultusunda bir miktar azalmıştır.

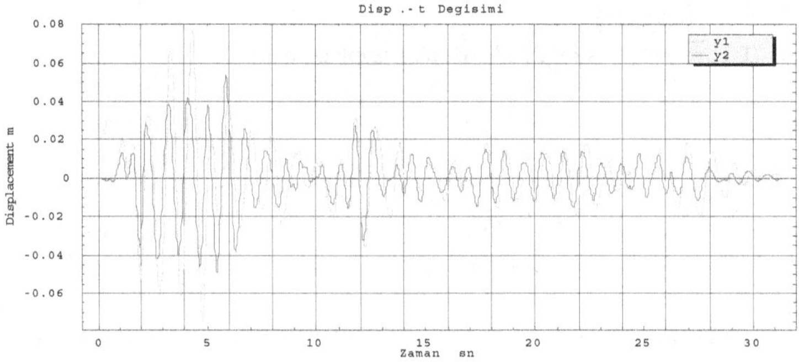

Şekil 4.21: Duvarsız ve duvarlı sistem için y eks. yerdeğiştirme tepkisi kıyaslaması

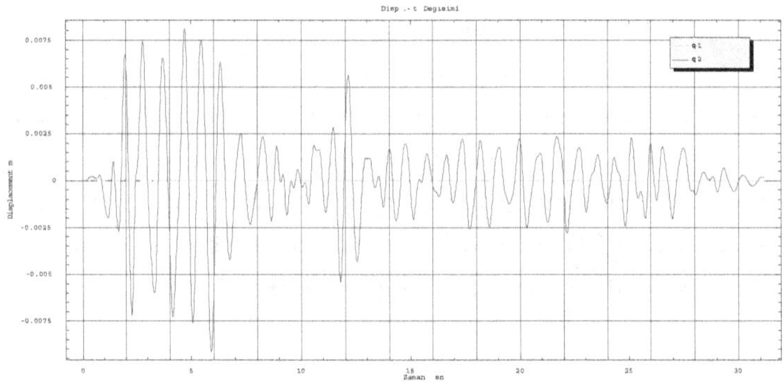

Şekil 4.22: Duvarsız ve duvarlı sistem için dönme tepkisi kıyaslaması

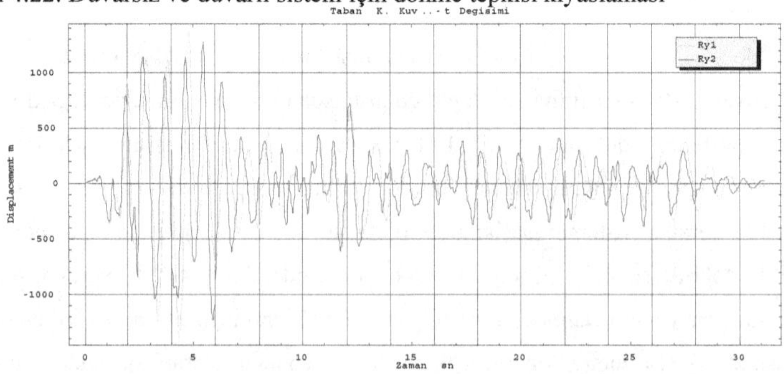

Şekil 4.23: Duvarsız ve duvarlı simetrik sistemin y eks. taban kesme kuvveti tepkisi

Şekil 4.2'deki sistemde duvarın bağlı olduğu akstaki kolonların boyutunun 40×40 cm'ye çıkarılması ile elde edilen dış merkezliği arttırılmış sistemdeyse yerdeğiştirme, dönme ve taban kesme kuvvetlerinin kıyaslamalı gösterimleri aşağıdaki şekillerde gösterilmiştir.

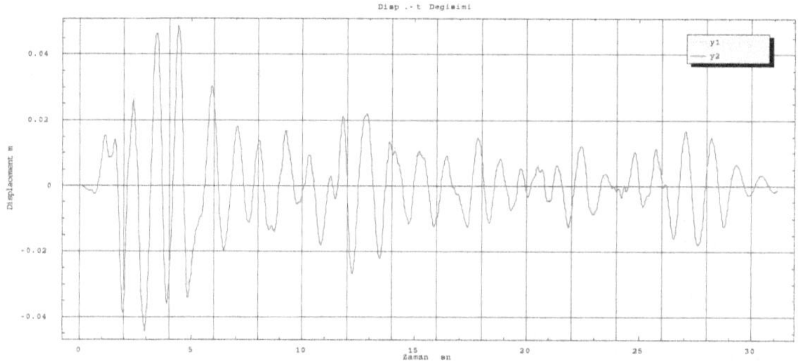

Şekil 4.24: Duvarsız ve duvarlı sistem için y doğrultusunda yerdeğiştirme tepkisi

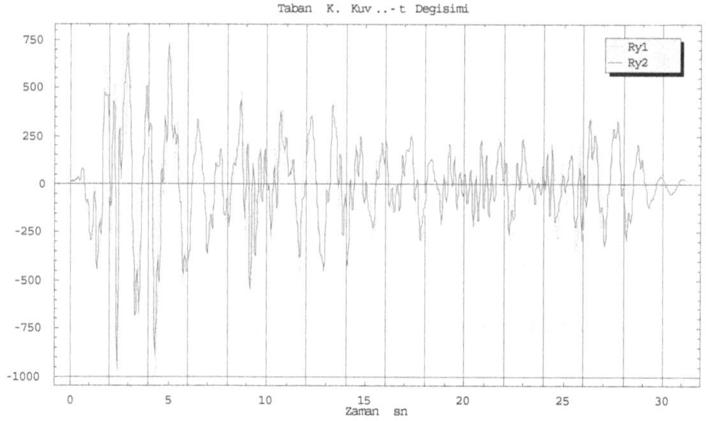

Şekil 4.25: Duvarsız ve duvarlı sistem için y doğrultusunda taban kesme kuvveti

Şekil 4.24'de görüldüğü gibi simetrik sistemin aksine yer değiştirmelerde çok büyük farklılıklar olmamıştır çünkü kolon boyutlarının arttırılması duvar rijitliğinin sistem içindeki yüzdesini azaltmış dolayısıyla sistem tepkisine katkısını azaltmıştır. Aynı durum Şekil 4.25'de görülen y doğrultusundaki taban kesme kuvveti tepkisi içinde geçerlidir.

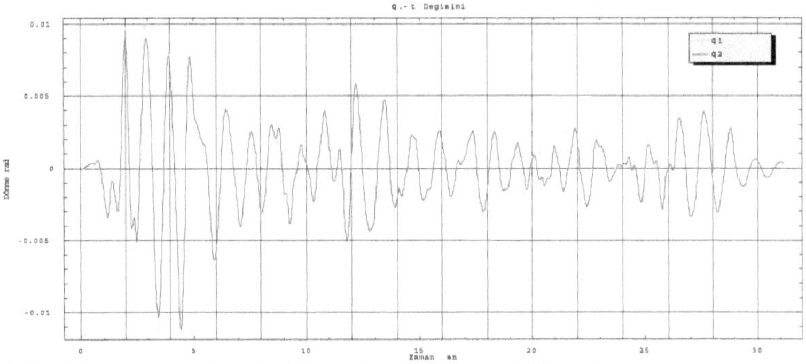

Şekil 4.26: Duvarsız ve duvarlı sistem için dönme tepkisi kıyaslaması

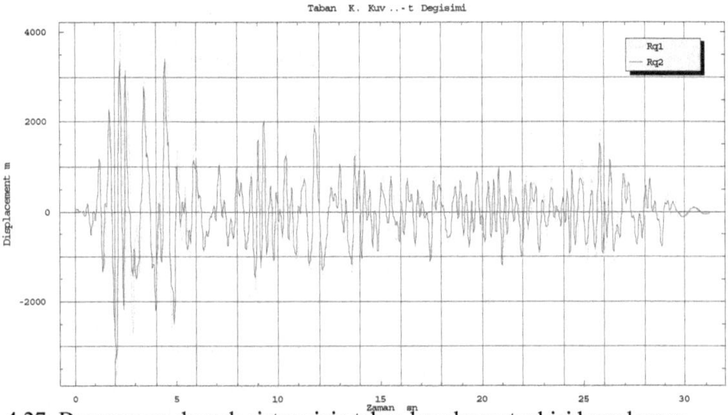

Şekil 4.27: Duvarsız ve duvarlı sistem için taban burulması tepkisi kıyaslaması

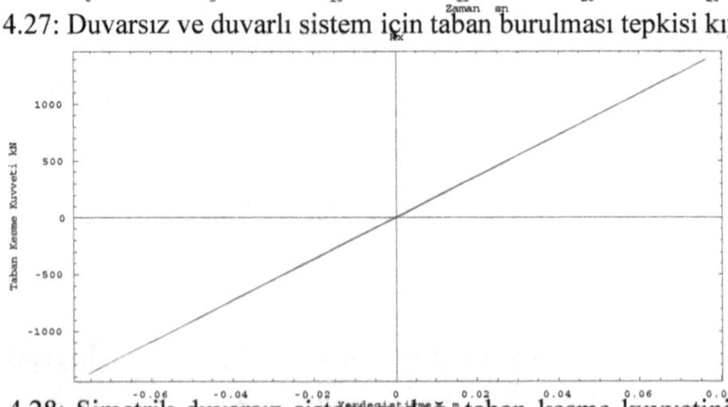

Şekil 4.28: Simetrik duvarsız sistem x doğ. taban kesme kuvvetinin yer değiştirmeye bağlı değişimi

Şekil 4.26 ve Şekil 4.27'de gösterildiği gibi duvarın devreye girmesi ile dönme ve taban kesme kuvvetlerinde de bir miktar değişiklik meydana gelmiştir. Simetriden dolayı x ve y deki değişim Şekil 4.28'deki durumun aynıdır. Ancak duvarların devreye girmesi şekillerde de gösterildiği gibi yer değiştirmelerin azalmasında bir miktar katkısı olmuştur. Buna karşın simetrik kat planına sahip olması nedeni ile beklenmeyen bir burulma dönmesi sistemi etkilemeye başlamıştır.

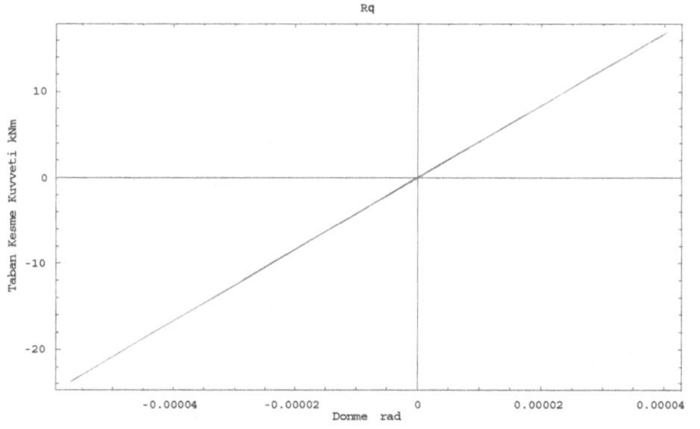

Şekil 4.29: Simetrik duvarsız sistem burulma momentinin yer değiştirmeye bağlı değişimi

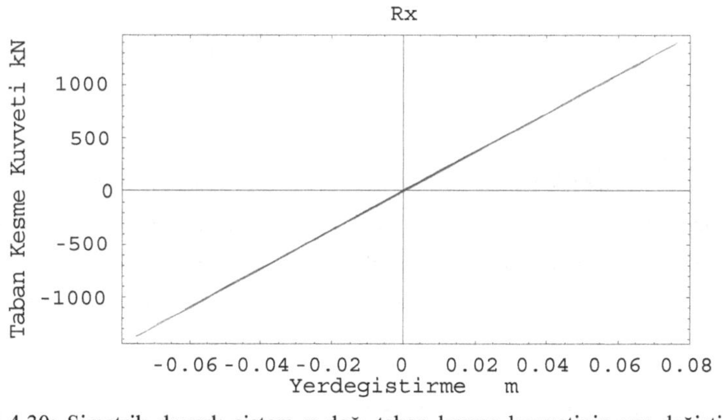

Şekil 4.30: Simetrik duvarlı sistem x doğ. taban kesme kuvvetinin yer değiştirmeye bağlı değişimi

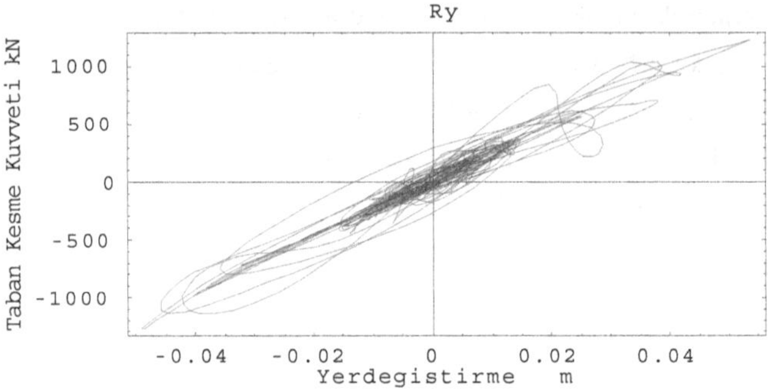

Şekil 4.31: Simetrik duvarlı sistem y doğ. taban kesme kuv. yerdeğ. bağlı değişimi

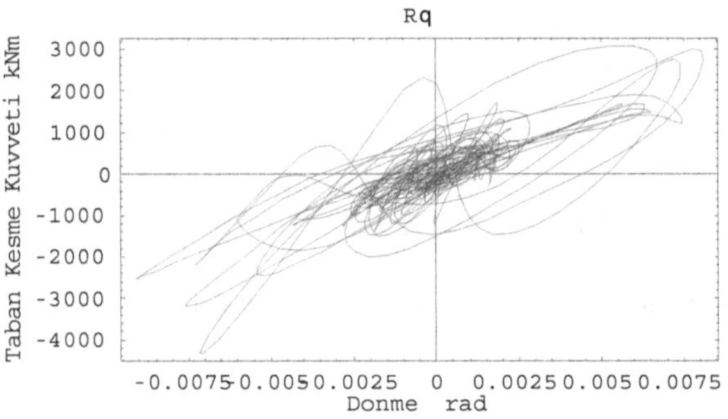

Şekil 4.32: Simetrik duvarlı sistem burulma mom.-burulma dönmesi değişimi

Duvarların sistemin ötelenme ve burulma davranışlarına yaptığı katkının daha gerçekçi yansıtılabilmesi için hem malzeme hem de duvar davranışı bakımından yukarıda ifade edilen lineer olmayan modellerin dikkate alınması gerekmektedir. Böylece duvarlarda tersinir yükleme durumları için rijitlikteki azalmalarının da dikkate alınması mümkün olacaktır.

4.6 Bilineer Davranışın Duvarlı ve Duvarsız Sistemlere Uygulanması

Lineer olmayan sistemin burulma davranışı incelenirken sistemin elastik sınırın ötesine geçmesi ile yapının davranışı bütünü ile değişeceğinden, bu durumun analizlerde kullanılan ivme kaydı dolayısı ile depremin özelliklerine bağlı olarak değişmesini engellemek için analizler 4.6.1'de açıklanan altı adet farklı deprem ivme kaydı için yapılarak ortalaması alınmış, böylece sonuçların genelleştirilmesi mümkün olabilmiştir.

4.6.1 Analizlerde kullanılan deprem ivme kayıtları

Deprem ivme kaydı olarak aşağıdaki tabloda verilen altı farklı özelliğe sahip deprem ivme kaydı analizlerde dikkate alınmıştır. Yapı modeline deprem etkisi, yazılan program aracılığı ile iki ortogonal doğrultuda etkitilmiştir. Yapı modellerinin tepkisi değerlendirilirken tüm deprem etkilerinden oluşan tepki karakteristiklerinin ortalaması alınmıştır. Bu sayede depremlerin kendilerine özgü olan bazı parametrelerin yapı tepkisini kontrol ederek, analizler sonucu spesifik yapı tepkilerinin ortaya çıkmasının engellenmesi hedeflenmiştir. Deprem ivme kayıtlarının lineer interpolasyon tekniği kullanılarak yazılan bir başka program yardımı ile 0.005 sn aralıklı hale getirilmiştir.

Tablo 4.1: Hesaplamalarda kullanılan deprem ivme kayıtları

Deprem Kayıt	Tarih	Magn.	Yer	Derinlik	Max. İvme.
El Centro	18 Mayıs 1940	7.1	Imperial Valley	70	341
Loma Prieta	18 Ekim 1989	7.1	Los Gatos Pres.	62	558.95
Kobe	17 Ocak 1995	7.2	JMA Rec.	20	818
Meloland	15 Ekim 1979	6.5	Meloland	26	229.97
Korfez	17 Ağustos 1999	7.4	Sakarya Bay. İsk.	9	407.01
Düzce	12 Kasım 1999	7.2	Bolu Bay. Müd.	14	739.51

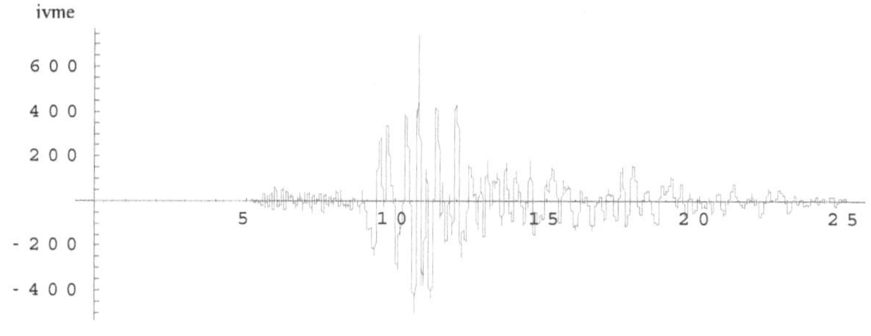

Şekil 4.33: 17 Kasım 1999 Düzce depremi ivme kaydı

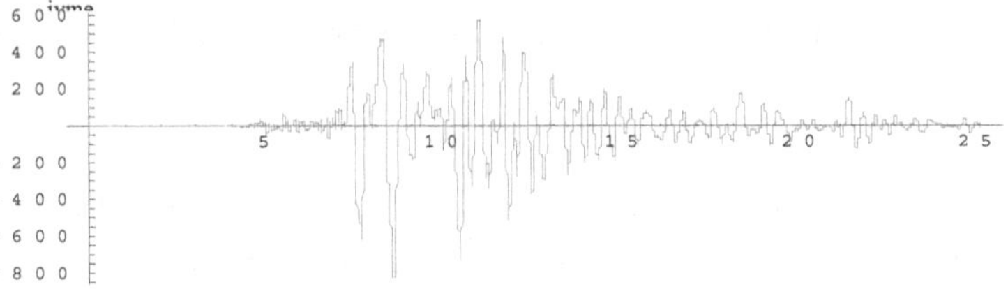

Şekil 4.34: 17 Ocak 1995 Kobe depremi ivme kaydı

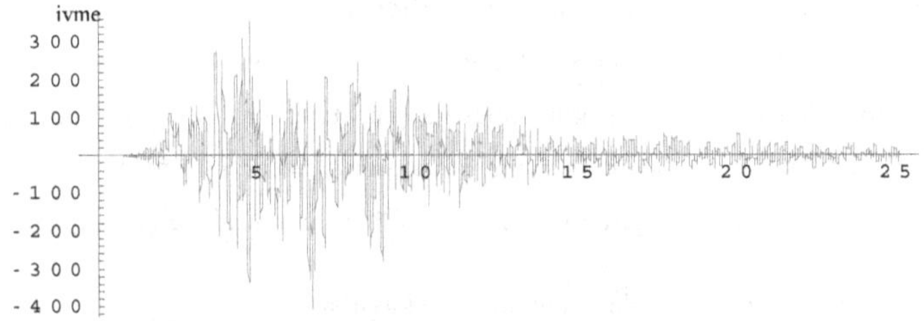

Şekil 4.35: 19 Agustos 1999 Körfez depremi Sakarya ist. ivme kaydı

Şekil 4.33'de analizlerde kullanılan 17 Kasım 1999 Düzce depremi ivme kaydı, 4.34'de ise 17 Ocak 1995 Kobe depremi ivme kaydı grafik olarak gösterilmiştir. Şekil 4.35 ve 36'da ise 19 Agustos 1999 Körfez depremi Sakarya istasyonu ve 18 Ekim 1989 Loma Prieta depremi ivme kaydı gösterilmiştir. Şekil 4.37'de 15 Ekim 1979 Meloland depremi ivme kaydı grafik olarak gösterilmiştir. Detayları verilen deprem ivme kayıtları, değişik burulma parametrelerini yansıtan çeşitli yapı örnek modellerine uygulanmıştır. Altı adet deprem kaydı için elde edilen sonuçların ortalaması alınarak parametrik değişimler izlenmeye çalışılmıştır.

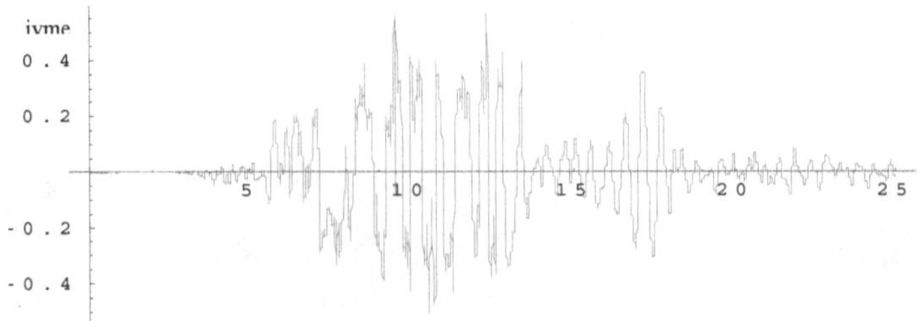

Şekil 4.36: 18 Ekim 1989 Loma Prieta depremi ivme kaydı

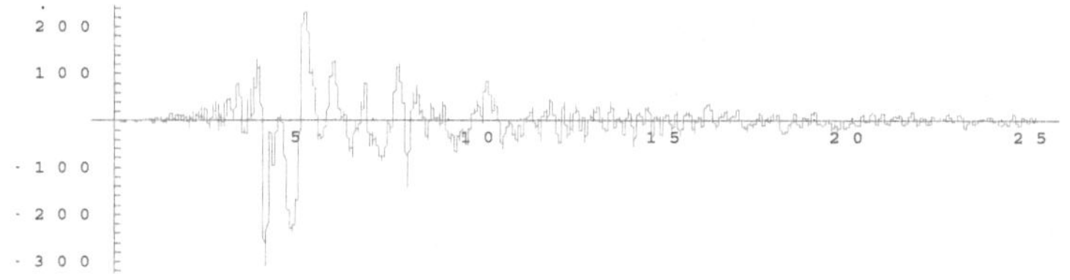

Şekil 4.37: 15 Ekim 1979 Meloland depremi ivme kaydı

4.6.2 Birinci örnek model, 4 elemanlı sistem

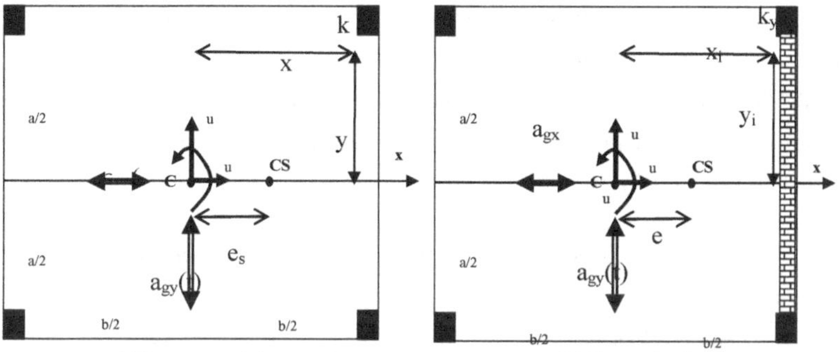

a) Duvarsız sistem b) Duvarlı sistem

Şekil 4.38: 4 elemanlı duvarsız ve duvarlı yapı modeli

Şekil 4.38'de görülen 4 elemanlı sistem ilk etapta köşe kolonların tamamı simetrik 30x30 boyutundaki kare kolonlar düşeyde taşıyıcı eleman olarak alındığı sistem idealizasyonu yapılmıştır. Yapının a ve b olarak gösterilen olan plandaki boyutları 20 m, kat kütlesi ise 290 kNs^2/m olarak alınmıştır. Yapıdaki dışmerkezliğin köşe kolonları y doğrultusundaki boyutlarının kademeli olarak arttırılması ile rijitlik merkezinin kütle merkezinden uzaklaşarak köşe kolonlara doğru yönlenmesi ile elde edilmiştir. Yapı modeli, Bölüm 4.4.1'de verilen program algoritması kullanılarak daha önce açıklanan zaman alanında adım adım integrasyon yöntemiyle durum uzayı formunda çözülmüştür. Tablo 4.1'de verilen deprem ivme kayıtları sisteme yüklenerek yapının lineer olmayan tepkisi hesaplanılmış ve sonuçlar grafik olarak ifade edilmiştir. Aynı sisteme kolon boyutlarının değiştiği aksa duvar ilave edilerek aynı deprem kayıtları altında aynı dış merkezlik oluşturucu sistematik uygulanarak çözüm yapılmıştır. Yapıdaki bu değişimlerine bağlı olarak analiz sonuçlarında elde edilen tepki parametrelerinin durumu grafikler halinde ifade edilmiştir. Duvarsız ve duvarlı sistemin değişik dış merkezlik durumlarında yapının lineer olmayan tepkisinde oluşturduğu farklılıklar elde edilmeye çalışılmıştır.

Şekil 4.39 ve 4.41'de frekans oranı Ω parametresine bağlı olarak El Centro deprem kaydı etkisi altında duvarlı ve duvarsız sistemin y doğrultusunda yerdeğiştirme ve burulma dönmesi tepkileri zaman alanında kıyaslanmıştır. Şekil 4.40 ve 4.42'de ise aynı şekilde burulma dönmeleri zaman alanında karşılaştırılmıştır.

Tablo 4.2'de duvarsız modellere ait serbest titreşim periyotları, burulma özellikleri ve dış merkezlik oranı verilmiştir. Modellerdeki kesit boyutlarının değişimine paralel olarak söz konusu özelliklerde değişmektedir. Aynı şekilde Tablo 4.3'de duvarlı modellere ait serbest titreşim periyotları, burulma özellikleri ve dış merkezlik oranı verilmiştir.

Tablo 4.2: Duvarsız modellere ait serbest titreşim ve burulma özellikleri

Kenar Kolon (cm)	**T_x (sn)**	**T_y (sn)**	**T_θ (sn)**	**Ω_x**	**Ω_y**	**e_x/b**
40x40	0.3791	0.3791	0.2189	1.7321	1.7321	0.000
40x50	0.3575	0.3120	0.1979	1.8066	1.5769	0.1614
40x60	0.3391	0.2564	0.1852	1.8307	1.3839	0.2714
40x70	0.3232	0.2126	0.1769	1.8272	1.2016	0.3428
40x80	0.3096	0.1787	0.1710	1.8105	1.0453	0.3889

Tablo 4.3: Duvarlı modellere ait serbest titreşim ve burulma özellikleri

Kenar Kolon (cm)	**T_x (sn)**	**T_y (sn)**	**T_θ (sn)**	**Ω_x**	**Ω_y**	**e_x/b**
40x40	0.3791	0.3191	0.2189	1.8541	1.5603	0.000
40x50	0.3575	0.2759	0.1921	1.8603	1.4358	0.2352
40x60	0.3391	0.2351	0.1829	1.8543	1.2858	0.3077
40x70	0.3233	0.2031	0.1759	1.8379	1.1372	0.3608
40x80	0.3096	0.1711	0.1705	1.8156	1.0033	0.3982

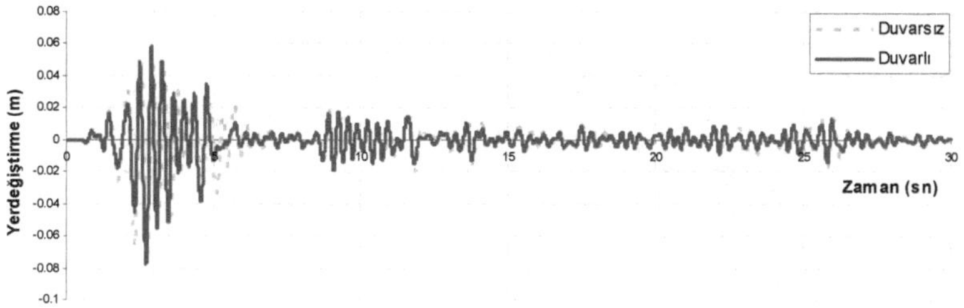

Şekil 4.39: Ω=1.5769 değeri için duvarlı ve duvarsız sistemde yerdeğiştirme tepkileri

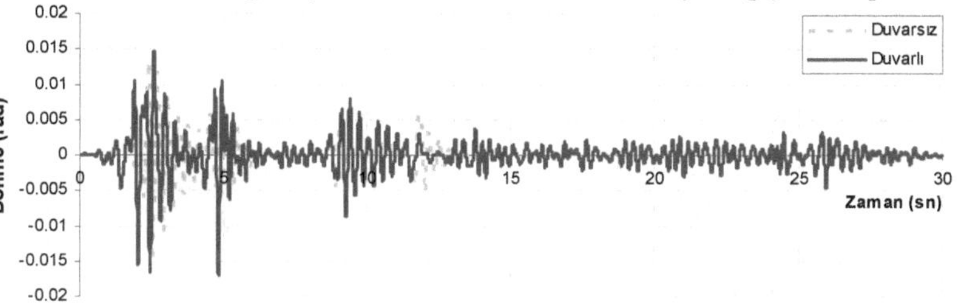

Şekil 4.40: Ω=1.5769 değeri için duvarlı ve duvarsız sistemde burulma dönmeleri tepkileri

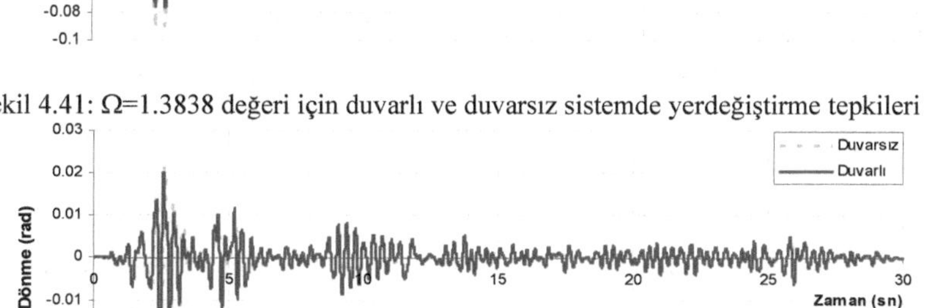

Şekil 4.41: Ω=1.3838 değeri için duvarlı ve duvarsız sistemde yerdeğiştirme tepkileri

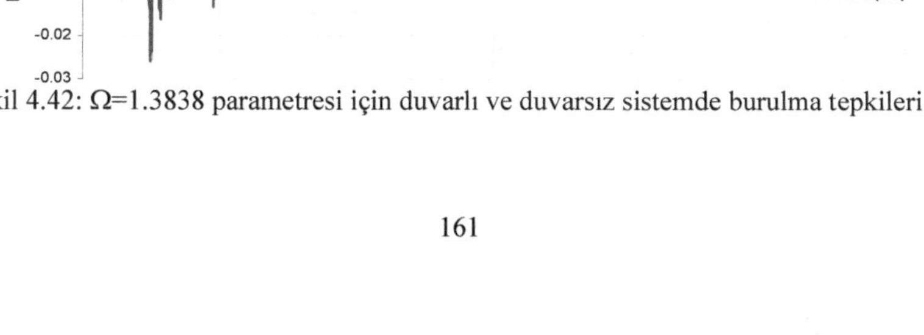

Şekil 4.42: Ω=1.3838 parametresi için duvarlı ve duvarsız sistemde burulma tepkileri

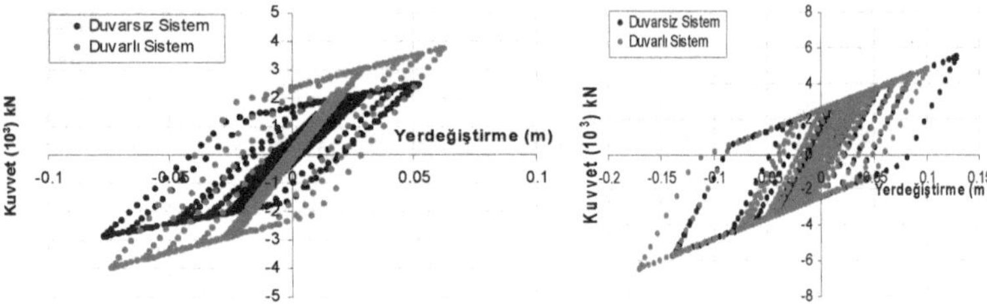

a) Ω=1.6192 b) Ω=1.5769

Şekil 4.43: Ω parametresi için El-Centro kaydı altında oluşan çevrimsel davranış

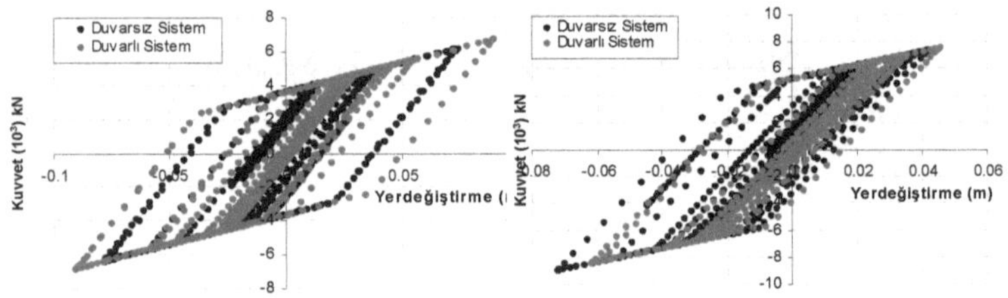

a) Ω=1.3839 b) Ω=1.2016

Şekil 4.44: Ω parametresi için El-Centro kaydı altında oluşan çevrimsel davranış

Şekil 4.43 ve Şekil 4.44'de ise değişen frekans oranı parametrelerine bağlı olarak taban kesme kuvveti ve yerdeğiştirme arasında değişen çevrimsel davranışın, El-Centro deprem kaydı sonucu ortay çıkan değişimi ifade edilmiştir. Ω parametresinin azalması teknik olarak burulma etkisinin artması anlamına gelmektedir. Burulma etkisinin artması ile doğal olarak burulma dönmeleri de artmaktadır. Şekil 4.38.a ve b'de verilen kat planlarında görüldüğü gibi duvarlı ve duvarsız 4 elemanlı sistem üzerinde analizler yapılmıştır. Her iki sistemde de köşedeki kolon boyutları y doğrultusunda arttırılarak deprem etkisi altında lineer olmayan analiz sonucu yukarıda verilen yer değiştirme ve burulma tepkileri elde edilmiştir. Burada görüldüğü gibi duvarlı sistemde, duvarların başlangıçta verdiği rijitlik sayesinde yer değiştirme değerlerinde bir miktar düşüş elde edilebilmiştir. Ancak buna karşılık burulma dönmelerinde artışlar ortaya çıkmıştır.

Şekil 4.43 ve 4.44'de ise El-Centro kaydı altında kuvvet ve yerdeğiştirme arasındaki çevrimsel davranışlar, farklı Ω parametreleri için duvarsız ve duvarlı sistemlerde gösterilmiştir. Yüksek değerli Ω parametreleri durumunda, yani burulma etkisinin daha küçük olduğu durumlarda, burulma etkisinin artarak, Ω parametresini azaltmasıyla yerdeğiştirmeleri arttırdığı görülmektedir. Duvarların devreye girmesi ile sistem rijitliğinin artması sonucu ise sistemin karşılayabileceği taban kesme kuvvetinin artması sonucu ortaya çıkabilmektedir. Ω parametresinin daha da azalması ile burulma etkisi artmakta ancak bu artışın aynı zamanda kolon boyutlarının da artışının belirgin hale getirdiği düşünülünce yer değiştirmelerin bu aşamada küçülmeye başlaması durumu normal karşılanmalıdır.

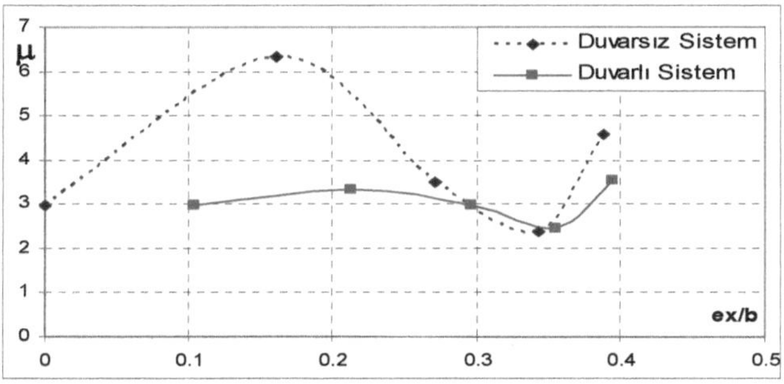

Şekil 4.45: Duvarlı ve duvarsız sistemde süneklik (μ) ve dısmerkezlik oranı (ex/b) parametreleri arasındaki değişim

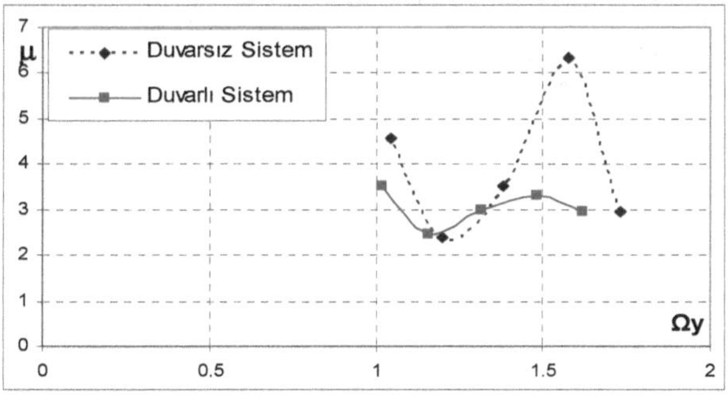

Şekil 4.46: Duvarlı ve duvarsız sistemde süneklik (μ) ve burulma frekansı oranı (Ω) parametreleri arasındaki değişim

Şekil 4.45'de süneklik oranı (μ) ve dış merkezlik oranı (ex/b) arasındaki değişim, Şekil 4.46'da ise süneklik (μ) ve burulma frekansı oranı (Ω) parametreleri arasındaki değişim ifade edilmiştir. Duvarlı ve duvarsız sistemlerde genel süneklik gereksiniminin birbirine paralel seyrettiği görülmektedir. Ancak duvarlı sistemde yer değiştirmelerin azalması dolayısıyla bu gereksinim duvarsız sistemden daha alt seviyede ortay çıkmaktadır. Duvarsız sistemde değişimler daha sert olarak ortaya çıkmakta duvarlı sistemde duvar rijitliklerini katkısı ile değişimler daha yumuşak olarak şekillenmektedir. Yapı davranış stabilitesi itibariyle tepkilerde yumuşak geçişlerin daha yararlı olduğu söylenebilir. Şekil 4.47'de ise süneklik oranı (μ) ile Burulma Frekansı Oranı (Ω) arasındaki değişimler gösterilmiştir. Buradaki ortaya çıkan ilişki bir önceki şekle paralel olarak gözlenmektedir.

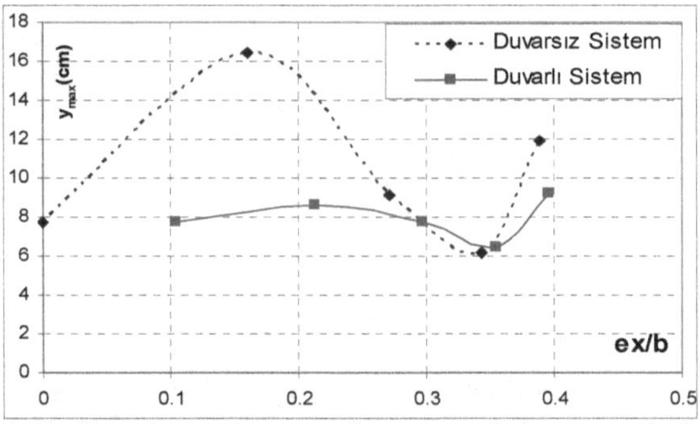

Şekil 4.47: Duvarlı ve duvarsız sistemde maksimum yerdeğiştirme (u_{ymax}) ve dış merkezlik oranı (e_x/b) parametreleri arasındaki değişim

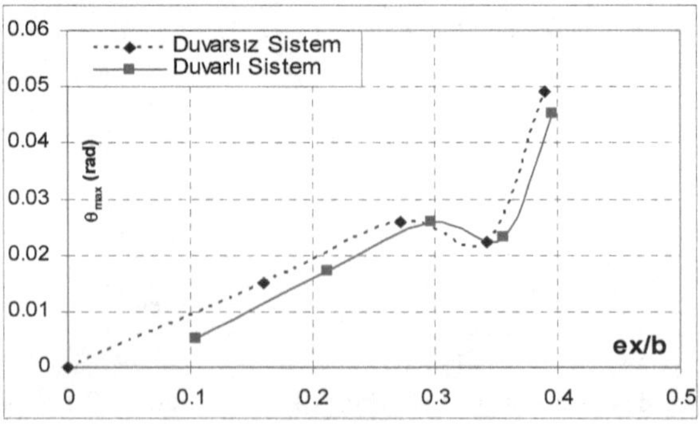

Şekil 4.48: Duvarlı ve duvarsız sistemde maksimum burulma dönmesi (Θ) ve dışmerkezlik oranı (e_x/b) parametreleri arasındaki değişim

Şekil 4.47'de duvarlı ve duvarsız sistemde maksimum yerdeğiştirme (u_{ymax}) ve dışmerkezlik oranı (e_x/b) parametreleri arasındaki değişim ifade edilmiştir. Bu şekilde görülebileceği gibi duvarın sistem rijitliğine yaptığı katkıdan dolayı sistem genel yer değiştirmesinde belirgin azalmalar olmakla birlikte, artan dış merkezlik oranlarına bağlı olarak dinamik etki sonucu duvar rijitliklerinin devre dışı kalma hızının artmasıyla eğrilerde birbirine yaklaşma nispeten artmaktadır. Şekil 4.48'de ise hem duvarlı hem de duvarsız sistemin artan dış merkezlik (e_x/b) oranlarına bağlı olarak burulma dönmeleri artmaktadır ve her iki sistemde bu değişimler birbirine oldukça yakın seyretmektedir.

4.6.3 İkinci örnek model, 6 elemanlı sistem

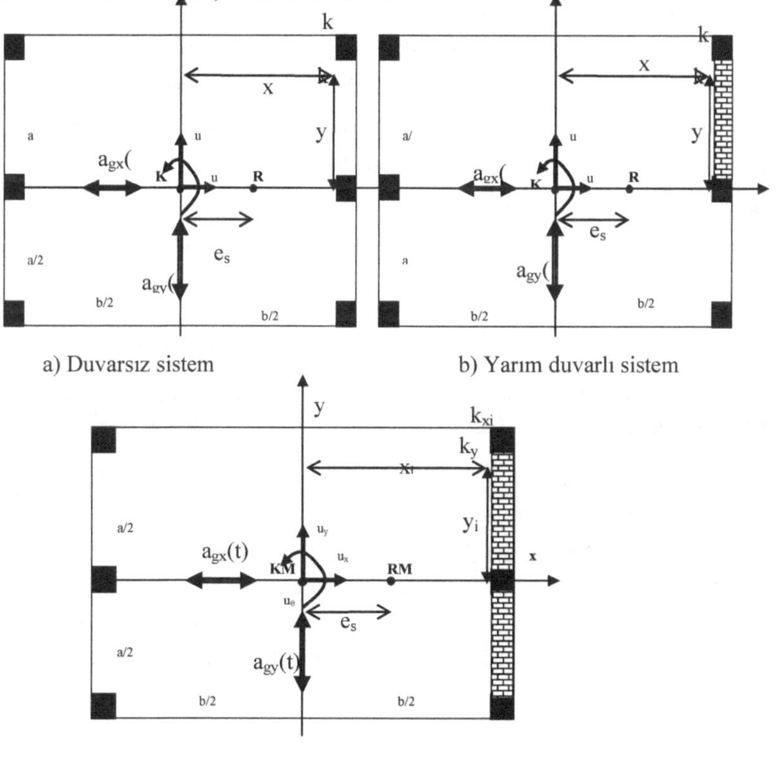

c) Tam duvarlı sistem

Şekil 4.49: 6 elemanlı duvarlı ve duvarsız yapı modelleri

Şekil 4.49.a, b, c'de görülen 6 elemanlı sistem köşe kolonların tamamı simetrik 30x30 boyutundaki kare kolonlar düşeyde taşıyıcı eleman olarak alındığı sistem modellemesi yapılmıştır. Yapının a ve b olarak gösterilen olan plandaki boyutları a=b=20 m olarak alınmış, kat kütlesi ise m=400 kNs^2/m olarak alınmıştır. Yapıdaki dışmerkezliğin köşe kolonları y doğrultusundaki boyutlarının kademeli olarak arttırılması ile rijitlik merkezinin kütle merkezinde uzaklaşarak köşe kolonlara doğru yönlenmesi ile elde edilmiştir. Yapı modeli Bölüm 4.4.1'de verilen program algoritması kullanılarak daha önce açıklanan zaman alanında adım adım integrasyon yöntemiyle durum uzayı formunda çözülmüştür. Tablo 4.1'de verilen deprem ivme kayıtları sisteme yüklenerek yapının lineer olmayan tepkisi hesaplanılmış ve sonuçlar grafik olarak ifade edilmiştir. Sistem ilk aşamada duvarsız olarak çözülmüştür. Ardından kenar aksa düşey açıklığın yarısı kadar duvar ilavesi yapılarak çözüme gidilmiştir. Bir sonraki aşamadaysa kenar aksa y ekseninin tamamında duvar uygulanarak çözüm yapılmıştır. Yapıdaki bu değişimlerine bağlı olarak analiz sonuçlarında elde edilen tepki parametrelerinin durumu grafikler halinde ifade edilmiştir. Duvarsız, kısmi duvarlı ve tam duvarlı sistemin değişik dış merkezlik durumlarında yapının lineer olmayan ötelenme ve burulma tepkisinde oluşturduğu farklılıklar elde edilmeye çalışılmıştır.

Tablo 4.4: Duvarsız modellere ait serbest titreşim ve burulma özellikleri

Kenar Kolon (cm)	**T_x (sn)**	**T_y (sn)**	**T_θ (sn)**	**Ω_x**	**Ω_y**	**e_x/b**
30x30	0.6460	0.6460	0.4088	1.5810	1.5810	0.000
30x35	0.6210	0.5680	0.3780	1.6430	1.5030	0.114
30x40	0.5984	0.4980	0.3571	1.6760	1.3940	0.203
30x45	0.5781	0.4370	0.3424	1.6890	1.2760	0.271
30x50	0.5598	0.3850	0.3316	1.6900	1.1620	0.322
30x55	0.5430	0.3420	0.3233	1.6800	1.0570	0.360
30x60	0.5277	0.3050	0.3166	1.6670	0.9620	0.389

Tablo 4.5: Duvarlı modellere ait serbest titreşim ve burulma özellikleri

Kenar Kolon (cm)	T_x (sn)	T_y (sn)	T_θ (sn)	Ω_x	Ω_y	e_x/b
30x30	0.6463	0.448	0.3564	1.814	1.248	0.263
30x35	0.6210	0.417	0.3475	1.787	1.199	0.292
30x40	0.5984	0.387	0.3392	1.764	1.139	0.321
30x45	0.5781	0.356	0.3318	1.742	1.073	0.348
30x50	0.5598	0.326	0.3252	1.721	1.003	0.373
30x55	0.5430	0.298	0.3193	1.701	0.934	0.393
30x60	0.5277	0.273	0.3142	1.680	0.869	0.411

Tablo 4.4'de duvarsız modeller, 4.5'de duvarlı modeller, 4.6'da ise yarı duvarlı modellere ait serbest titreşim periyotları, burulma özellikleri ve dış merkezlik oranı verilmiştir. Görüldüğü gibi kenar aksa eklenen duvarlar yapının gerek serbest titreşim gerekse dış merkezlik özelliklerini değiştirmektedir.

Tablo 4.6 : Yarı duvarlı modellere ait serbest titreşim ve burulma özellikleri

Kenar Kolon	T_x (sn)	T_y (sn)	T_θ (sn)	Ω_x	Ω_y	e_x/b
30x30	0.6463	0.5182	0.3710	1.7423	1.3970	0.1186
30x35	0.6210	0.4753	0.3573	1.7380	1.3301	0.2297
30x40	0.5984	0.4318	0.3456	1.7314	1.2493	0.2769
30x45	0.5781	0.3903	0.3359	1.7212	1.1619	0.3177
30x50	0.5598	0.3521	0.3278	1.7077	1.0741	0.3517
30x55	0.5430	0.3178	0.3210	1.6917	0.9899	0.3791
30x60	0.5277	0.2875	0.3153	1.6740	0.9118	0.4011

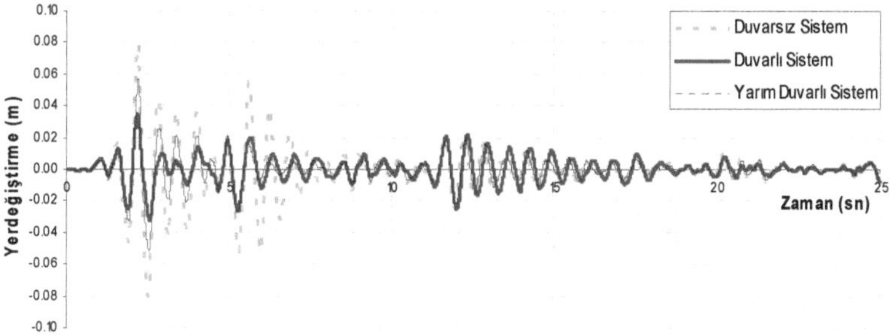

Şekil 4.50: Ω=1.3944 değeri için El-Centro kaydı altında duvarlı, duvarsız ve kısmen duvarlı sistemde yerdeğiştirme tepkileri

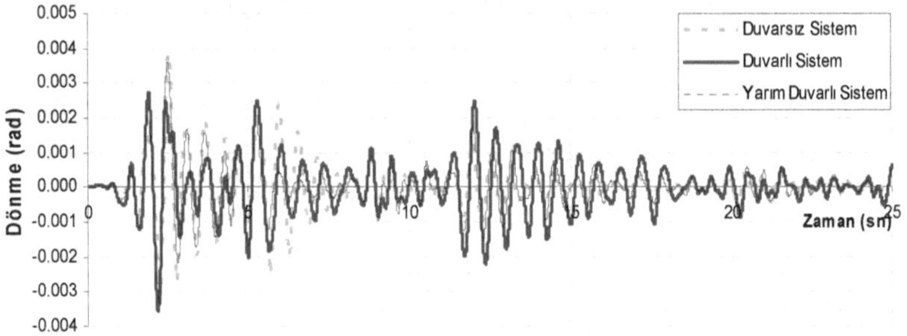

Şekil 4.51: Ω=1.3944 değeri için El-Centro kaydı altında duvarlı, duvarsız ve kısmen duvarlı sistemde burulma dönmesi tepkileri

Şekil 4.50, Şekil 4.51, Şekil 4.52, Şekil 4.53 'de Ω=1.3944 ve Ω=1.1620 dış merkezlik parametresi için El Centro depremi etkisi altında ortaya çıkan yer değiştirme ve dönme tepkileri verilmiştir. Burada sistemdeki duvar miktarının artmasına paralel olarak yerdeğiştirme tepkilerinin azaldığı fakat buna karşın dönme tepkilerinin arttığı gözlemlenmektedir.

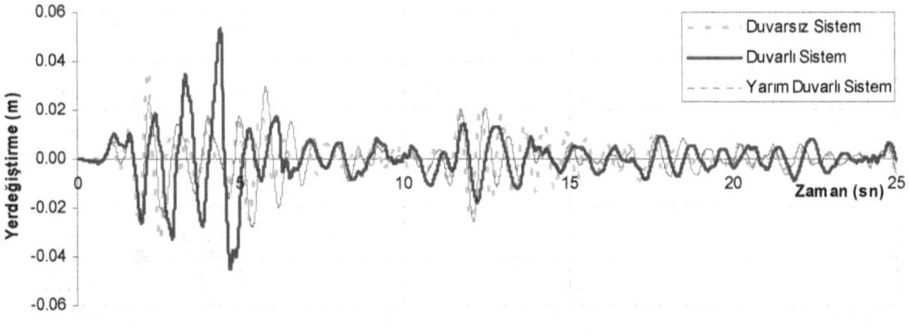

Şekil 4.52: Ω=1.1620 değeri için El-Centro kaydı altında duvarlı, duvarsız ve kısmen duvarlı sistemde yerdeğiştirme tepkileri

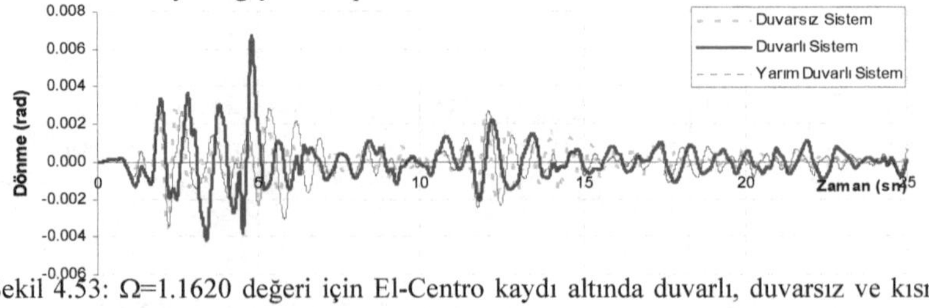

Şekil 4.53: Ω=1.1620 değeri için El-Centro kaydı altında duvarlı, duvarsız ve kısmen duvarlı sistemde burulma dönmesi tepkileri

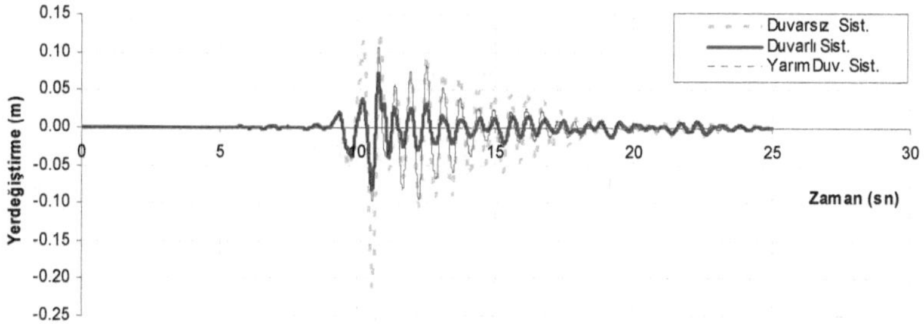

Şekil 4.54: Ω=1.3944değeri için Düzce depremi kaydı altında duvarlı, duvarsız ve kısmen duvarlı sistemde yerdeğiştirme tepkileri

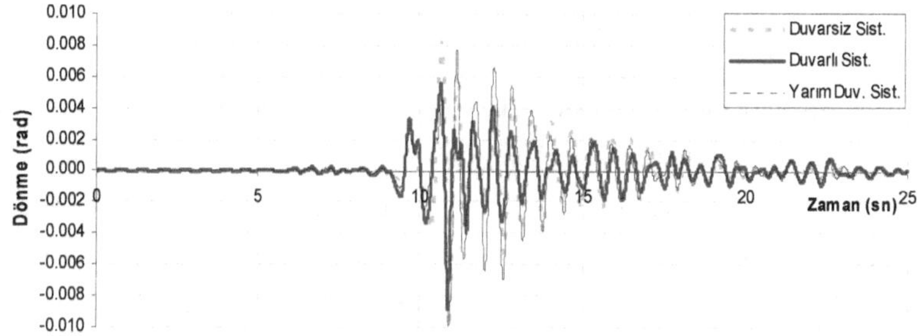

Şekil 4.55: Ω=1. 3944 değeri için Düzce deprem kaydı altında duvarlı, duvarsız ve kısmen duvarlı sistemde burulma dönmesi tepkileri

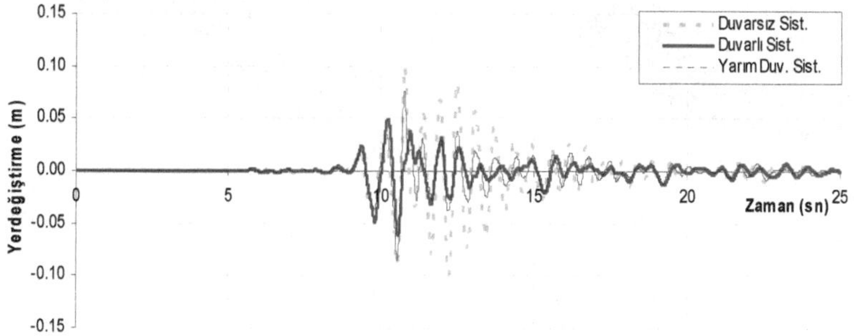

Şekil 4.56: Ω=1.2765 değeri için Düzce depremi kaydı altında duvarlı, duvarsız ve kısmen duvarlı sistemde yerdeğiştirme tepkileri

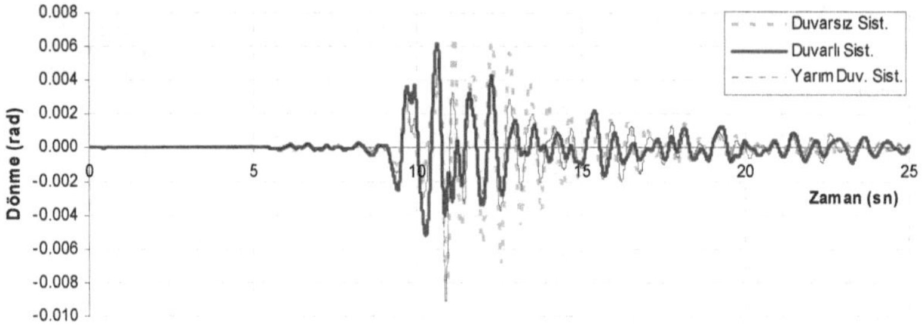

Şekil 4.57: Ω=1.2765 değeri için Düzce deprem kaydı altında duvarlı, duvarsız ve kısmen duvarlı sistemde burulma dönmesi tepkileri

Şekil 4.54, Şekil 4.55, Şekil 4.56, Şekil 4.587 'da Ω=1.3944 ve Ω=1. 2765 dış merkezlik parametresi için Düzce depremi etkisi altında ortaya çıkan lineer olmayan yer değiştirme ve burulma dönmesi tepkileri verilmiştir. Burada da bir önceki duruma paralel olarak duvar miktarının artması ile sistem rijitliğindeki artış sonucu yer değiştirmelerin kısmen azaldığı ancak burulma tepkilerinde artışlar yaşandığı gözlenmektedir.

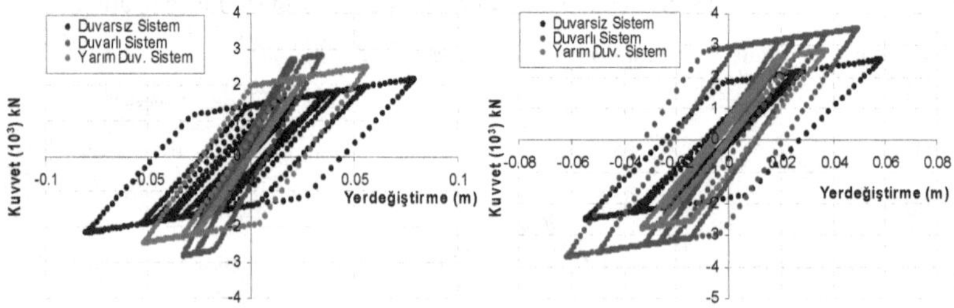

a) Ω=1.3944　　　b) Ω=1.2765

Şekil 4.58: Ω parametresi için El-Centro kaydı altında oluşan çevrimsel davranış

Şekil 4.58 ve Şekil 4.59'da El Centro depremi altına duvarsız, duvarlı ve kısmi duvarlı sistemlerde lineer olmayan yer değiştirme ve taban kesme kuvveti ilişkisini gösteren çevrimsel davranışlar, farklı dış merkezlik parametreleri Ω değerleri için verilmiştir.

Şekillerden de görülebileceği gibi burulma parametresinin değişmesi sistemin genel davranışı üzerinde kayda değer davranış değişiklikleri oluşmasına neden olmaktadır.

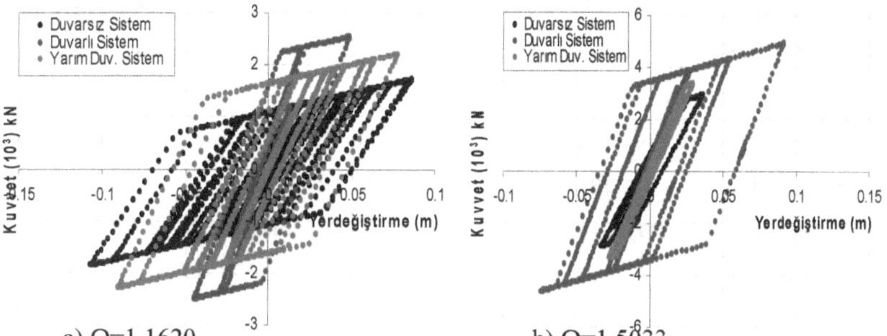

a) Ω=1.1620 b) Ω=1.5033

Şekil 4.59: Ω parametresi için El-Centro kaydı altında oluşan çevrimsel davranış

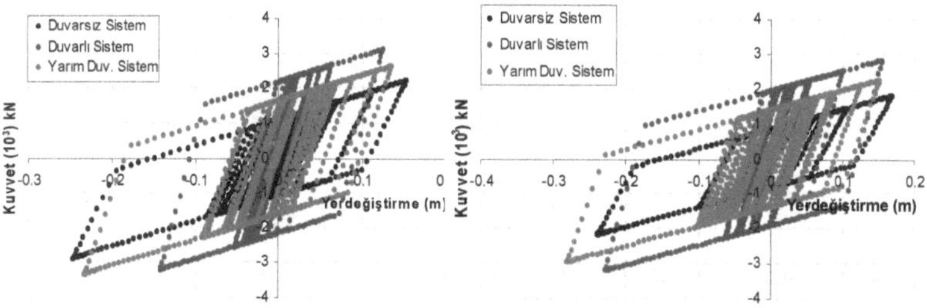

a) Ω=1.5033 b) Ω=1.5811

Şekil 4.60: Ω parametresi için Düzce deprem kaydı altında oluşan çevrimsel davranış

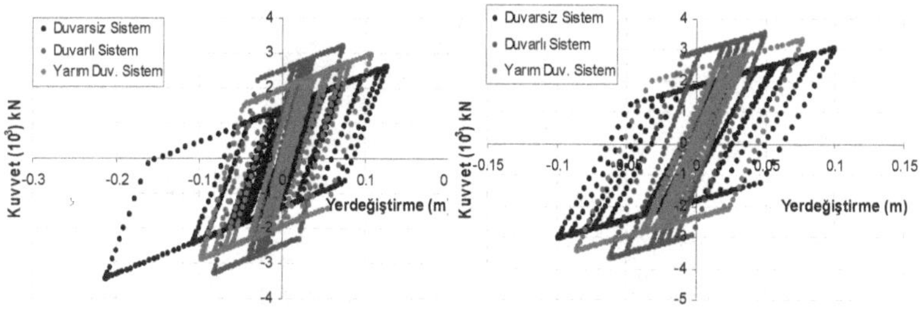

a) Ω=1.0566 b) Ω= 1.2765

Şekil 4.61: Ω parametresi için Düzce depremi altında oluşan çevrimsel davranış

Şekil 4.60 ve Şekil 4.61'de Düzce depremi altına duvarsız, duvarlı ve kısmi duvarlı sistemlerde lineer olmayan yer değiştirme ve taban kesme kuvveti ilişkisini gösteren çevrimsel davranışlar, farklı dış merkezlik parametreleri Ω değerleri için verilmiştir. Buradan da görüldüğü gibi Ω parametresinin artmasıyla çevrimsel davranış alanı genişlemekte ve eğimi azalmaktadır. Bu durumun temelinde asıl olarak yer değiştirmelerin artması sonucu dikkati çekmektedir. Söz konusu sistem değişen parametreler için altı adet deprem kaydı Tablo 4.1'de verildiği şekliyle Şekil 4.50.a, b ve c'de gösterilen, duvarsız, kısmi duvarlı ve tam duvarlı sistemlere ayrı ayrı etkitilerek analizler yapılmış ve ortaya çıkan sonuçların ortalaması alınarak grafik olarak durum ifade edilmiştir.

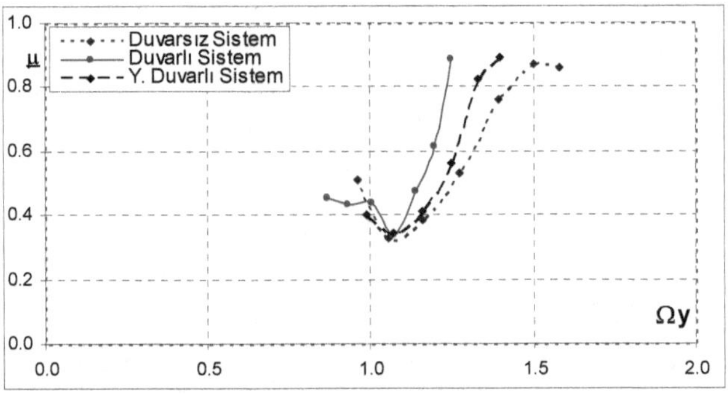

Şekil 4.62: Duvarlı ve duvarsız sistemde süneklik (μ) ve burulma frekansı oranı (Ω) parametreleri arasındaki değişim

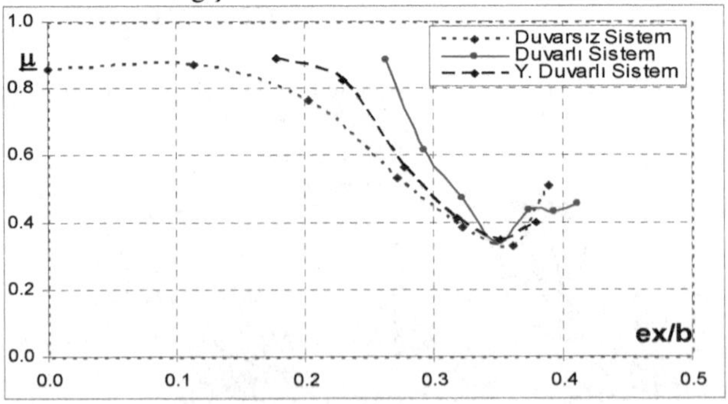

Şekil 4.63: Duvarsız, duvarlı ve kısmi duvarlı sistemde süneklik (μ) ve dış merkezlik oranı (e_x/b) parametreleri arasındaki değişim

Şekil 4.62'de, Şekil 4.49'da gösterilen duvarlı, duvarsız ve kısmi duvarlı sistemler için burulma frekansı parametresi Ω_y ile normalleştirilmiş süneklik gereksinimi parametresi $\underline{\mu}$ arasındaki değişim ifade edilmiştir. Grafikten de görülebileceği gibi Ω_y parametresinin artışına paralel olarak süneklik gereksiniminde de artış ortaya çıkmıştır. Sistemdeki duvar miktarının artmasına paralel olarak süneklik gereksinimi de göreceli olarak artış kaydetmiştir. Şekil 4.63'de ise normalleştirilmiş süneklik gereksinimi ($\underline{\mu}$) ve dış merkezlik oranı (e_x/b) parametreleri arasındaki değişim gösterilmiştir. Bu şekilden de görülebileceği gibi dış merkezliğin artması süneklik gereksinimini azaltmıştır ancak bunun asıl sebebi dış merkezliğin artması köşe kolonların boyutlarının artmasından kaynaklandığından sistem rijitliği de artmış ve yer değiştirmeleri kısmen azaltmıştır. Şekilden de görüldüğü gibi duvar miktarının artması süneklik ihtiyacını arttırarak dış merkezlik ilerleme potansiyelini de arttırmıştır.

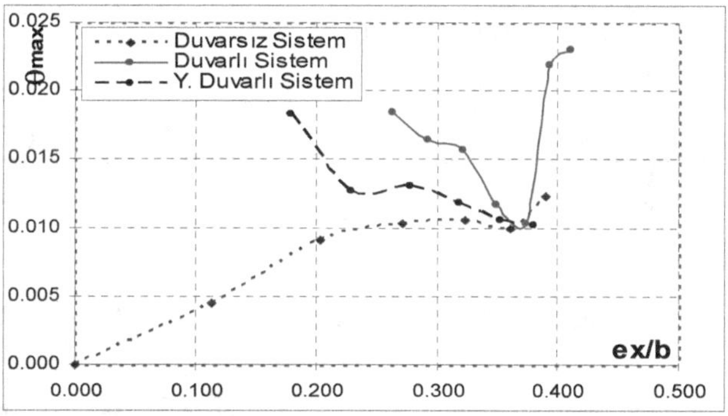

Şekil 4.64: Duvarsız, duvarlı ve kısmi duvarlı sistemde maksimum burulma dönmesi (θ) ve dışmerkezlik oranı (e_x/b) parametreleri arasındaki değişim

Şekil 4.64'de ise maksimum burulma dönmesi (θ) ve dışmerkezlik oranı (e_x/b) parametreleri arasındaki değişim ifade edilmiştir. Burada görüldüğü gibi sistemde duvar miktarının artması burulma dönmelerinin artışında önemli bir rol oynamaktadır. Bu boyutlara sahip bir yapıda tek açıklığa bile olsa duvar konulması analizlerde de görüldüğü gibi sistemin gerek ötelene gerekse burulma davranışını önemli ölçüde farklılaştırmaktadır. Bu nedenle duvarların rijitliklerinin sistem rijitliğine katkısının belli bir oranda değerlendirilmesi yararlı olacaktır. Deprem sonrası hasar gördüğü için onarılan veya deprem karşı güçlendirilmek istenen bir yapı sisteminde burulma davranışının gerektiği şekilde dikkate alınmasının gerekliliği yukarıdaki analizlerde görülmektedir. Bu nedenle yapının bazı bölümlerine perde eklenmesi veya belli kolonların mantolanması gibi çözümlerde yapıya ilave burulma etkisi vermek söz konusu olabilir. Bu durumun engellenmesi veya burulma etkisinin azaltılması için zayıf kısımlarda kalan duvarların çeşitli tekniklerle rijitliklerinin arttırılması bu noktada yararlı bir çözüm olacaktır. Eğer mimari veya ekonomik koşullar izin veriyorsa ideal olan perde veya mantolanan elemanları kat planında dengeli dağıtmak daha yararlı bir yaklaşım olabilir.

4.6 4 Üçüncü örnek model, 12 elemanlı sistem kenar duvar kombinasyonları

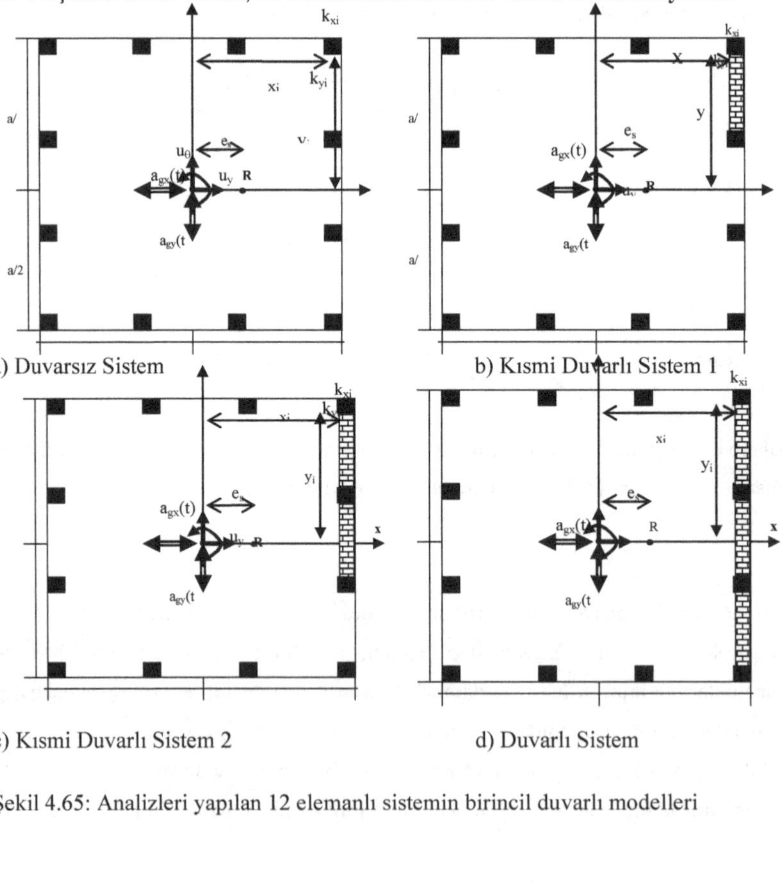

a) Duvarsız Sistem

b) Kısmi Duvarlı Sistem 1

c) Kısmi Duvarlı Sistem 2

d) Duvarlı Sistem

Şekil 4.65: Analizleri yapılan 12 elemanlı sistemin birincil duvarlı modelleri

Şekil 4.65 a, b, c ve d'de görülen 12 elemanlı sistem köşe kolonların tamamı simetrik 30x30 cm boyutundaki kare kolonlar düşeyde taşıyıcı eleman olarak alındığı sistemin duvarlarında sisteme dahil olmasıyla modellemeleri yapılmıştır. Yapının a ve b olarak gösterilen olan plandaki boyutları 20 m olarak alınmış, kat kütlesi ise 400 kNs^2/m olarak alınmıştır. Yapıdaki dışmerkezliğin köşe kolonları y doğrultusundaki boyutlarının kademeli olarak arttırılması ile rijitlik merkezinin kütle merkezinde uzaklaşarak köşe kolonlara doğru yönlenmesi ile elde edilmiştir. Yapı modeli Bölüm 4.4.1'de verilen program algoritması kullanılarak daha önce açıklanan zaman alanında adım adım integrasyon yöntemiyle durum uzayı formunda çözülmüştür. Tablo 4.1'de verilen deprem ivme kayıtları sisteme yüklenerek yapının lineer olmayan tepkisi hesaplanılmış ve sonuçlar grafik olarak ifade edilmiştir. Sistem ilk aşamada duvarsız olarak çözülmüştür. Şekil 4.65.b'de görülebileceği gibi kenar aksa düşey açıklığın üçte biri kadar uzunluğa duvar ilavesi yapılarak kısmi duvarlı birinci sistem elde edilmiş ve çözüme gidilmiştir. Bir sonraki aşamadaysa, Şekil 4.65.c'de görülebileceği gibi, kenar aksa y ekseninin üçte ikilik kısmına duvar uygulanarak kısmi duvarlı ikinci sistem elde edilmiş ve çözüm yapılmıştır. Son aşamadaysa Şekil 4.65.d'de ifade edildiği formuyla kenar aksın tamamı duvar eklenerek analizleri yapılmıştır. Yapıdaki bu değişimlerine bağlı olarak analiz sonuçlarında elde edilen tepki parametrelerinin durumu grafikler halinde ifade edilmiştir. Aşağıda verilen Tablo 4.7'de duvarsız modellere, 4.8'de ise yarı duvarlı 1. sisteme ait serbest titreşim periyodu, frekansların oranı gibi sistem temel karakteristikleri ifade edilmiştir.

Tablo 4.7: Duvarsız modellere ait serbest titreşim ve burulma özellikleri

Kenar Kolon	T_x (sn)	T_y (sn)	T_θ (sn)	Ω_x	Ω_y	e_y/b
30x30	0.457	0.457	0.315	1.453	1.2343	0.00000
30x35	0.451	0.436	0.302	1.443	1.2203	0.04480
30x40	0445	0.412	0.291	1.419	1.200	0.09297
30x45	0.439	0.387	0.280	1.381	1.172	0.14180
30x50	0.434	0.361	0.271	1.331	1.140	0.18850
30x55	0.428	0.335	0.263	1.273	1.101	0.23120
30x60	0.423	0.311	0.257	1.209	1.059	0.26920

Tablo 4.8: Yarı duvarlı 1. sistem modellerinin serbest titreşim ve burulma özellikleri

Kenar Kolon	T_x (sn)	T_y (sn)	T_θ (sn)	Ω_x	Ω_y	e_x/b
30x30	0.4570	0.4040	0.2928	1.5612	1.381	0.109
30x35	0.4508	0.3900	0.2855	1.5790	1.365	0.137
30x40	0.4449	0.3720	0.2782	1.5989	1.339	0.168
30x45	0.4391	0.3530	0.2712	1.6191	1.303	0.201
30x50	0.4336	0.3330	0.2647	1.6380	1.258	0.234
30x55	0.4283	0.3130	0.2588	1.6546	1.208	0.266
30x60	0.4231	0.2920	0.2536	1.6684	1.153	0.295

Tablo 4.9: Yarı duvarlı 2. sistem modellerinin serbest titreşim ve burulma özellikleri

Kenar Kolon	T_x (sn)	T_y (sn)	T_θ (sn)	Ω_x	Ω_y	e_x/b
30x30	0.4570	0.366	0.2810	1.6269	1.304	0.179
30x35	0.4508	0.355	0.276	1.6345	1.289	0.198
30x40	0.4449	0.342	0.271	1.6442	1.265	0.220
30x45	0.4391	0.327	0.265	1.6550	1.233	0.244
30x50	0.4336	0.311	0.260	1.6659	1.195	0.269
30x55	0.4283	0.294	0.256	1.6759	1.151	0.293
30x60	0.4231	0.277	0.251	1.6844	1.103	0.316

Tablo 4.10: Duvarlı modellere ait serbest titreşim ve burulma özellikleri

Kenar Kolon	T_x (sn)	T_y (sn)	T_θ (sn)	Ω_x	Ω_y	e_x/b
30x30	0.4570	0.3375	0.2735	1.6712	1.2326	0.2273
30x35	0.4508	0.3289	0.2695	1.6728	1.2203	0.2411
30x40	0.4449	0.3183	0.2653	1.6765	1.1999	0.2575
30x45	0.4391	0.3061	0.2611	1.6815	1.1722	0.2757
30x50	0.4336	0.2927	0.2570	1.6871	1.1399	0.2950
30x55	0.4283	0.2785	0.2530	1.6925	1.1005	0.3144
30x60	0.4231	0.2639	0.2493	1.6970	1.0585	0.3334

Tablo 4.9'da ise yarı duvarlı 2. sisteme, 4.10'da ise aksın tamamının duvarlı olduğu sisteme ait serbest titreşim periyodu ve burulma özellikleri ifade edilmiştir.

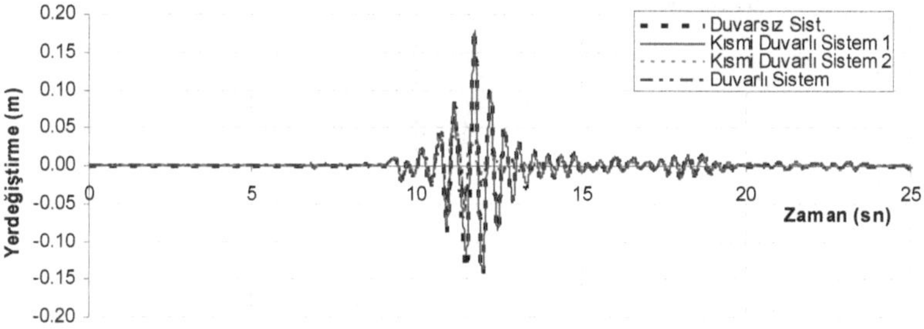

Şekil 4.66: Ω=1.453 değeri için Düzce depremi kaydı altında duvarsız ve çeşitli duvar kombinasyonlu sistemde yerdeğiştirme tepkileri

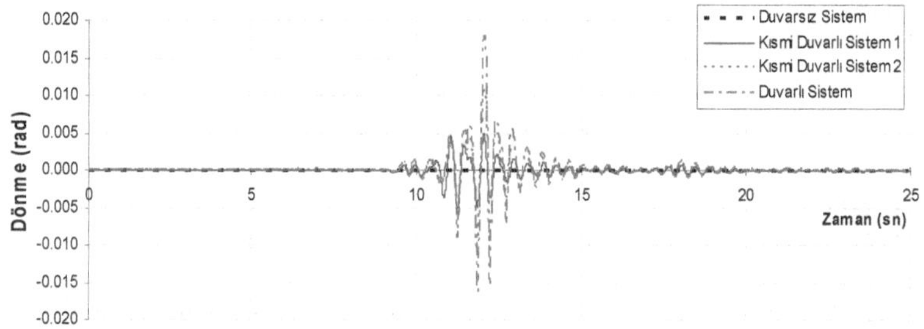

Şekil 4.67: Ω=1.453 değeri için Düzce depremi kaydı altında duvarsız ve çeşitli duvar kombinasyonlu sistemde burulma dönmesi tepkileri

Şekil 4.66 ve 4.67'de deprem ivmesi altında yapıda oluşan yerdeğiştirme ve burulma dönmesi tepkileri verilmiştir. Duvarların aksta kapladığı alanın artmasının yapının burulma dönmelerini arttırdığı ilgili şekillerden görülmektedir.

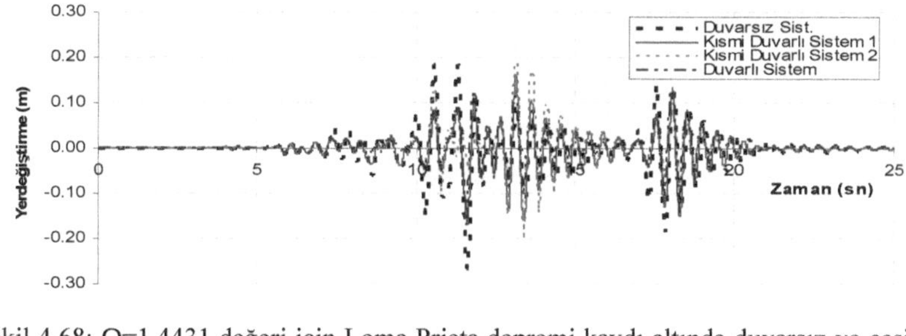

Şekil 4.68: Ω=1.4431 değeri için Loma Prieta depremi kaydı altında duvarsız ve çeşitli duvar kombinasyonlu sistemde yerdeğiştirme tepkileri

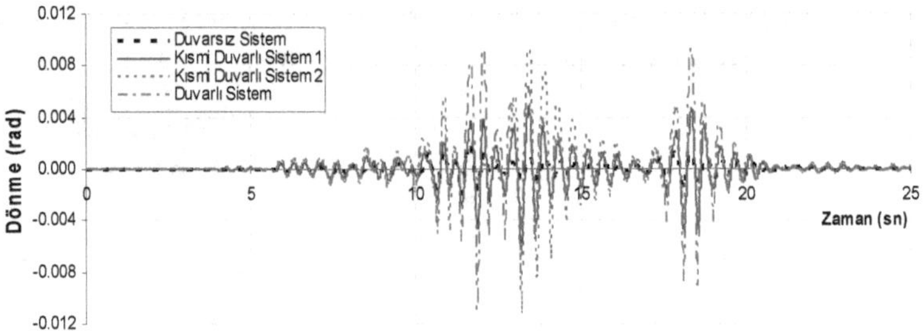

Şekil 4.69: Ω=1.4431 değeri için Loma Prieta depremi kaydı altında duvarsız ve çeşitli duvar kombinasyonlu sistemde burulma dönmesi tepkileri

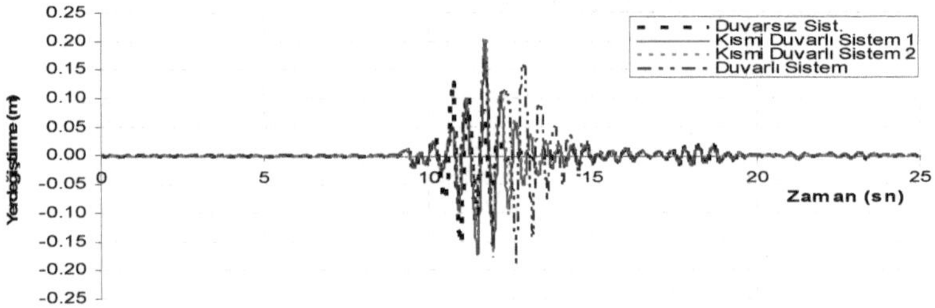

Şekil 4.70: Ω=1.419 değeri için Düzce depremi kaydı altında duvarsız ve çeşitli duvar kombinasyonlu sistemde yerdeğiştirme tepkileri

Şekil 4.68 ve 69'da Loma Prieta deprem ivmesi altında yapıda oluşan yerdeğiştirme ve burulma dönmesi tepkileri kıyaslamalı olarak verilmiştir. Şekil 4.70 ve 71'de Düzce deprem ivmesi altında yapıda oluşan yerdeğiştirme ve burulma dönmesi tepkileri çeşitli duvar kombinasyonları için kıyaslamalı olarak verilmiştir.

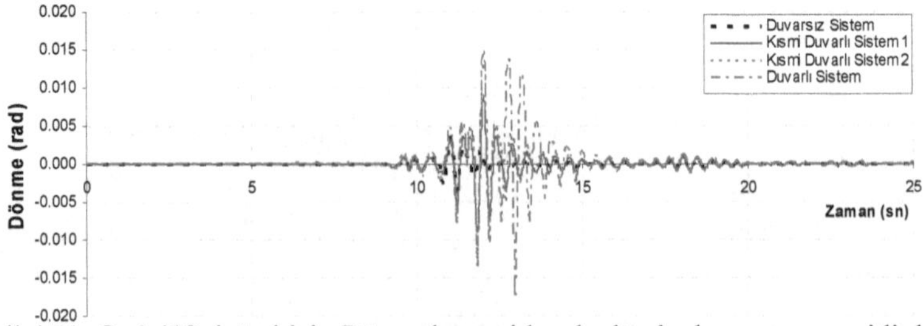

Şekil 4.71: Ω=1.419 değeri için Düzce depremi kaydı altında duvarsız ve çeşitli duvar kombinasyonlu sistemde burulma dönmesi tepkileri

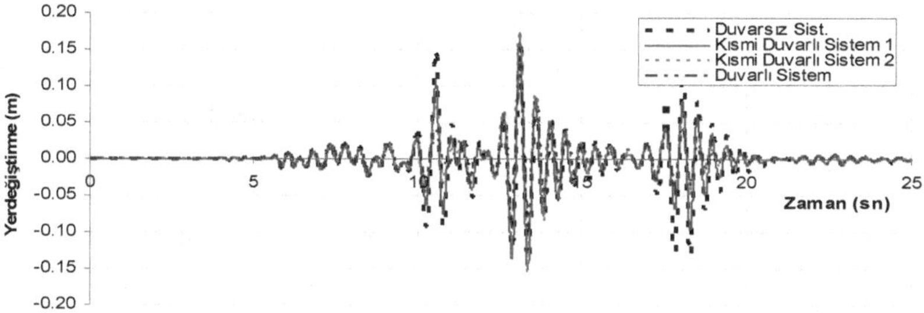

Şekil 4.72: Ω=1.381 değeri için Loma Prieta depremi kaydı altında duvarsız ve çeşitli duvar kombinasyonlu sistemde yerdeğiştirme tepkileri

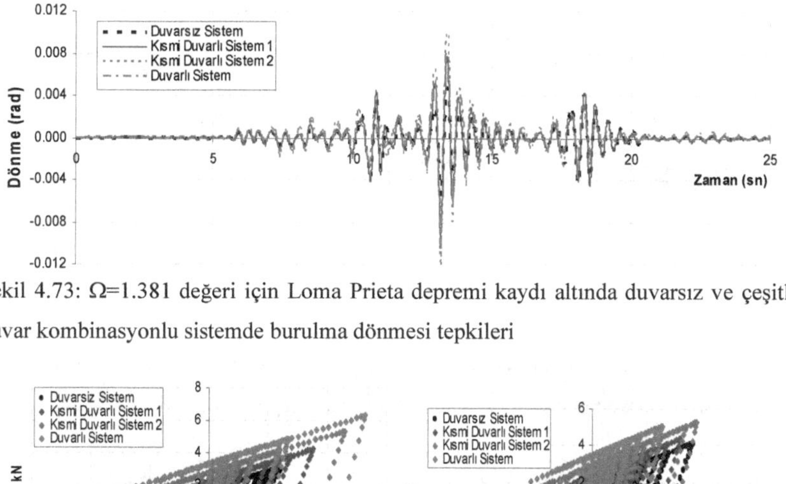

Şekil 4.73: Ω=1.381 değeri için Loma Prieta depremi kaydı altında duvarsız ve çeşitli duvar kombinasyonlu sistemde burulma dönmesi tepkileri

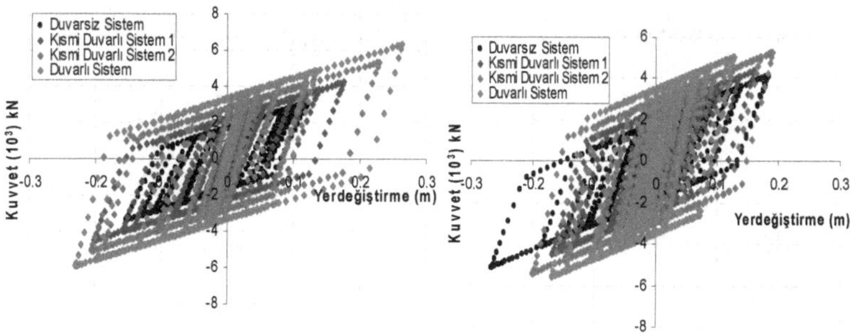

a) Ω=1.453 b) Ω=1.4431

Şekil 4.74: Farklı Ω değerleri için a) Düzce b) Loma Prieta deprem kaydı altında yapıda oluşan çevrimsel kesme kuvveti yerdeğiştirme ilişkisi

Şekil 4.72 ve 73'de Loma Prieta deprem ivmesi altında yapıda oluşan yerdeğiştirme ve burulma dönmesi tepkileri çeşitli duvar kombinasyonları için kıyaslamalı olarak verilmiştir. Duvar miktarının artması yapının burulma dönmelerini arttırmaktadır. Yer değiştirmeler ise duvar rijitliğinin sisteme yaptığı katkı neticesinde belli bir seviyede azalmaktadır.

Şekil 4.74 ve 75'de ise yine farklı Ω değerleri için Düzce ve Loma Prieta deprem etkilerinden yapıda oluşan kesme kuvveti ve yerdeğiştirme ilişkisi çevrimsel olarak kıyaslamalı halde ifade edilmiştir.

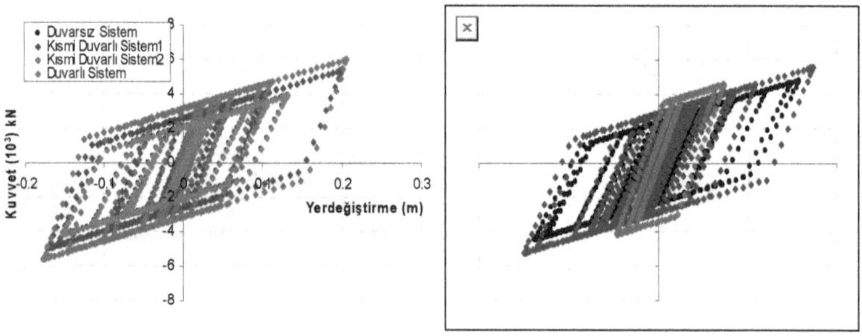

a) Ω=1.419 b) Ω=1.381

Şekil 4.75: Farklı Ω değerleri için a) Düzce b) Loma Prieta deprem kaydı altında yapıda oluşan lineer olmayan çevrimsel kesme kuvveti yerdeğiştirme ilişkisi

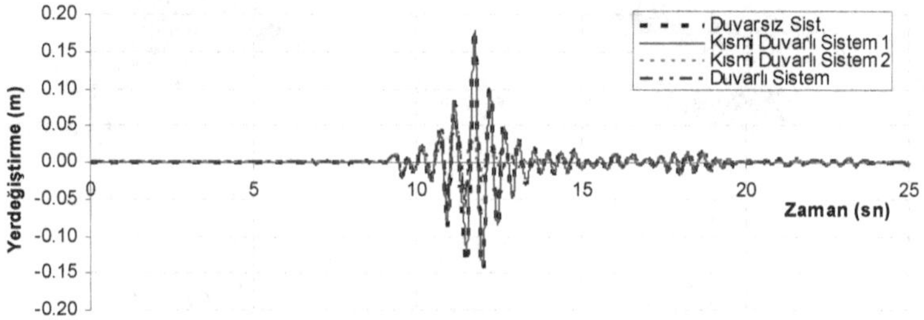

Şekil 4.76: Ω=1.331 değeri için Düzce depremi kaydı altında duvarsız ve çeşitli duvar kombinasyonlu sistemde yerdeğiştirme tepkileri

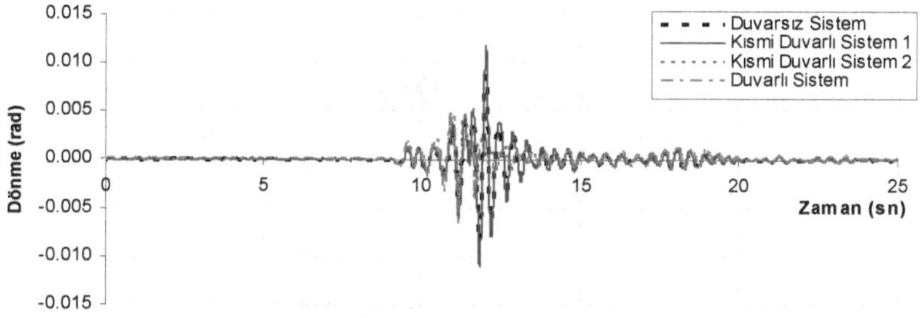

Şekil 4.77: Ω=1.331 değeri için Düzce depremi kaydı altında duvarsız ve çeşitli duvar kombinasyonlu sistemde burulma dönmesi tepkileri

Şekil 4.76 ve 77'de Düzce depremi etkisi altında yapının verdiği lineer olmayan yerdeğiştirme ve burulma dönmesi tepkileri duvarsız ve çeşitli duvar kombinasyonları için gösterilmiştir.

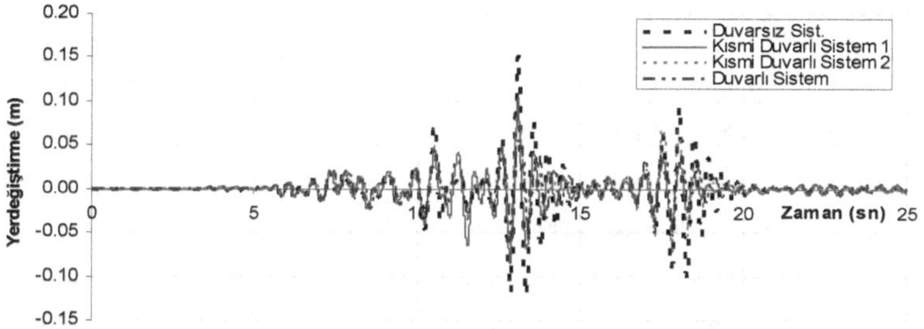

Şekil 4.78: Ω=1.2727 değeri için Loma Prieta depremi kaydı altında duvarsız ve çeşitli duvar kombinasyonlu sistemde yerdeğiştirme tepkileri

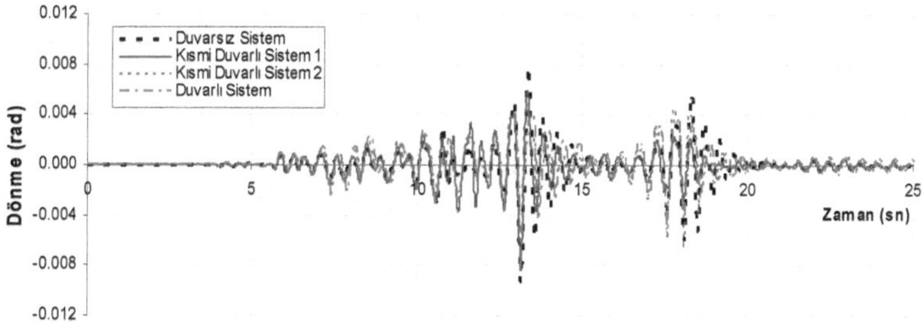

Şekil 4.79: Ω=1.2727 değeri için Loma Prieta depremi kaydı altında duvarsız ve çeşitli duvar kombinasyonlu sistemde burulma dönmesi tepkileri

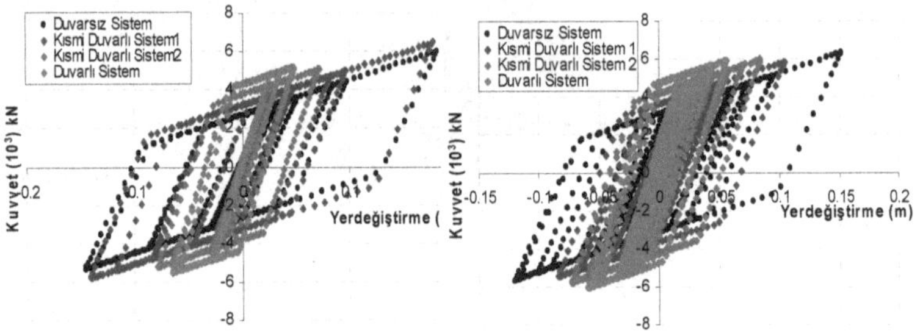

a) Ω=1.3310 b) Ω=1.2727

Şekil 4.80: Ω parametresi için a) Düzce b) Loma Prieta deprem kaydı altında yapıda oluşan lineer olmayan çevrimsel kesme kuvveti yerdeğiştirme ilişkisi

Şekil 4.78 ve 79'da Loma Prieta depremi etkisi altında yapının verdiği lineer olmayan yerdeğiştirme ve burulma dönmesi tepkileri duvarsız ve çeşitli duvar kombinasyonları için gösterilmiştir. Şekil 4.80.a'da Düzce, b'de ise Loma Prieta kaydı altında yapıda oluşan lineer olmayan taban kesme kuvveti yerdeğiştirme çevrimsel ilişkisi gösterilmiştir. Şekillerden de görülebileceği gibi duvarların devreye girmesine ve sistem rijitlikleri içindeki paylarının artmasına paralel olarak ötelenme tepkilerini azaltırken burulma tepkilerini arttırmıştır. Rijitlik artışı ile artan dış merkezlik oranı arasındaki değişime paralel olarak davranışlarda lineer olmayan değişimler olmaktadır.

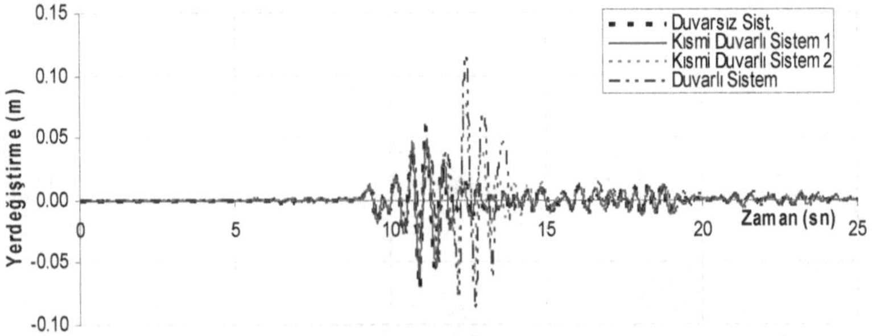

Şekil 4.81: Ω=1.2094 değeri için Düzce depremi kaydı altında duvarsız ve çeşitli duvar kombinasyonlu sistemde yerdeğiştirme tepkileri

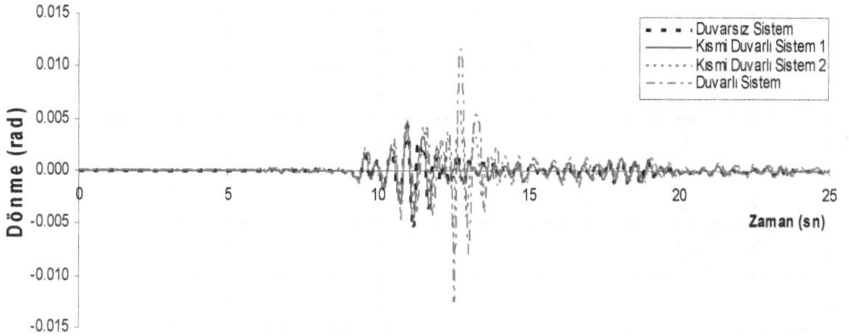

Şekil 4.82: Ω=1.2094 değeri için Düzce depremi kaydı altında duvarsız ve çeşitli duvar kombinasyonlu sistemde burulma dönmesi tepkileri

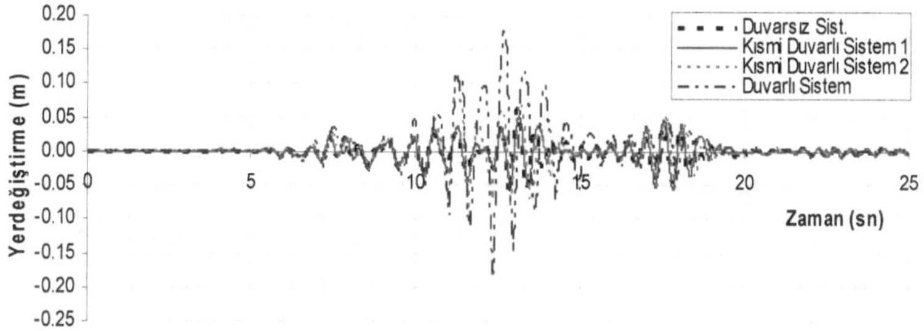

Şekil 4.83: Ω=1.144 değeri için Loma Prieta depremi kaydı altında duvarsız ve çeşitli duvar kombinasyonlu sistemde yerdeğiştirme tepkileri

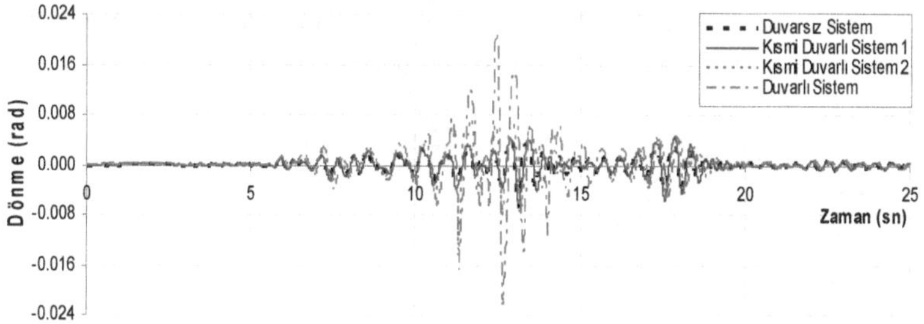

Şekil 4.84: Ω=1.144 değeri için Loma Prieta depremi kaydı altında duvarsız ve çeşitli duvar kombinasyonlu sistemde burulma dönmesi tepkileri

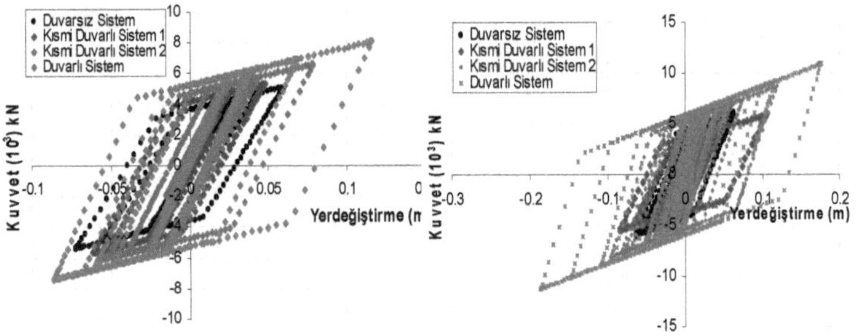

a) Ω=1.2094 b) Ω=1.144

Şekil 4.85: Ω değerleri için a) Düzce b) Loma Prieta deprem kaydı altında yapıda oluşan lineer olmayan çevrimsel kesme kuvveti yerdeğiştirme ilişkisi

Şekil 4.81 ile 83'de Düzce ve Loma Prieta depremi etkisi altında, farklı Ω değerleri için yapının verdiği lineer olmayan yerdeğiştirmeleri, 4.82 ve 4.84'de ise burulma dönmesi tepkileri duvarsız ve çeşitli duvar kombinasyonları için gösterilmiştir. Şekil 4.85.a'da Düzce, b'de ise Loma Prieta kaydı altında oluşan lineer olmayan taban kesme kuvveti yerdeğiştirme çevrimsel ilişkisi Ω değerleri için ifade edilmiştir. Duvarların sisteme katkılarının artması bir yandan sistem rijitliğini arttırarak yanal yerdeğiştirme miktarını (genelde) azaltma yönünde katkıda bulunurken bir yanda kütle merkezi ile rijitlik merkezi arasındaki farkı attırarak burulma dönmesi miktarını arttırmakta bunun sonucu yanal yer değiştirmelerde beklenen azalmalar istenen seviyede ortaya çıkamamaktadır.

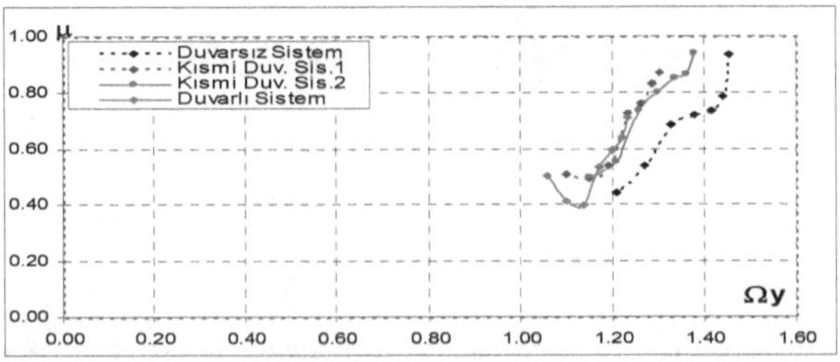

Şekil 4.86: Duvar kombinasyonlu ve duvarsız sistemde süneklik (μ) ve burulma frekansı oranı (Ω_y) parametreleri arasındaki değişim

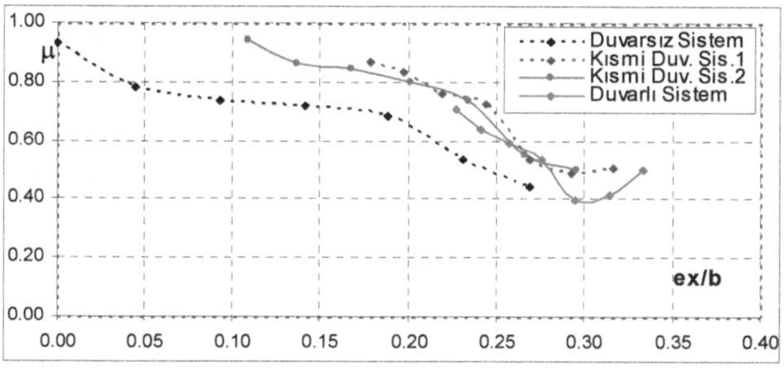

Şekil 4.87: Duvar kombinasyonlu ve duvarsız sistemde süneklik ($\underline{\mu}$) ve dış merkezlik oranı (ex/b) parametreleri arasındaki değişim

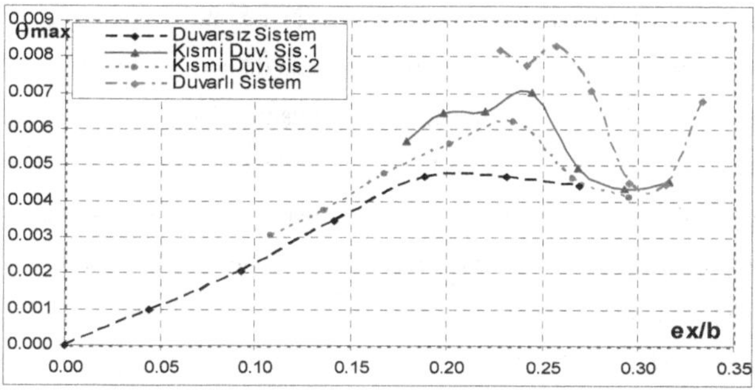

Şekil 4.88: Duvar kombinasyonlu ve duvarsız sistemde maksimum burulma dönmesi (θ_{max}) ve dış merkezlik oranı (e_x/b) parametreleri arasındaki değişim

Şekil 4.86'de duvarsız ve çeşitli duvar kombinasyonlu sistemlerin normalize edilmiş süneklik değerleri ($\underline{\mu}$) ile burulma frekansı oranı (Ω) arasındaki değişim ifade edilmiştir. Şekilde görüldüğü gibi Ω oranının azalması, duvar miktarının artmasına paralel olarak oluşmakta, böylece söz konusu sistemlerdeki süneklik gereksinimlerinde artışlar ortaya çıkmaktadır. Burada duvarların sisteme kattığı dışmerkezlik miktarının yerdeğiştirme gereksinimini arttırdığı gözlenmektedir.

Şekil 4.87'de ise süneklik ($\underline{\mu}$) ile (e_x/b) arasındaki değişim ifade edilmiştir. Artan dışmerkezlik değerleri kenar bölgelerdeki duvarların konumu ve köşe kolonların boyutlarının artmasından kaynaklanmaktadır. Bu boyut artışı doğal olarak başlangıçtaki yer değiştirmeleri bir miktar azaltmaktadır buna paralel olarak süneklik değerleri azalmaktadır. Ancak duvarların devrede olduğu sistemlerde bu azalma daha yavaş ilerlemektedir.

Şekil 4.88'de ise duvar kombinasyonlu ve duvarsız sistemde maksimum burulma dönmesi (θ_{max}) ve dış merkezlik oranı (e_x/b) parametreleri arasındaki değişim ifade edilmiştir. Lineer olmayan burulma dönmeleri dışmerkezlik miktarının artması ile daima artan değildir. e_x/b için 0.24 ve 0.30'lu değerlerde değişimler görülmektedir.

Genel yaklaşım itibariyle sonuçların parametrik olarak ifade edildiği yukarıdaki grafiklerden duvarların sistemin gerek ötelenme gerekse burulma davranışında kayda değer değişimler yaptığı görülmektedir. Bu değişimin boyutu sistemin duvarsız dış merkezliği ve duvarların devreye girmesiyle ortaya çıkan dış merkezlik artışının boyutu ile orantılı olduğu görülmektedir. Ancak sistem davranışının lineer olmaması nedeniyle parametreler arasındaki ilişki doğal olarak lineer sistemlerdeki gibi düzenli bir değişim göstermemektedir. Çünkü deprem etkisine de bağlı olarak gerek duvar gerekse taşıyıcı elemanların akma zamanları farklı olmaktadır. Yani her deprem için sistemin tepkisinin farklı olması beklenmektedir. Ayrıca duvarların maksimum yer değiştirmeye ulaşarak tamamen devre dışı kalma zamanı da farklılık arz etmektedir. Dış merkezlik miktarındaki ani artışlar ise burulma dönmesinde ciddi artışlar meydana getirmekte bu artışlar ise deprem etkisinden ortaya çıkan yanal yer değiştirmelerde önemli artışlar olmasına yol açabilmektedir.

4.6.5 Dördüncü örnek model, 12 elemanlı sistem orta duvar kombinasyonları

Analizleri yapılan 12 elemanlı ikincil sistemin kat planları Şekil 4.89 a, b, c ve d'de verilmiştir. Şekilden de görülebileceği gibi ikincil kenar aksa kademeli olarak duvarlar eklenmiştir. Bu sistemde, yine birincil sistemde olduğu gibi kenar akstaki kolonların y doğrultusundaki boyutları arttırılarak x ekseninde kütle merkezi ve rijitlik merkezi arasındaki dışmerkezlik teşkil edilmiş ve kademeli olarak arttırılmıştır. Sayısal sonuçlar tablo halinde Ek A, B, C ve D tablolarında verilmiştir.

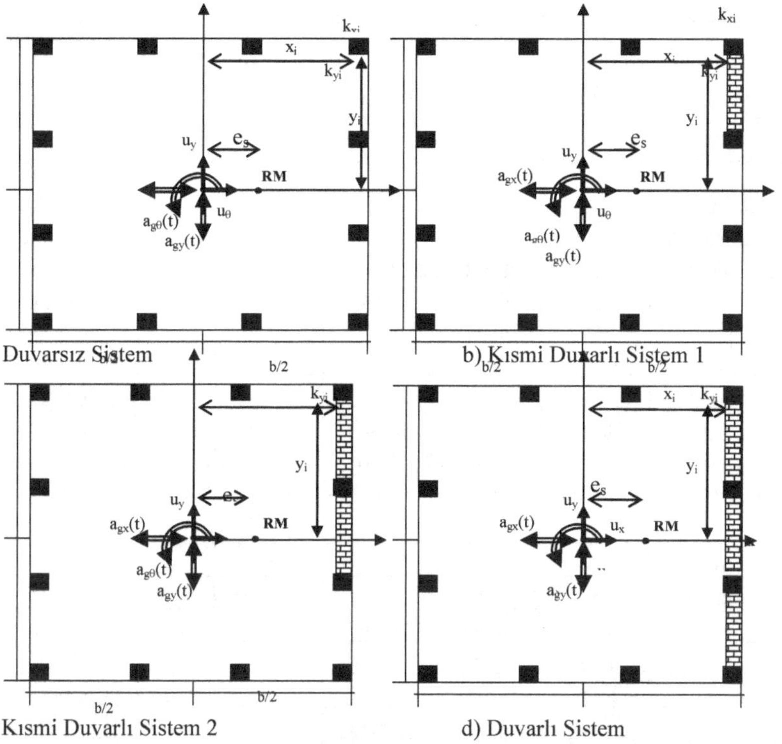

Şekil 4.89: Analizleri yapılan 12 elemanlı sistemin ikincil duvarlı modelleri

Yapı modeli, 12 elemanlı ikincil sistemi, Bölüm 4.4.1'de verilen program algoritması kullanılarak daha önce açıklanan zaman alanında adım adım integrasyon yöntemiyle durum uzayı formunda, lineer olmayan algoritma kullanılarak çözülmüştür. Tablo 4.1'de verilen deprem ivme kayıtları sisteme yüklenerek yapının lineer olmayan tepkisi hesaplanılmış ve sonuçlar grafik olarak ifade edilmiştir. Sistem ilk aşamada duvarsız olarak çözülmüştür. Şekil 4.89.b' de görülebileceği gibi ara aksa düşey açıklığın üçte biri kadar uzunluğa duvar ilavesi yapılarak kısmi duvarlı birinci sistem elde edilmiş ve çözüme gidilmiştir. Bir sonraki aşamadaysa, Şekil 4.89.c' de görülebileceği gibi, ara aksa y ekseninin üçte ikilik kısmına duvar uygulanarak kısmi duvarlı ikinci sistem elde edilmiş ve çözüm yapılmıştır. Son aşamadaysa Şekil 4.89.d' de ifade edildiği formuyla ara aksın tamamı duvar eklenerek analizleri yapılmıştır. Yapıdaki bu değişimlerine bağlı olarak analiz sonuçlarında elde edilen tepki parametrelerinin durumu grafikler halinde ifade edilmiştir. Yukarıda şekilleri verilen sistemlerinin serbest titreşim ve burulma titreşimine ait karakteristikleri Tablo 4.11, 12, 13 ve 14'de ifade edilmiştir.

Tablo 4.11: Duvarsız modellere ait serbest titreşim ve burulma özellikleri

Kenar Kolon	T_x (sn)	T_y (sn)	T_θ (sn)	Ω_x	Ω_y	e_x/b
30x30	0.457	0.457	0.315	1.453	1.2343	0.00000
30x35	0.451	0.436	0.302	1.443	1.2203	0.04480
30x40	0445	0.412	0.291	1.419	1.200	0.09297
30x45	0.439	0.387	0.280	1.381	1.172	0.14180
30x50	0.434	0.361	0.271	1.331	1.140	0.18850
30x55	0.428	0.335	0.263	1.273	1.101	0.23120
30x60	0.423	0.311	0.257	1.209	1.059	0.26920

Tablo 4.12: Yarı duvarlı 1. sistem modelleri serbest titreşim ve burulma özellikleri

Kenar	T_x (sn)	T_y (sn)	T_θ (sn)	Ω_x	Ω_y	e_x/b
30x30	0.457	0.404	0.3119	1.4654	1.2964	0.0362
30x35	0.451	0.390	0.3897	1.4980	1.2948	0.0693
30x40	0445	0.372	0.2902	1.5330	1.2834	0.1066
30x45	0.439	0.353	0.2801	1.5677	1.2613	0.1459
30x50	0.434	0.333	0.2710	1.5998	1.2290	0.1853
30x55	0.428	0.313	0.2630	1.6282	1.1883	0.2228
30x60	0.423	0.293	0.2561	1.6521	1.1411	0.2576

Tablo 4.13: Yarı duvarlı 2. sistem modelleri serbest titreşim ve burulma özellikleri

Kenar Kolon	T_x (sn)	T_y (sn)	T_θ (sn)	Ω_x	Ω_y	e_x/b
30x30	0.457	0.3664	0.3102	1.4733	1.1813	0.0595
30x35	0.451	0.3554	0.3001	1.5023	1.1844	0.0856
30x40	0445	0.3420	0.2899	1.5346	1.1804	0.1159
30x45	0.439	0.3272	0.2801	1.5678	1.1682	0.1489
30x50	0.434	0.3110	0.2710	1.5999	1.1474	0.1829
30x55	0.428	0.2940	0.2628	1.6294	1.1188	0.2164
30x60	0.423	0.2770	0.2556	1.6553	1.0837	0.2483

Tablo 4.14: Duvarlı modellere ait serbest titreşim ve burulma özellikleri

Kenar	T_x (sn)	T_y (sn)	T_θ (sn)	Ω_x	$\Omega 1.092_y$	e_y/b
30x30	0.457	0.3375	0.3091	1.4788	1.092	0.0758
30x35	0.451	0.3289	0.2995	1.5053	1.098	0.0973
30x40	0445	0.3183	0.2897	1.5357	1.099	0.1128
30x45	0.439	0.3061	0.2801	1.5699	1.093	0.1511
30x50	0.434	0.2927	0.2710	1.6001	1.080	0.1810
30x55	0.428	0.2785	0.2627	1.6304	1.060	0.2113
30x60	0.423	0.2639	0.2552	1.6579	1.034	0.2407

Duvarsız, kısmi duvarlı ve tam duvarlı sistemlerin değişik dış merkezlik durumlarında ve yapının lineer olmayan ötelenme ve burulma tepkisinde oluşturduğu farklılıklar ile kesme kuvveti ve yerdeğiştirme ilişkisinin lineer olmayan çevrimsel ifadesi elde edilmeye çalışılmıştır.

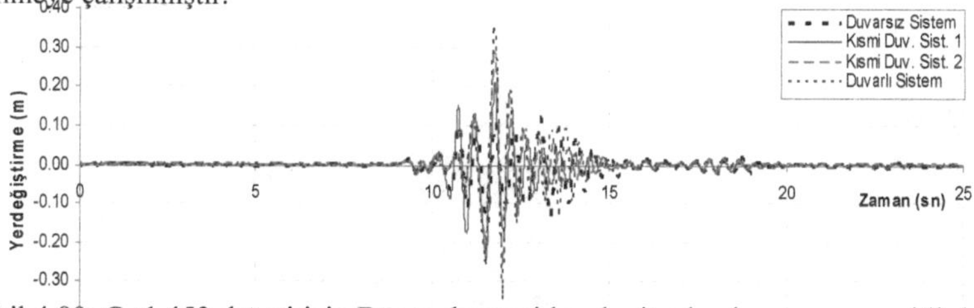

Şekil 4.90: Ω=1.453 değeri için Düzce depremi kaydı altında, duvarsız ve çeşitli duvar kombinasyonlu sistemde yerdeğiştirme tepkileri

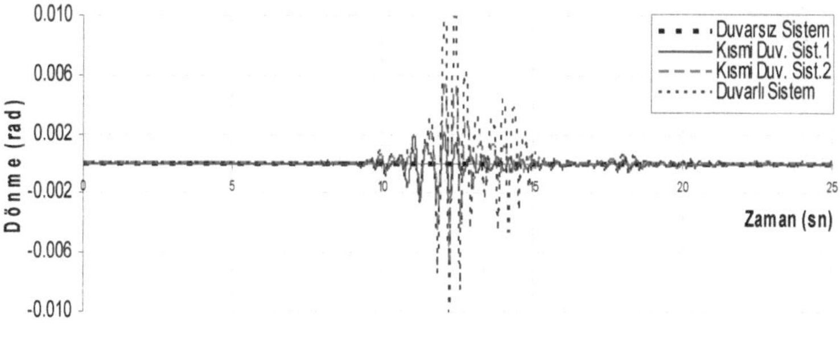

Şekil 4.91: Ω=1.453 değeri için Düzce depremi kaydı altında duvarsız ve çeşitli duvar kombinasyonlu sistemde burulma dönmesi tepkileri

Şekil 4.90 ve 91'de Ω=1.453 için, Düzce deprem ivmesi kaydı altında yapıda oluşan, lineer olmayan yerdeğiştirme ve burulma dönmesi tepkileri verilmiştir. Şekillerden görülebileceği gibi kütle merkezinin uzağında yer alan duvar miktarının artması yapının burulma dönmelerini arttırmaktadır.

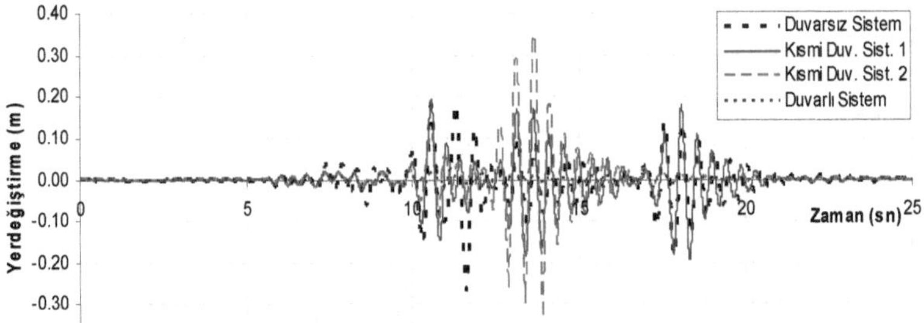

Şekil 4.92: Ω=1.4431 değeri için Loma Prieta depremi kaydı altında duvarsız ve çeşitli duvar kombinasyonlu sistemde yerdeğiştirme tepkileri

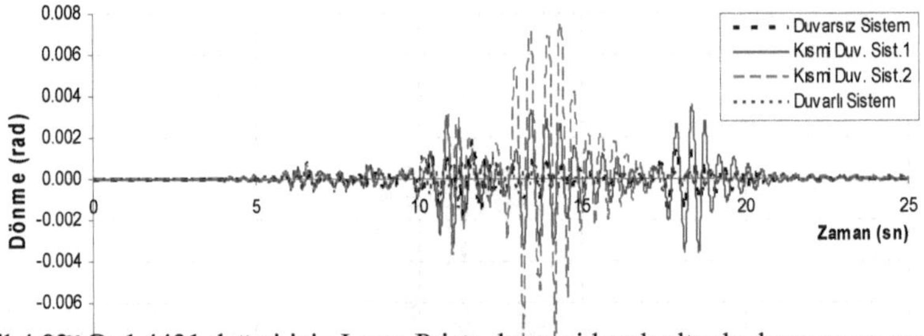

Şekil 4.93: Ω=1.4431 değeri için Loma Prieta depremi kaydı altında duvarsız ve çeşitli duvar kombinasyonlu sistemde burulma dönmesi tepkileri

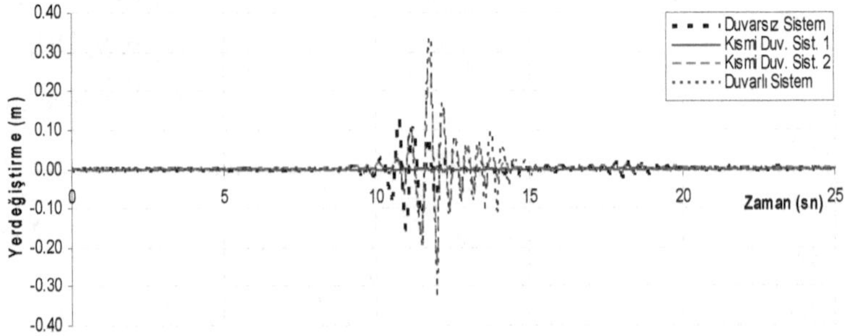

Şekil 4.94: Ω=1.419 değeri için Düzce depremi kaydı altında duvarsız ve çeşitli duvar kombinasyonlu sistemde yerdeğiştirme tepkileri

Şekil 4.92 ve 4.93'de Ω=1.4431 için, Loma Prieta deprem ivmesi kaydı altında yapıda oluşan, lineer olmayan yerdeğiştirme ve burulma dönmesi tepkileri verilmiştir. Şekil 4.94 ve 4.95'de Ω=1.419 için, Düzce deprem ivmesi kaydı altında yapıda oluşan, lineer olmayan yerdeğiştirme ve burulma dönmesi tepkileri verilmiştir.

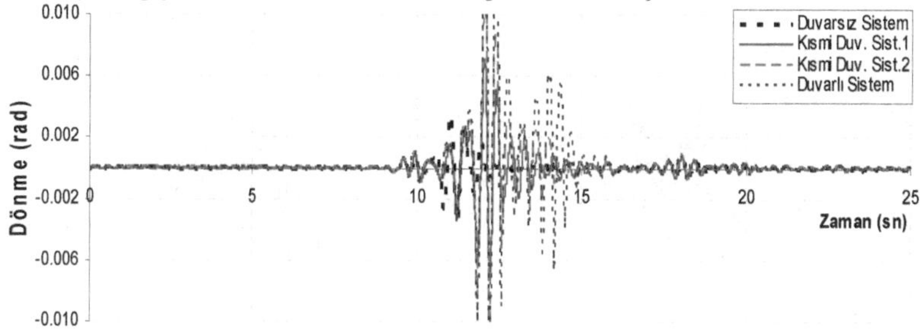

Şekil 4.95: Ω=1.419 değeri için Düzce depremi kaydı altında duvarsız ve çeşitli duvar kombinasyonlu sistemde burulma dönmesi tepkileri

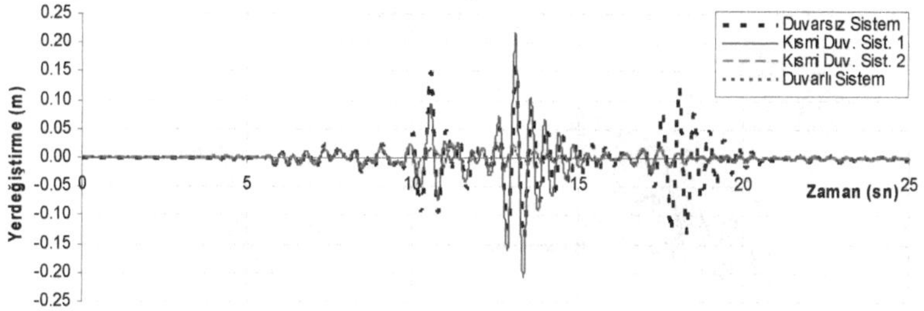

Şekil 4.96: Ω=1.381 değeri için Loma Prieta depremi kaydı altında duvarsız ve çeşitli duvar kombinasyonlu sistemde yerdeğiştirme tepkileri

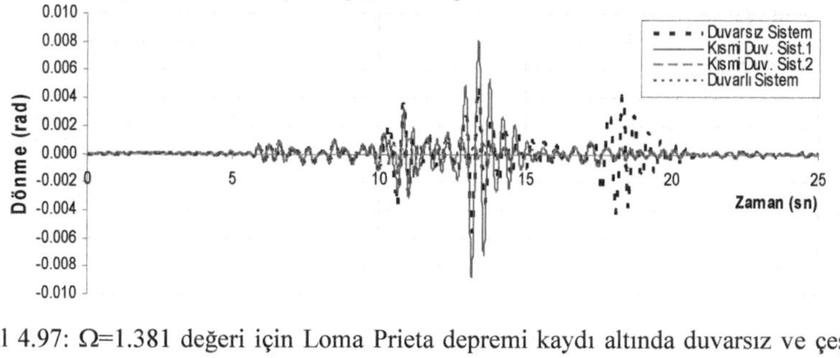

Şekil 4.97: Ω=1.381 değeri için Loma Prieta depremi kaydı altında duvarsız ve çeşitli duvar kombinasyonlu sistemde burulma dönmesi tepkileri

Şekil 4.96 ve 4.97'de Ω=1.381 için, Loma Prieta deprem ivmesi kaydı altında yapıda oluşan, lineer olmayan yerdeğiştirme ve burulma dönmesi tepkileri verilmiştir. Buradan görüleceği gibi özellikle Loma Prieta depremi etkisi yapıda kısmi duvarların davranışı açısından en olumsuz sonuçları vermektedir.

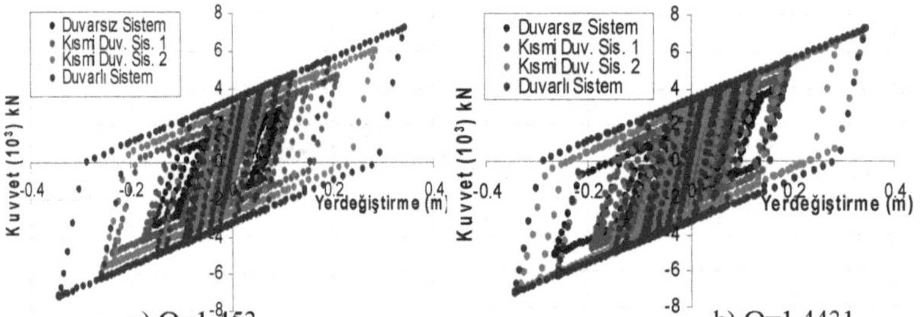

a) Ω=1.453 b) Ω=1.4431

Şekil 4.98: Ω parametresi için a) Düzce b) Loma Prieta deprem kaydı altında yapıda oluşan çevrimse l kesme kuvveti yerdeğiştirme ilişkisi

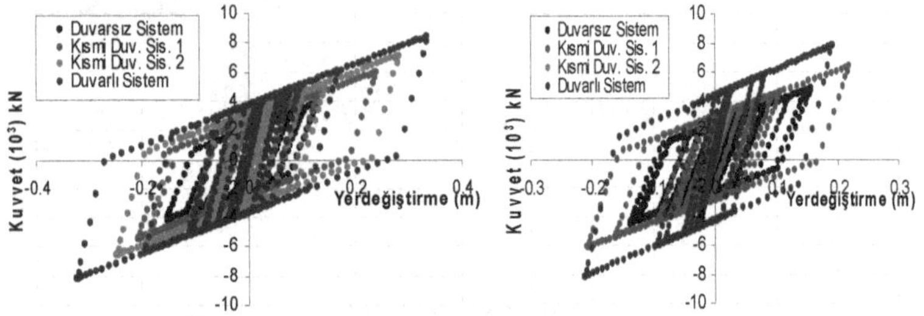

a) Ω=1.419 b) Ω=1.381

Şekil 4.99: Ω parametresi için a) Düzce b) Loma Prieta deprem kaydı altında yapıda oluşan çevrimsel kesme kuvveti yerdeğiştirme ilişkisi

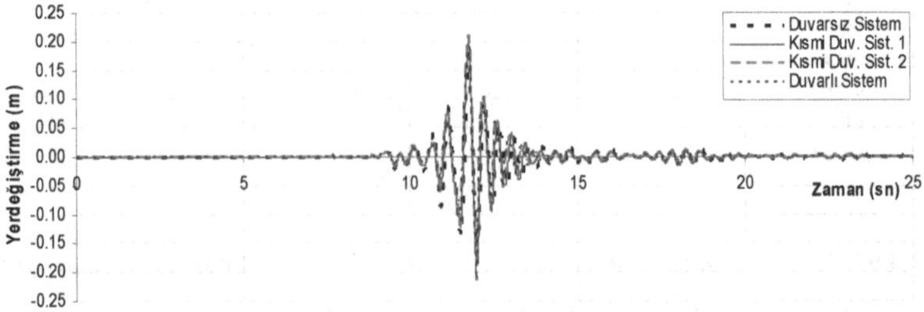

Şekil 4.100: Ω=1.331 değeri için Düzce depremi kaydı altında duvarsız ve çeşitli duvar kombinasyonlu sistemde yerdeğiştirme tepkileri

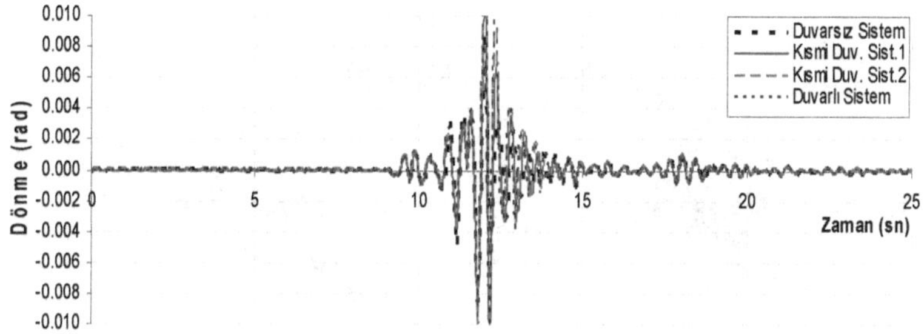

Şekil 4.101: Ω=1.331 değeri için Düzce depremi kaydı altında duvarsız ve çeşitli duvar kombinasyonlu sistemde burulma dönmesi tepkileri

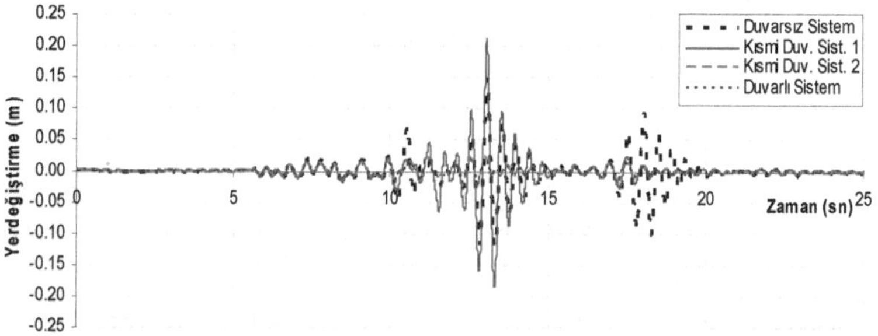

Şekil 4.102: Ω=1.2727 değeri için Loma Prieta depremi kaydı altında duvarsız ve çeşitli duvar kombinasyonlu sistemde yerdeğiştirme tepkileri

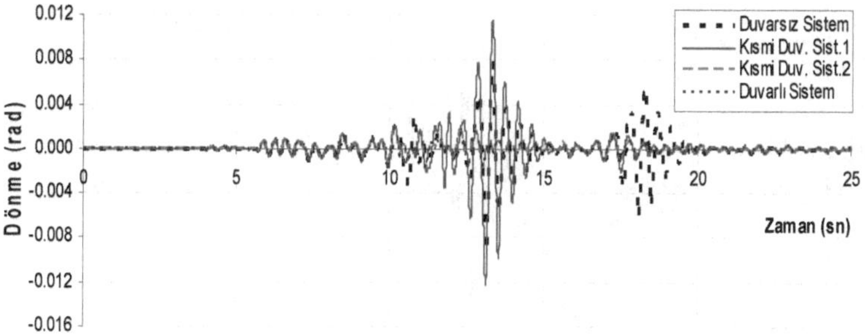

Şekil 4.103: Ω=1.2727 değeri için Loma Prieta depremi kaydı altında duvarsız ve çeşitli duvar kombinasyonlu sistemde burulma dönmesi tepkileri

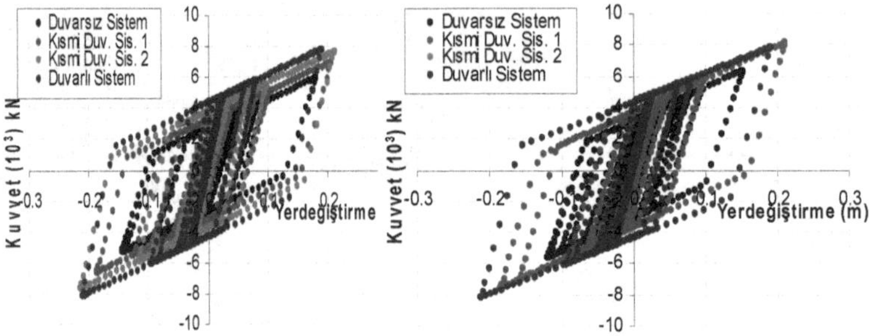

a) Ω=1.331　　b) Ω=1.2727

Şekil 4.104: Ω parametresi için a) Düzce b) Loma Prieta deprem kaydı altında yapıda oluşan çevrimsel kesme kuvveti yerdeğiştirme ilişkisi

Şekil 4.98 ve 4.99'de farklı Ω parametresi değerleri için deprem etkileri altında, lineer olmayan çevrimsel kesme kuvveti yerdeğiştirme ilişkisi, farklı duvar kombinasyonu durumları için gösterilmiştir. Şekil 4.100'de ise yine Düzce depremi etkileri altında, lineer olmayan yerdeğiştirme tepkileri, 4.101'de ise dönme tepkileri verilmiştir. Aynı değişimler, Şekil 4.102 ve 103'de ise farklı Ω parametresi değerleri için Loma Prieta depremi etkileri altında gösterilmiştir.

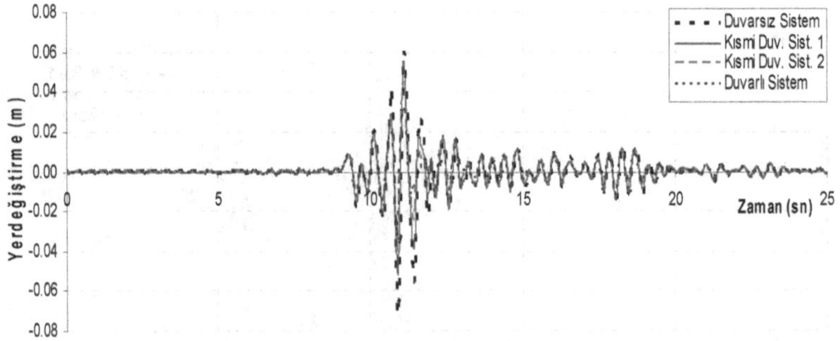

Şekil 4.105: Ω=1.2094 değeri için Düzce depremi kaydı altında duvarsız ve çeşitli duvar kombinasyonlu sistemde yerdeğiştirme tepkileri

Yukarıda görülen Şekil 4.104'de Düzce ve Loma Prieta kaydı için yapı sistemlerinde ortaya çıkan çevrimsel davranışlar gösterilmiştir. Şekil 4.105 ve 106'da ise Düzce kaydı için Ω=1.2094 olan sistemin yer değiştirme ve burulma tepkileri gösterilmiştir.

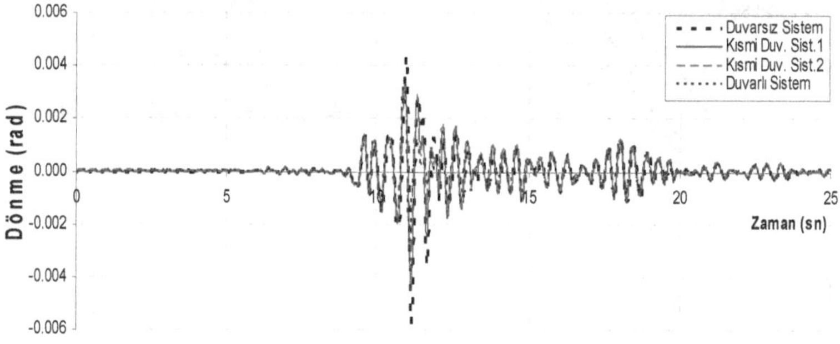

Şekil 4.106: Ω=1.2094 değeri için Düzce depremi kaydı altında duvarsız ve çeşitli duvar kombinasyonlu sistemde burulma dönmesi tepkileri

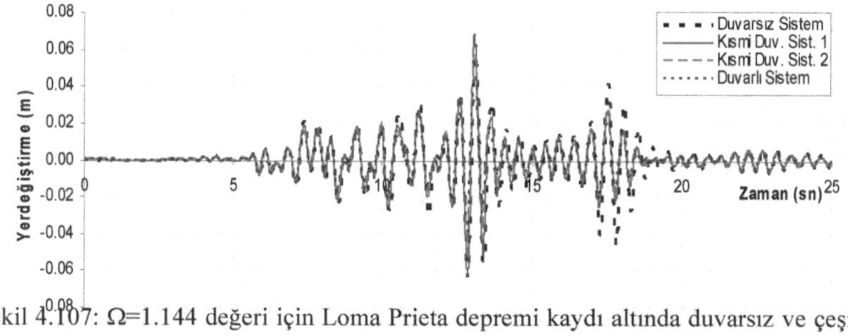

Şekil 4.107: Ω=1.144 değeri için Loma Prieta depremi kaydı altında duvarsız ve çeşitli duvar kombinasyonlu sistemde yerdeğiştirme tepkileri

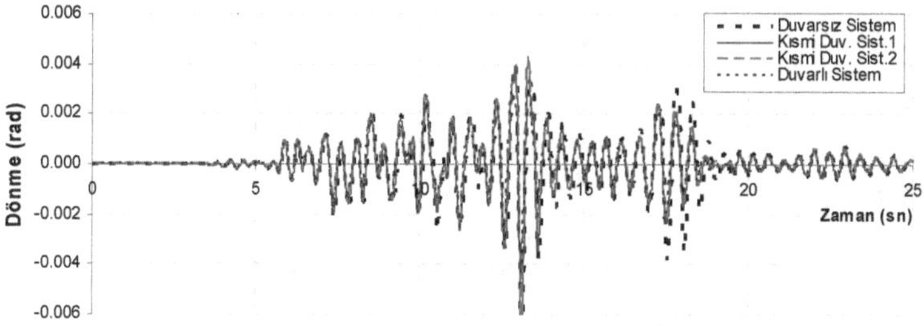

Şekil 4.108: Ω=1.144 değeri için Loma Prieta depremi kaydı altında duvarsız ve çeşitli duvar kombinasyonlu sistemde burulma dönmesi tepkileri

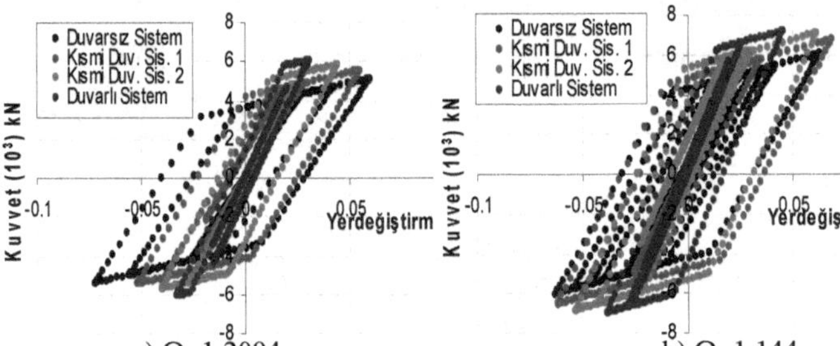

a) Ω=1.2094 b) Ω=1.144

Şekil 4.109: Ω parametresi için a) Düzce b) Loma Prieta deprem kaydı altında yapıda oluşan çevrimsel kesme kuvveti yerdeğiştirme ilişkisi

Şekil 4.107 ve 108'de Loma Prieta deprem kaydı altında yerdeğiştirme ve dönme tepkileri verilmiştir. Şekil 4.109'da ise farklı Ω değerleri için Düzce ve Loma Prieta deprem etkileri altında lineer olmayan çevrimsel yerdeğiştirme kuvvet ilişkileri verilmiştir. Şekillerden de görüldüğü gibi bu seviyede duvarların çevrimlerinin azalmasına katkısı söz konusu olabilmektedir.

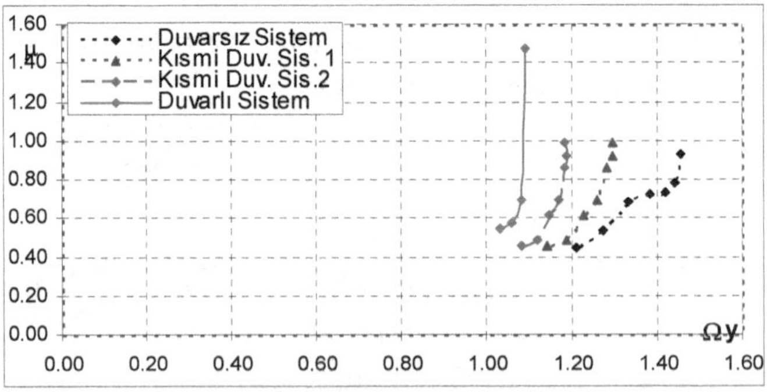

Şekil 4.110: Duvar kombinasyonlu ve duvarsız sistemde süneklik (μ) ve burulma frekansı oranı (Ω_y) parametreleri arasındaki değişim

Şekil 4.89'da görülen sistemin her bir duvar kombinasyonu için normalize edilmiş süneklik değerleri ile burulma frekansı oran parametresi arasındaki ilişkisi Şekil 4.110'da ifade edilmiştir. Görüldüğü gibi duvarlı sistemlerde bu gereksinim daha yüksek seviyelerde seyretmektedir.

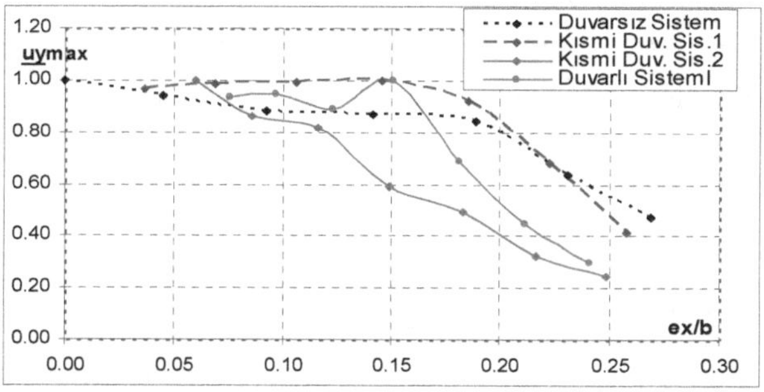

Şekil 4.111: Duvar kombinasyonlu ve duvarsız sistemde maksimum yerdeğiştirme (uy_{max}) ve dış merkezlik oranı (e_x/b) parametreleri arasındaki değişim

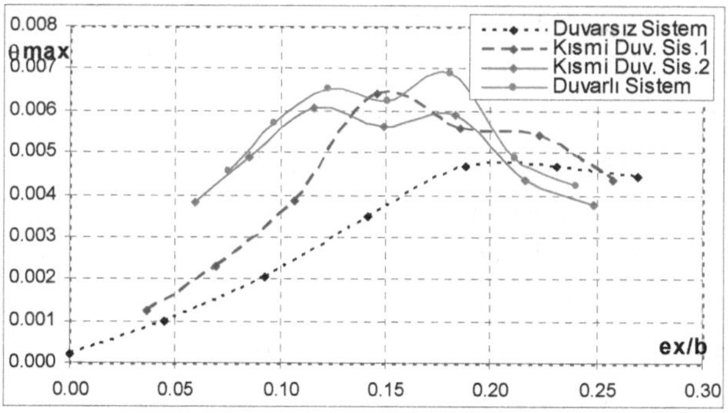

Şekil 4.112: Duvar kombinasyonlu ve duvarsız sistemde maksimum burulma dönmesi (θ_{max}) ve dış merkezlik oranı (e_x/b) parametreleri arasındaki değişim

Şekil 4.111'de ise süneklik (u_{ymax}) ile (e_x/b) arasındaki değişim ifade edilmiştir. Artan dışmerkezlik değerleri, ikinci aksa eklenen duvarların katkısı ve köşe kolonların boyutlarının artmasından kaynaklanmaktadır. Şekil 4.112'de ise duvar kombinasyonlu ve duvarsız sistemde maksimum burulma dönmesi (θ_{max}) ve dış merkezlik oranı (e_x/b) parametreleri arasındaki değişim ifade edilmiştir. Lineer olmayan burulma dönmeleri dışmerkezlik miktarının artması ile düzenli olarak artan değildir. e_x/b için 0.14 ve 0.18'li değerlerde değişimlerde dönüşler görülmektedir. Burulma dönmesi genelde duvarlı sistemde en üst seviyede seyrederken, duvarsız sistemde genelde en alt seviyede seyretmektedir. $e_x/b=0.14$ mertebesinde kısmi duvarlı 1. sistemin dönmeleri daha üst seviyelere ulaşsa da $e_x/b=0.21$ seviyelerine dek duvarlı sistem daha üstten seyretmiş. $e_x/b=0.22$ oranından sonra grafik eski formuna doğru dönmeye başlamıştır.

5. DEPREMİN BURULMA BİLEŞENİNİN YAPININ BURULMA DAVRANIŞINA ETKİSİ

Deprem süresince bir yapı sistemi depreme ait üç adet bileşenden gelen etkiye maruz kalır. Bu etkiler; x, y eksenleri kabul edilen birbirine yatayda dik ötelenme doğrultusu ile düşeyden geçen z ekseni etrafındaki dönme bileşenidir. Bu üç bileşen değişik sismik dalgalar olan, P dalgası, kesme dalgası, yüzey dalgası ve bunların kırılması veya yansıması ile oluşan bileşenleridir. Buradaki P dalgasının dönme etkisi yoktur ancak diğer dalgalar dönme etkisine sebep olabilirler [69]. Ötelenme bileşenleri akselorometreler yardımı ile kaydedilebilmektedir ancak depremin dönme bileşeni aletsel olarak doğrudan kaydedilemez. Ancak dolaylı olarak bir takım hesaplamalarda yapıldıktan sonra elde edilebilir. Depremin dönme bileşeninden dolayı yapının tepki parametrelerinde bir takım değişiklikler beklenebilir.

Amerikan deprem yönetmeliklerinde, beklenmeyen burulmanın etkisini dikkate almak için eşdeğer yatay kuvvet, rijitlik merkezinden e_d kadar uzağa etkitilir, böylece kesme kuvveti ve devirme momentine ilave olarak kat burulmasının da dikkate alınması gerçekleşmiş olur. Bu yönetmeliklerde yer alan kural ve tasarım için tavsiyelerde, yatay kuvvet kütle merkezinden e_s kadar ileriye etkitilir [70].

$$e_d = e_s \pm 0.05b \quad (5.1)$$

UBC tarafından verilen 5.1 eşitliğinde, e_d dayanım dış merkezliğini hesaplamak için e_s statik dış merkezliği binadaki simetri eksikliğinden kaynaklanan yatay burulma etkisini dikkate alabilmek için kullanılır. İlave edilen $\pm 0.05b$ ile tanımlanan etki kütle, rijitlik ve dayanımın analizde düzensiz dağıtılmasından oluşabilecek dış merkezlikleri ve zemindeki taban burulmasından kaynaklanan, burulma hareketindeki değişimin ilave etkilerini göz önüne alabilmek için yansıtılmaktadır. Ancak depremin dönme bileşeninin tasarım ve hesaba nasıl yansıtılması gerektiği konusunda kesin görüş ortaya çıkmamıştır.

Düşeyden geçen z ekseni etrafında oluşan depremin söz konusu dönme bileşeni, aşağıda verilen 5.2 eşitliği yardımı ile hesaplanabilir.

$$\ddot{\theta}_k(t) = -\frac{1}{2V_s}\frac{d}{dt}(\ddot{x}_j(t) - \ddot{x}_i(t)) \quad (5.2)$$

Yukarıdaki denklemde V_s kesme dalgası hızı, $\ddot{x}_i$ ve $\ddot{x}_j$ ise depremin i ve j doğrultularındaki yatay bileşenleridir. $\ddot{\theta}_k(t)$ düşey eksen etrafında oluşan depremin dönme bileşenidir.

Dönme hareketi (düşey eksen etrafındaki) olarak tanımlanan, taban burulma titreşimi, bina temelinin üç boyutlu uzayda üniform olmayan titreşimlerinin bir sonucudur. Zeminin temeldeki hareketinin, üç boyutlu değişimi geleneksel olarak iki etki ile nitelendirilebilir [85, 86].

1) Dalga pasajı: Zemin yüzeyindeki farklı iki nokta aynı hareket tarafından titreştirilse de arada "faz farkı" oluşur.

2) Zemin hareketi uyumsuzluğu: Deprem kaynağından gelen dalganın yansıması ve saçılması dolayısı ile bina temeli etrafında farklı genlikler ve faz karakteristikleri ortaya çıkabilir.

Zemindeki taban burulması ile ilgili ilk klasik çalışma Newmark'a aittir. Daha sonra Velestos ve arkadaşları Newmark'ın yaptığı determistik çalışmayı geliştirmişlerdir.

Tüm bu çalışmalar zemin hareketinin farklı dağılımı kabulüne göre yapılmıştır. Gerçek deprem ivmesi kullanılarak yapılmış çalışmalar değildir [71-76].

Binanın temel seviyesindeki akselorometreler tarafından kaydedilen ötelenme hareketi, temelin altındaki hareketin ortalaması ile ilişkilidir. Çünkü birçok binanın temel sistemi rijit olarak kabul edilebilir. Bundan dolayı temel bölgesindeki farklı noktalar keyfi hareket yapmazlar. Eğer bina temeli rijit davranıyorsa, deprem boyunca nihai algılama olarak, hareket altı serbestlik derecesi ile tarif edilebilir. Bunlar yatayda (x, y)ve düşeyde (z) ötelenme ile x, y eksenleri etrafında dönme ve düşey eksen etrafında burulmadır. Bu serbestliklerden biri de tabandaki burulma titreşimidir.

$$a_{g\theta}(t) = \frac{(a_{g1}(t) - a_{g2}(t))}{d} \qquad (5.3)$$

Taban burulma titreşimi rijit temel sistemine sahip binalarda binanın tabanına yerleştirilen iki paralel akselorometre kullanılarak elde edilen ötelenme titreşimleri kaydından hesaplama yapılarak elde edilebilir. Bu tipte ki rijit temellerde düzlem içi eğilme ve kayma deformasyonları ihmal edilerek, dönme ivmesi 5.3 eşitliğinde ifade edildiği gibi hesaplanabilir. Tabandaki $a_{g1}(t)$ ve $a_{g2}(t)$, 1 ve 2 konumlarında kaydedilen ötelenme ivmeleridir ve birimleri cm/s^2'dir. Buna dayalı olarak, d mesafesi iki konum (1 ve 2 no'lu akselorometre arasındaki mesafe) cm cinsinden mesafedir. Böylece depremin burulma bileşeni olan $a_{g\theta}(t)$ rad/s^2 biriminden hesaplanabilir. Tabandaki ortalama ivme ise 5.4 eşitliğindeki gibi hesaplanacaktır.

$$a_g(t) = \frac{(a_{g1}(t) + a_{g2}(t))}{2} \qquad (5.4)$$

Özellikle California depreminde bina temellerine birden fazla hareket kaydedici yerleştirilmesi ile yaklaşık 30 bina için depremin taban burulma bileşeni elde edilebilmiştir [77].

5.1 Sistemin Modeli ve Hareket Denklemlerinin Oluşturulması

Depremin burulma bileşenin hareket denklemlerinde göz önüne alınması ile 4. bölümde 4.34 eşitliğindeki genel hareket denklemi aşağıdaki 5.5 eşitliğindeki durumunu alır. Buna bağlı olarak eleman ve sistemin rijitlik matrislerinin oluşturulmasında bir önceki bölüme göre değişiklik yoktur. Aşağıdaki 5.6, 7, 8 eşitlikleri kullanılarak eleman ve sistem rijitlik matrisleri elde edilebilir.

$$M\ddot{x}(t) + C\dot{x}(t) + Kx(t) = F_e(t) \tag{5.4}$$

$$\begin{bmatrix} M & 0 & 0 \\ 0 & M & 0 \\ 0 & 0 & I_\theta \end{bmatrix} \begin{Bmatrix} \ddot{x}_x(t) \\ \ddot{x}_y(t) \\ \ddot{\theta}(t) \end{Bmatrix} + \begin{bmatrix} C_{xx} & C_{xy} & C_{x\theta} \\ C_{yx} & C_{yy} & C_{y\theta} \\ C_{\theta x} & C_{\theta y} & C_{\theta\theta} \end{bmatrix} \begin{Bmatrix} \dot{x}_x(t) \\ \dot{x}_y(t) \\ \theta(t) \end{Bmatrix} + \begin{bmatrix} K_{xx} & K_{xy} & K_{x\theta} \\ K_{yx} & K_{yy} & K_{y\theta} \\ K_{\theta x} & K_{\theta y} & K_{\theta\theta} \end{bmatrix} \begin{Bmatrix} x_x(t) \\ x_y(t) \\ \theta(t) \end{Bmatrix} = \begin{Bmatrix} M\ddot{x}_{gx}(t) \\ M\ddot{x}_{gy}(t) \\ I_\theta \ddot{x}_{g\theta}(t) \end{Bmatrix} \tag{5.5}$$

$$K_{xx} = \sum_{i=1}^{n} k_{ix} \qquad K_{yy} = \sum_{i=1}^{n} k_{iy} \tag{5.6}$$

$$K_{y\theta} = e_x K_{yy} \qquad K_{x\theta} = e_y K_{xx} \tag{5.7}$$

$$K_{\theta\theta} = \sum_{i=1}^{n} k_{ix} y_i^2 + \sum_{i=1}^{n} k_{iy} x_i^2 \tag{5.8}$$

Dinamik hareket denkleminde yer alan kütle, sönüm ve rijitlik matrisleri 4. bölümde açıklandığı gibidir. Sönüm matrisi denklem 5.9'da görüldüğü gibi kütle ve rijitlik ile orantılı olarak seçilmiştir. Rayleigh sönümü adı da verilen bu denklemdeki α ve β katsayıları doğal frekanslara ve ξ sönüm oranına bağlı olarak 5. 10 ve 11 denklemlerinde gösterildiği gibi hesaplanabilir.

$$C = \alpha M + \beta K \tag{5.9}$$

$$\alpha = \xi \frac{\omega_i \omega_j}{\omega_i + \omega_j} \tag{5.10}$$

$$\beta = \xi \frac{2}{\omega_i + \omega_j} \tag{5.11}$$

Dinamik hareket denklemi yukarıdaki gibi oluşturulduktan sonra, "Durum Uzayı" yöntemi kullanılarak sayısal olarak çözülmüştür. Yazılan program algoritmasında sisteme ait kütle, sönüm, rijitlik gibi matrisler hesaplandıktan sonra bu yöntemde aşağıda verilen formülasyonlar kullanılarak 0.005 sn zaman aralıkları için deprem kuvveti dış etkisi altında yapı davranış karakteristik değerleri (yerdeğiştirme, hız, ivme, kesme kuvveti, geri çağırıcı kuvvet gibi) hesaplanmakta ve gerek taşıyıcı eleman, gerekse duvar için akma karakteristik değerleri kontrol edilmekte ve davranışın hangi bölgede olduğu tespit edilmektedir. Bu yöntemde, sistemin çeşitli dış etkilere tepkisini hesaplamak için hem yerdeğiştirme hem de hızı bağımsız değişkenler olarak kabul edilmektedir. Bu bağımsız değişkenler "Durum" olarak isimlendirilmektedir. Bölüm 4.1'de bu yöntemin sistemin çözümü için kullanılması detaylı olarak ifade edilmiştir. Bu yöntem ile hareket denkleminin sayısal integrasyon yardımıyla zaman alanında sayısal olarak çözmek mümkündür.

Gerçek davranışa daha yakın bir karakteristik göstermesi açısından yatay yük taşıyıcı elemanların bilineer yatay yük – yerdeğiştirme kabulü yapılmıştır. Bölüm 4.4.1'de ifade edilen algoritma, sistemin modellenmesi ve deprem etkisi altında tepkilerinin hesaplanması için hareket denkleminde bu bölümde yapılan değişiklikler dikkate alınarak gerekli hesaplamalar yapılmıştır. Sistemdeki duvarlar da aynı kabuller doğrultusunda dikkate alınmıştır.

5.2 Analizde Kullanılan Deprem Kayıtları ve Burulma Bileşeninin Hesabı

Yukarıda da belirtildiği gibi kurulan yapı modelleri üzerinde yapılacak olan dinamik analizlerde depremin burulma bileşeninin kullanılabilmesi için bazı özel ölçümler ve özel ara işlemlerin yapılması gerekmektedir. Depremin burulma bileşeni daha önce de ifade edildiği gibi doğrudan değil aynı ortamda alınan birbirinde uzaklığı bilinen iki adet akselerometreden elde edilen deprem ivme değerleri, 5.3 eşitliğinde verilen şekilde işlem yapıldıktan sonra elde edilebilir. Bunun için akselerometreler arası mesafenin bilinmesi gerekmektedir.

California depreminde bina temellerine birden fazla hareket kaydedici yerleştirilmesi ile yaklaşık 30 bina için depremin taban burulma bileşeni elde edilebilmiştir . Söz konusu binalarda temel seviyesine 2 adet olmak üzere diğer katlara da akselerometreler yerleştirilmiş ve bazen 10 yılı geçen süre zarfında deprem ivme kayıtları alınmıştır. Alınan bu kayıtlar, CSMIP tarafından aynı ortamda alınan ve akselerometrelerin birbirinden uzaklığı da bilinen deprem kayıtlarıdır. Bu kayıtlar, ivmenin ötelenme bileşeni tespitinde aynı katta birden fazla akselerometre olması dolayısı önemlidir ve bu kaydedici elemanların aynı doğrultudaki ivme kayıtlarının 5.4 eşitliğinde ifade edildiği şekilde ortalamalarının alınması ile kullanılabilmiştir.

Tablo 5.1: Burulma bileşeni hesaplanan deprem ivme kayıtları ve özelikleri

Deprem	Yeri	CSMIP	Kayıt El. No	İstasyon	$(a_{gy})_0/g$	$(V_{gy})_0/$
Whittier	Long Beach	14323	13. 16	5392	0.0729	8.682
Whittier	Hollywood	24236	1. 9	3036	0.1183	9.417
Whittier	Sherman Oaks	24322	11. 12	2579	0.2572	8.111
Whittier	Burbank	24370	8. 9	3658	0.1609	9.720
Whittier	Van Nuys	24386	1. 13	4517	0.1403	7.806
Whittier	Los Angeles	24463	8. 9	11022	0.1236	12.62
Whittier	Los Angeles	24468	1. 14	4999	0.2703	20.03
Loma Prieta	Hollister	47391	8. 9	8931	0.2397	39.56
Loma Prieta	Watsonvill	47459	9. 10	2155	0.2625	25.40
Loma Prieta	San Jose	57562	3. 4	7315	0.1705	14.87
Loma Prieta	Oakland	58224	6. 7	4798	0.2440	32.14
Loma Prieta	Saratoga	58235	10. 11	4307	0.3547	35.88
Loma Prieta	South San	58261	4. 5	6035	0.1549	23.50
Loma Prieta	San Francisco	58532	4. 6	4267	0.1032	13.69

Hesaplamalarda kullanılan Whittier depremi 1 Ekim 1987'de, 7.42'de California, Los Angeles yakınlarında, Pasedena'nın güney doğusunda Whittier'da meydana gelmiştir. Depremde Büyüklüğü 5.9, odak derinliği ise 9.5 km olarak hesaplanmıştır. Söz konusu depremden elde edilen hesaplara esas ilk kayıt CSMIP 47391 no'lu istasyondan elde edilen kayıttır.

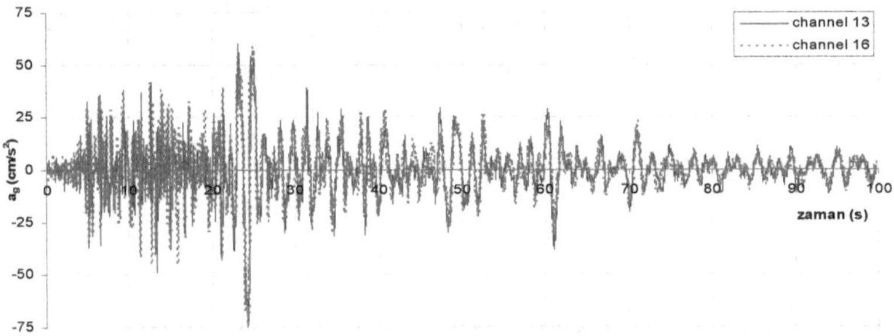

Şekil 5.1: Whittier 14323 kaydının aynı düzlemden alınan iki adet eks. ivme grafiği

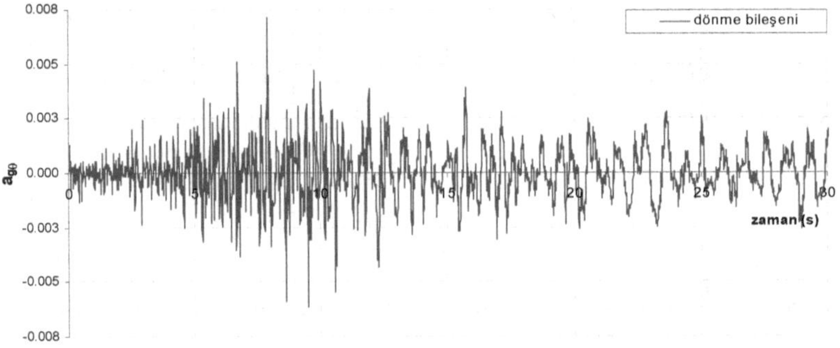

Şekil 5.2: Whittier, 14323 kaydından hesaplanan, ivme burulma bileşeni ($a_{g\theta}$) grafiği

Yukarıda Şekil 5.1'de CSMIP 14323 istasyonunda , aynı düzlemde bulunan iki adet akselorometreden alınan eksenel ivme kaydı kıyaslamalı olarak verilmiştir. 14323 lokasyonu Long Beach, USA'da yer alan, 1967 yılında yapılan 7 katlı bir devlet binasına yerleştirilen akselorometreler tarafından elde edilmiştir. Binaya akselorometreler, 1977 yılında 18 adet yerleştirilmiştir. Hesaplarda kullanılan kayıtlar ise 1987 yılında ölçülebilmiştir. Şekil 5.2'de ise 5.3 eşitliği kullanılarak elde edilen ivmenin burulma bileşeni gösterilmektedir.

CSMIP 24322 istasyonundan ise Sherman Oaks, USA'da bulunan , 1964'de yapılan, 13 katlı ticari bir iş merkezinden alınan kayıtları göstermektedir. Bu binaya ise 1977 yılında 15 adet akselorometre yerleştirilmiştir. Hesaplarda kullanılan kayıtlar ise 1987 yılında elde edilebilmiştir. Şekil 5.3'de aynı düzlemde bulunan, 11 ve 12. akselorometrelerden elde edilen kayıtlar kıyaslamalı olarak verilmiştir. Şekil 5.4'de ise 5.3 eşitliği kullanılarak elde edilen ivmenin burulma bileşeni gösterilmektedir.

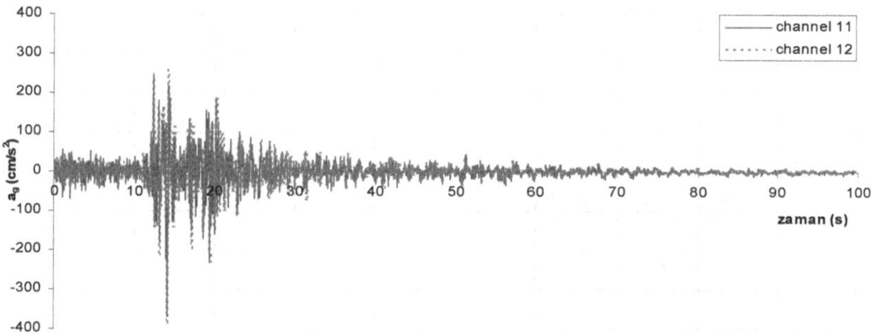

Şekil 5.3: Whittier 24322 kaydı, aynı düzlemden alınan iki adet eks. ivme grafiği

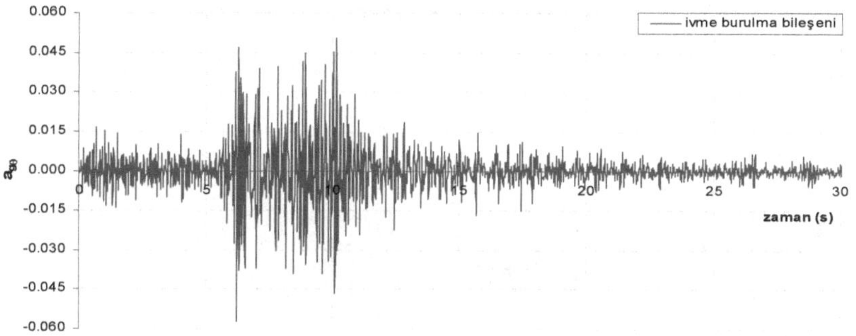

Şekil 5.4: Whittier, 24322 kaydından hesaplanan, ivme burulma bileşeni ($a_{g\theta}$) grafiği

CSMIP 24386 istasyonu ise Van Nuys, USA'da bulunan , 1965'de yapılan, 7 katlı otel binasından alınan kayıtları göstermektedir. Bu binaya ise 1980 yılında 16 adet akselorometre yerleştirilmiştir. Hesaplarda kullanılan kayıtlar ise 1987 yılında elde edilebilmiştir. Şekil 5.5'de aynı düzlemde bulunan, 1 ve 13. akselorometrelerden elde edilen kayıtlar kıyaslamalı olarak verilmiştir. Şekil 5.6'da ise 5.3 eşitliği kullanılarak elde edilen ivmenin burulma bileşeni gösterilmektedir.

Kayıt alınan binaların gerek yapım tarzları, gerekse zemin özellikleri birbirinden farklı olduğundan hesaplamalarda birden fazla kayıt için ayrı ayrı hesaplamaların yapılarak, sonuç olarak bulunan büyüklüklerin ortalamasının alınması ortaya çıkabilecek hataları minimize edecektir.

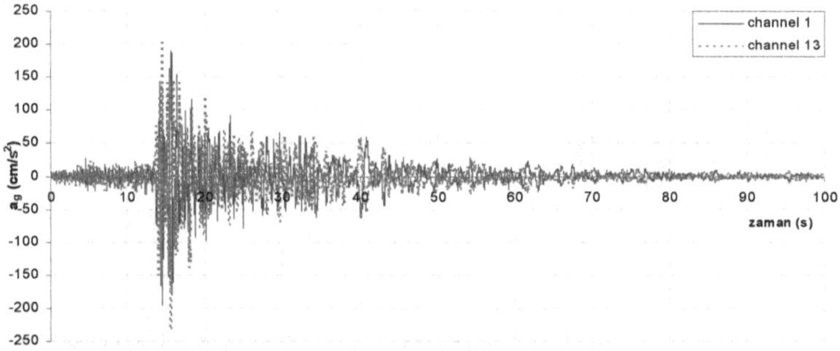

Şekil 5.5: Whittier 24386 kaydı aynı düzlemden alınan iki adet eksenel ivme grafiği

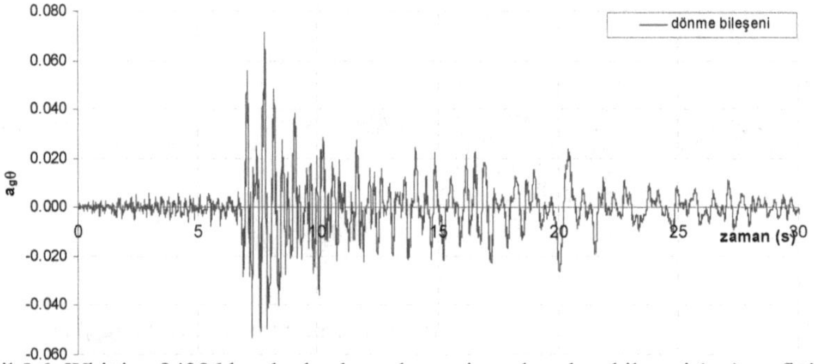

Şekil 5.6: Whittier, 24386 kaydından hesaplanan, ivme burulma bileşeni ($a_{g\theta}$) grafiği

CSMIP 24468 istasyonu, Los Angeles, USA'da bulunan , 1967'de yapılan, CSULA Admin binasından alınan kayıtları göstermektedir. Bu binaya ise 1983 yılında 16 adet akselorometre yerleştirilmiştir. Hesaplarda kullanılan kayıtlar ise 1987 yılında elde edilebilmiştir. Şekil 5.7'de aynı düzlemde bulunan, 1 ve 14. akselorometrelerden elde edilen kayıtlar kıyaslamalı olarak verilmiştir. Şekil 5.8'de ise 5.3 eşitliği kullanılarak elde edilen ivmenin burulma bileşeni gösterilmektedir.

Bu istasyondan çok sayıda kayıt elde edilmesine rağmen hesaplamalarda aynı düzlemde bulunan kayıtlar gerektiğinden bu amaca uygun olarak 1 ve 13 no'lu akselorometrelerden elde edilen eksenel deprem ivmesi kayıtları hesaplamalarda kullanılmıştır.

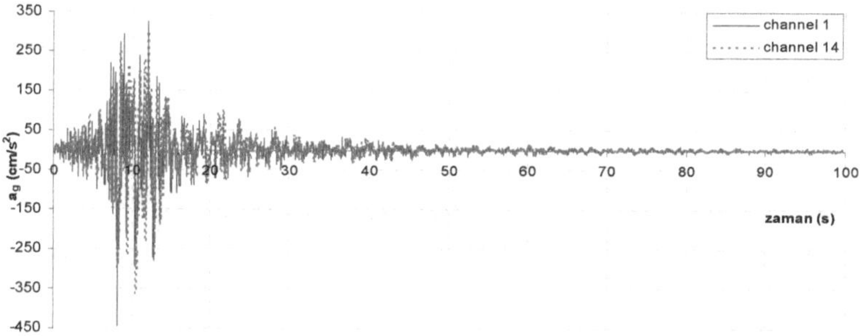

Şekil 5.7: Whittier 24468 kaydı aynı düzlemden alınan iki adet eksenel ivme grafiği

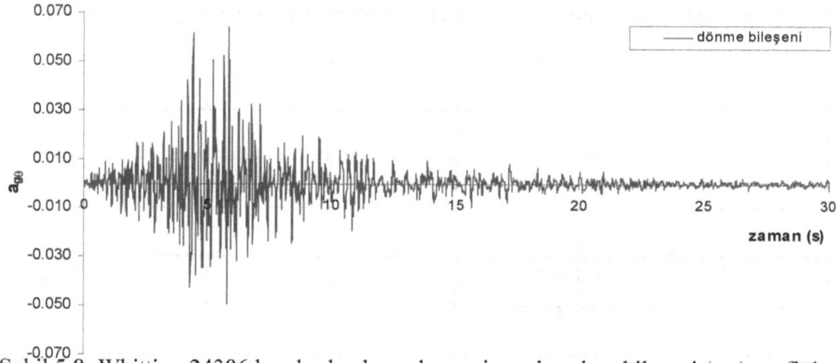

Şekil 5.8: Whittier, 24386 kaydından hesaplanan, ivme burulma bileşeni ($a_{g\theta}$) grafiği

Hesaplamalarda kullanılan Loma Prieta depremi 17 Ekim 1989'da, 17.04'de California, San Francisco'nun güney doğusunda, San Andreas fay sistemi üzerinde, Santa Cruz dağları yakınlarındaki Loma Prieta odaklı olarak meydana gelmiştir. Büyüklüğü 7.0, odak derinliği ise 17.29 km olarak hesaplanmıştır. Bu depremde 62 kişi hayatını kaybetmiş, 3757 kişi yaralanmış ve toplam 6 milyar dolar'lık hasar meydana gelmiştir.

Söz konusu depremden elde edilen hesaplara esas ilk kayıt CSMIP 47391 no'lu istasyondan elde edilen kayıttır. Bu istasyon Hollister, USA'da bulunan 1979 yapımı bir depoya yerleştirilen 13 adet akselorometre ile teşkil edilmiştir. Hesaplamalara esas teşkil eden kayıtlar ise aynı düzlemde bulunan 8 ve 9 no'lu akselorometrelerden elde edilmiştir.

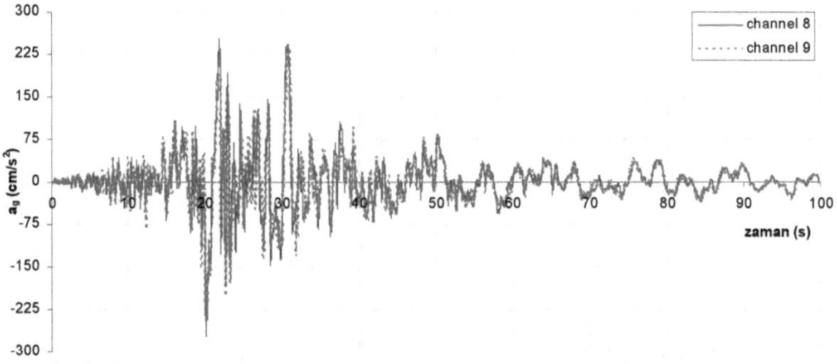

Şekil 5.9: Loma Prieta, 47391 ist. aynı düzlemdeki 8-9 elemanlarından alınan eksenel ivme grafiği

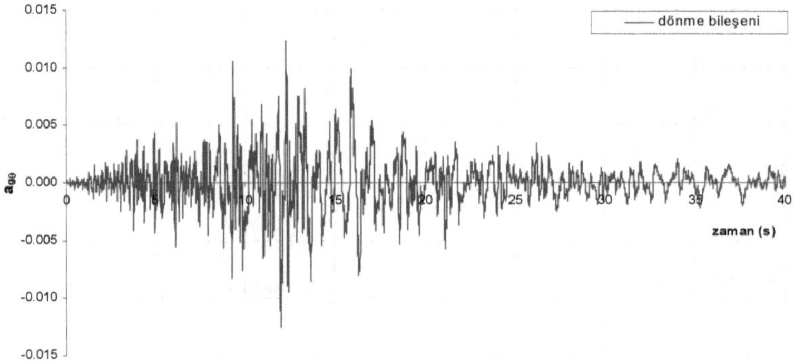

Şekil 5.10: Loma Prieta , 47391 ist. hesaplanan, ivme burulma bileşeni ($a_{g\theta}$) grafiği

Yukarıdaki şekillerden de görülebileceği gibi aynı düzlemde bulunan 8 ve 9 no'lu akselorometrelerden elde edilen eksenel ivmeler kıyaslamalı olarak Şekil 5.9'da verilmiştir. 5.3 eşitliği kullanılarak elde edilen deprem ivmesinin burulma bileşeni ($a_{g\theta}$) Şekil 5.10'da ifade edilmiştir. Hesaplara esas diğer bir kayıt CSMIP 57562 no'lu istasyondan elde edilen kayıttır. Bu istasyon San Jose, USA'da bulunan 1983 yapımı bir resmi binaya yerleştirilen 10 adet akselerometre ile teşkil edilmiştir. Hesaplamalara esas teşkil eden kayıtlar ise aynı düzlemde bulunan 3 ve 4 no'lu akselerometrelerden elde edilmiştir. Bu kayıtlar Şekil 5.11'de kıyaslamalı olarak ifade edilmiştir. 5.3 eşitliğinden hesaplanarak elde edilen ivmenin burulma bileşeni Şekil 5.12'de ifade edilmiştir.

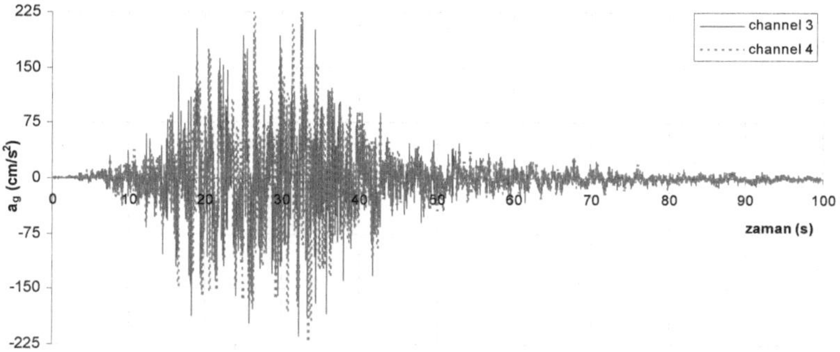

Şekil 5.11: Loma Prieta, 57562 ist. aynı düzlemdeki 3-4 elemanlarından alınan eksenel ivme grafiği

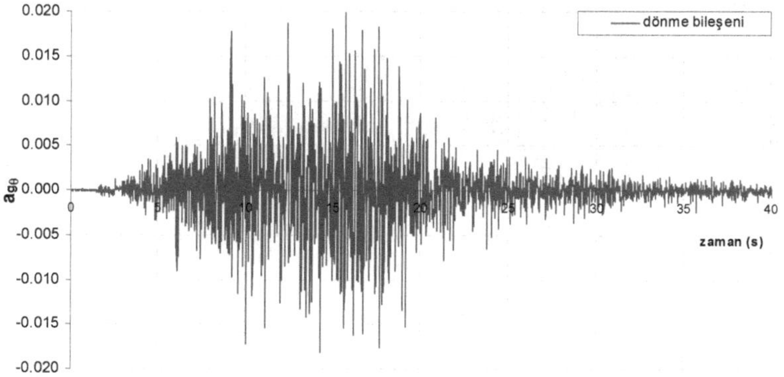

Şekil 5.12: Loma Prieta , 57562 ist. hesaplanan, ivme burulma bileşeni ($a_{g\theta}$) grafiği

Hesaplara esas diğer bir kayıt CSMIP 58235 no'lu istasyondan elde edilen kayıttır. Bu istasyon Saratoga, USA'da bulunan 1971 yapımı spor salonu binasına yerleştirilen 11 adet akselorometre ile teşkil edilmiştir. Hesaplamalara esas teşkil eden kayıtlar ise aynı düzlemde bulunan 10 ve 11no'lu akselorometrelerden elde edilmiştir. Bu kayıtlar Şekil 5.13'de kıyaslamalı olarak ifade edilmiştir. 5.3 eşitliğinden hesaplanarak elde edilen ivmenin burulma bileşeni Şekil 5.14'de ifade edilmiştir.

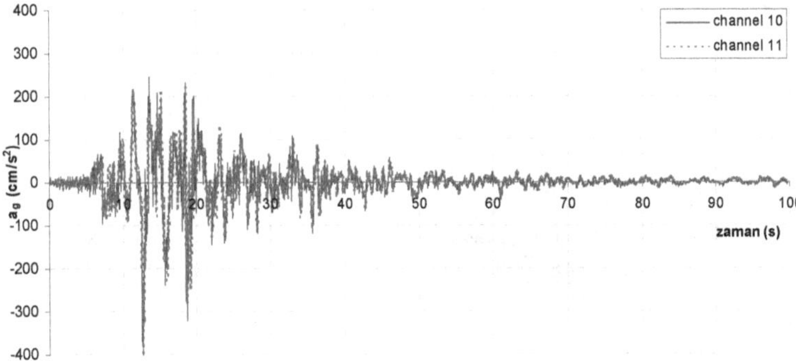

Şekil 5.13: Loma Prieta, 58235 ist. aynı düzlemdeki 10-11 elemanlarından alınan eksenel ivme grafiği

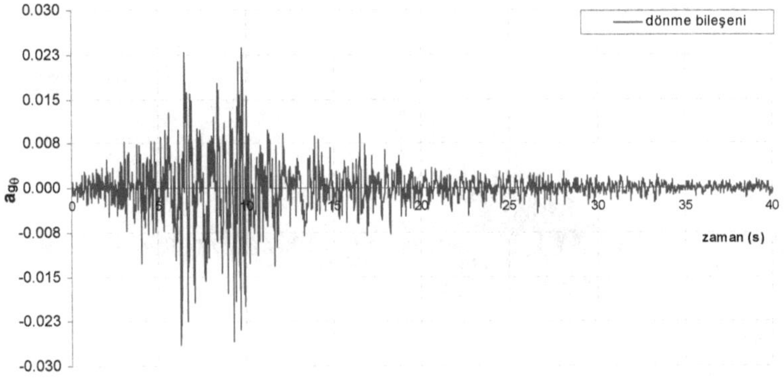

Şekil 5.14: Loma Prieta , 58235 ist. hesaplanan, ivme burulma bileşeni ($a_{g\theta}$) grafiği

Hesaplara kullanılan ayrı bir data grubu ise CSMIP 58532 no'lu istasyonunda kayıt edilmiştir . Bu istasyon San Francisco, USA'da bulunan resmi bir binadır. Binanın yapım yılı 1978 olarak verilmiştir. Bina kamu hizmeti vermek üzere yapılmıştır. Resmi binaya yerleştirilen 18 adet akselorometre yardımı ile kayıtlar alınmıştır. Hesaplamalara esas teşkil eden kayıtlar ise aynı düzlemde bulunan 4 ve 6 no'lu akselorometrelerden elde edilmiştir.

Bu kayıtlar aşağıdaki Şekil 5.15'de kıyaslamalı biçimde grafik olarak ifade edilmiştir. 5.3 eşitliğinden hesaplanarak elde edilen ivmenin burulma bileşeni Şekil 5.16'da grafik olarak gösterilmiştir.

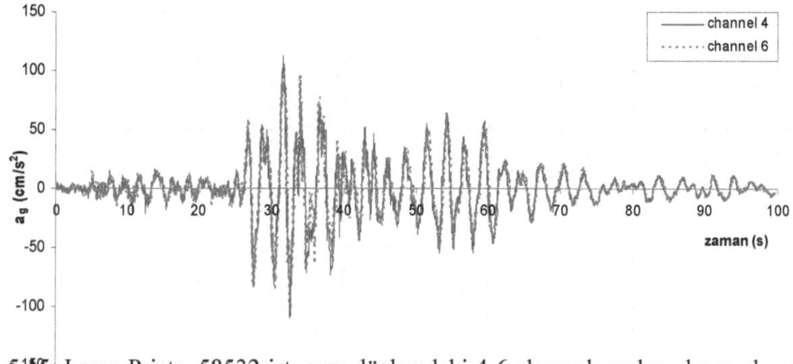

Şekil 5.15: Loma Prieta, 58532 ist. aynı düzlemdeki 4-6 elemanlarından alınan eksenel ivme grafiği

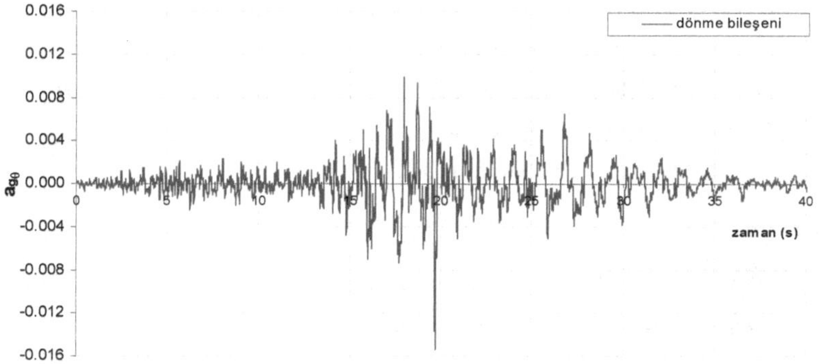

Şekil 5.16: Loma Prieta, 58532 ist. hesaplanan, ivme burulma bileşeni ($a_{g\theta}$) grafiği

Yukarıdaki Tablo 5.1'de yer alan, hesaplamalarda kullanılan 14 adet istasyondan elde edilen verilerin tamamını çizmek yerine durumu genel hatları ile sembolize eden yedi adet ötelenme ve burulma bileşeni yukarıdaki şekillerde ifade edilmiştir. Bu şekiller yukarıda da bahsedildiği gibi ham olan deprem ivme kayıtlarının işlenmesi ile analizlerde kullanılacak hale getirilmiştir. Bu sayede çeşitli yapı modelleri için zaman alanında lineer olmayan davranış için analizlerin yapılabilmesi mümkün olabilmiştir.

5.3 Çözüm İçin Program Algoritmasının Oluşturulması

Dördüncü bölümde açıklanan programlama teknikleri kullanılarak yukarıdaki bilgilere dayalı olarak program yazımı gerçekleştirilmiştir. İlk etapta elde edilen yatay deprem ivme kayıtlarının, ötelenme kaydına dönüştürülmesi gerekmektedir. Bu nedenle öncelikle elde edilen deprem kayıtlarının dosyalara düzenli olarak aktarılması gerekmektedir. Program algoritması 3 aşamada oluşturulmuştur. Bu üç parçalı algoritma genel itibariyle aşağıdaki ana işlem adımlarından oluşmaktadır.

1. Aşama:

- İvme kayıtlarının işlenmemiş ana dosyalardan okutulması.
- Sadece zaman ve ivme kaydı olan ikili verilere dönüştürülmesi
- Dönüştürülen ikililerin dosyalara yazdırılması

2. Aşama:

- İkili veriler içeren dosyaların çağrılması
- Zaman aralıkları 0.02 sn olan bu verilere lineer interpolasyon uygulanarak verilerin 0.005 sn aralıklı, ikili veriler haline dönüştürülmesi
- Yeni ikililerin dosyalara yazdırılması

3. Aşama:

- Yapıya ait genel bilgilerin programa girilmesi (yapı geometrisi, kütlesi gibi)
- Taşıyıcı elemanlara ait bilgilerin girilmesi
- Verilere dayalı olarak eleman ötelenme ve burulma rijitliklerinin hesaplanması.
- Sistem kütle, sönüm ve rijitlik matrislerinin oluşturulması
- Sistemin ötelenme ve burulma periyodu, frekansı gibi karakteristik parametrelerin hesaplanması

- Sistemde akma sınırının aşılması durumunda değişen rijitlik değerlerine bağlı olarak sistemin değişen karakteristik parametrelerinin ve matrislerinin yeniden hesaplanması
- Deprem ivme kayıtlarının dış ortamdaki dosyadan okutturularak dış yük matrisinin hesaplanması. Bu ivme kayıtları ilk etapta 0.02 sn aralıklı olarak elde edilen kayıtların denklemlerin stabilitesi için 0.05 sn aralıklı hale dönüştürülmesi ile elde edilmiştir. Kayıtlar depremin ötelenme doğrultuları olan x ve y eksenlerindeki bileşenlerine ek olarak depremin oluşturduğu dönme bileşenini de içermektedir. Dönme bileşeninin hesaplanması yukarıda detaylı olarak anlatılmıştır.
- Durum uzayı yönteminde daha önce belirlenen durum matrislerinin hesaplanması
- Dinamik hareket denkleminin durum uzayı formunda nümerik olarak zaman alanında adım adım çözümü için hareket denklemlerinin oluşturulması ve çözüm yapılması
- Sistemin tepki karakteristiklerinin elde edilerek yer değiştirme, hız, ivme, taban kesme kuvveti gibi değerlerin hesaplanması
- Yukarıda hesaplanan değerlerin kontrollerinin yapılarak yapının bilineer davranışta hangi aşamada olduğunun belirlenmesi ve davranış eğrisinde bulunan konuma bağlı olarak gerekiyorsa rijitlik, sönüm gibi matrislerin değiştirilmesi ve buna dayalı olarak zamana alanında tepki karakteristiklerinin elde edilmesi.
- Bir sonraki adıma geçilmesi ve bu adımda dış yük olarak yeni deprem bileşeni değerlerinin deprem verilerinin dosyalarından okutulması ve bu etkiye bağlı olarak sistem tepkilerinin hesaplanması aynı şekilde yukarıdaki işlem adımları her deprem etkisi ikili (deprem ivmesi, zaman) değeri için ayrı ayrı hesaplanacaktır.
- Bulunan değerlerin zamana bağlı olarak dosyalara yazdırılması
- Zamana alanında elde edilen parametrik değerlerin grafik çıktılarının ekrana bastırılması ve gerekli kıyaslama dosyalarının meydana getirilmesi.

Yukarıda genel akış diyagramı verilen program algoritması aşağıda verilmiş olan yapı modellerine uygulanarak dinamik olarak zaman alanında deprem etkisi altında lineer olmayan tepkilerin elde edilmesi hedeflenmiştir. Genel hatları verilen algoritmanın tüm detayları yansıtması mümkün değildir. İşlemlerin zaman alanında yapılması dolayısı ile sayısal integrasyon adımları 0.005 sn'lik adımlarla yapıldığından ve lineer olmayan davranışın doğasında bulunan karmaşıklıktan dolayı sistemin hesaplanması çok sayıda karmaşık ara işlemler sayesinde olmaktadır.

5.4 Model Sistemin Sayısal Analizi ve Tepki Niceliklerinin Hesaplanması

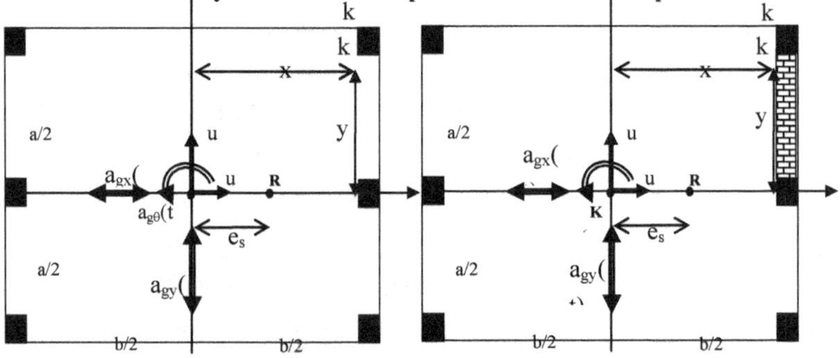

a) Duvarsız sistem

b) Yarım duvarlı sistem

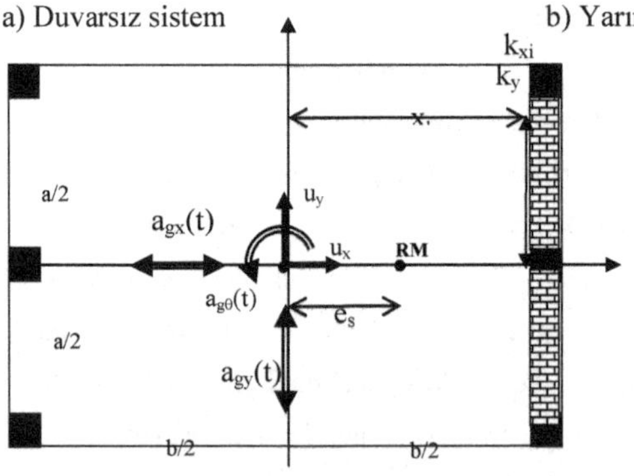

c) Tam duvarlı sistem

Şekil 5.17: Altı elemanlı duvarlı ve duvarsız yapı modelleri

Şekil 5.17.a, b, c'de görülen 6 elemanlı sistem köşe kolonların tamamı simetrik 30x30 boyutundaki kare kolonlar düşeyde taşıyıcı eleman olarak alındığı sistem modellemesi yapılmıştır. Yapının a ve b olarak gösterilen olan plandaki boyutları a=b=20 m olarak alınmış, kat kütlesi ise m=400 kNs^2/m olarak alınmıştır. Yapıdaki dışmerkezlik, köşe kolonları y doğrultusundaki boyutlarının kademeli olarak arttırılması ile rijitlik merkezinin kütle merkezinde uzaklaşarak köşe kolonlara doğru yönlenmesi ile elde edilmiştir. Yapı modeli Bölüm 5.2'de verilen program algoritması kullanılarak daha önce açıklanan zaman alanında adım adım integrasyon yöntemiyle durum uzayı formunda çözülmüştür. Sistem ilk aşamada duvarsız olarak çözülmüştür. Ardından kenar aksa düşey açıklığın yarısı kadar duvar ilavesi yapılarak çözüme gidilmiştir. Bir sonraki aşamadaysa kenar aksa y ekseninin tamamında duvar uygulanarak çözüm yapılmıştır. Yapıdaki bu değişimlerine bağlı olarak analiz sonuçlarında elde edilen tepki parametrelerinin durumu grafikler halinde ifade edilmiştir. Duvarsız, kısmi duvarlı ve tam duvarlı sistemin değişik dış merkezlik durumlarında yapının lineer olmayan ötelenme ve burulma tepkisinde oluşturduğu farklılıklar elde edilmeye çalışılmıştır.

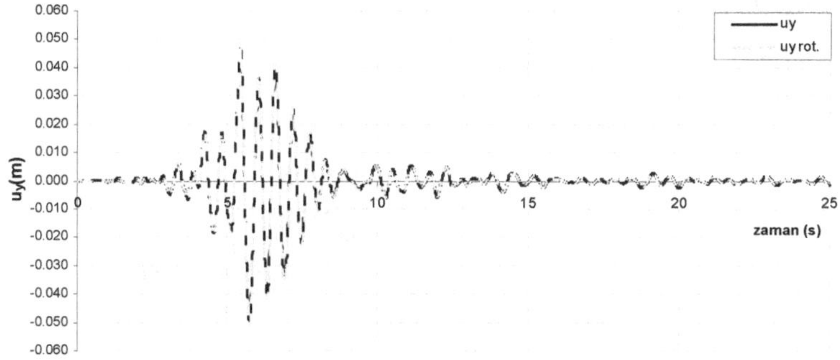

Şekil 5.18: Ω=1.2765 için Whittier 24468 kaydı kıyaslamalı yer değiştirme tepkisi

Şekil 5.18'de görüldüğü gibi Whittier 24468 kaydı etkisi altında yukarıda verilen algoritma kullanılarak, Şekil 5.4.a'da görülen duvarsız sistemde yapılan lineer olmayan analiz sonucunda zaman alanında yer değiştirme tepkisi elde edilmiştir. Daha öncede bahsedildiği gibi depremin ötelenme bileşeni olarak tabanda 5.3 eşitliği ile elde edilen ortalama deprem ötelenme ivme kaydı ve 5.4 eşitliği ile elde edilen depremin burulma bileşeni kullanılmıştır ve iki durum kıyaslamalı olarak verilmiştir.

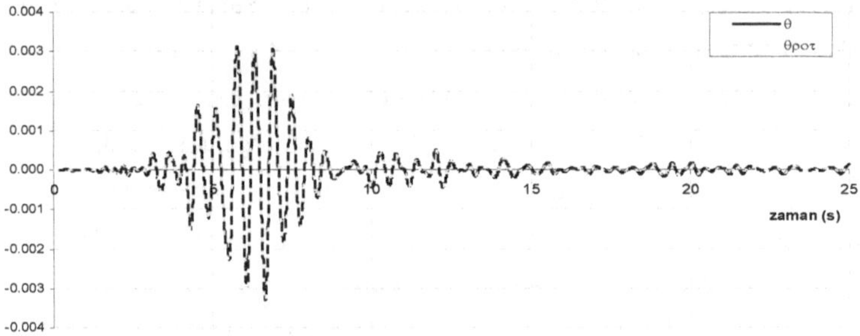

Şekil 5.19: Ω=1.2765 için Whittier 24468 kaydı kıyaslamalı bur. dönmesi tepkisi

Şekil 5.4.a da görülen duvarsız sistemde yapılan lineer olmayan analiz sonucunda zaman alanında oluşan burulma dönmesi tepkisi depremin burulma kaydı dikkate alınarak ve alınmadan Şekil 5.19'daki gibi elde edilmiştir. Duvarsız sistemin deprem etkisi altındaki lineer olmayan çevrimsel kesme kuvveti yer değiştirme ilişkisi ise Şekil 5.20'de ifade edilmiştir.

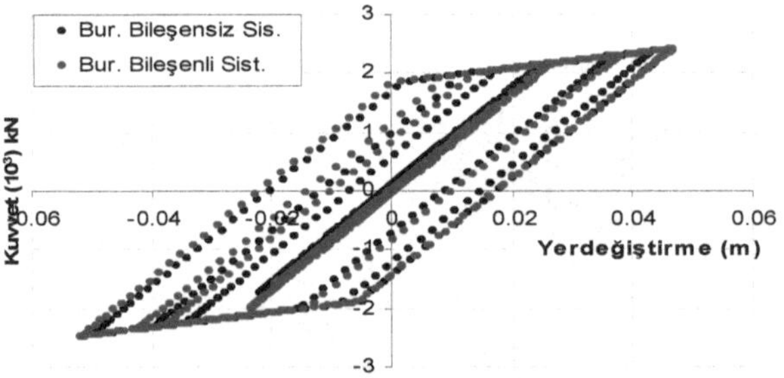

Şekil 5.20: Ω=1.2765 için Whittier 24468 kaydı tepki kuvveti çevrimsel değişimi

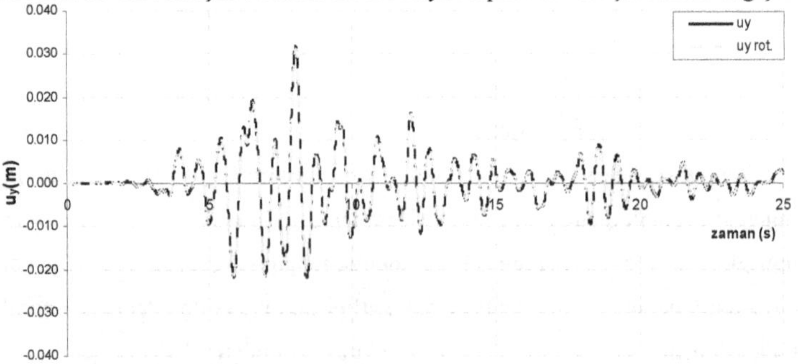

Şekil 5.21: Ω=1.1620, Loma Prieta 58235 kaydı kıyaslamalı yer değiştirme tepkisi

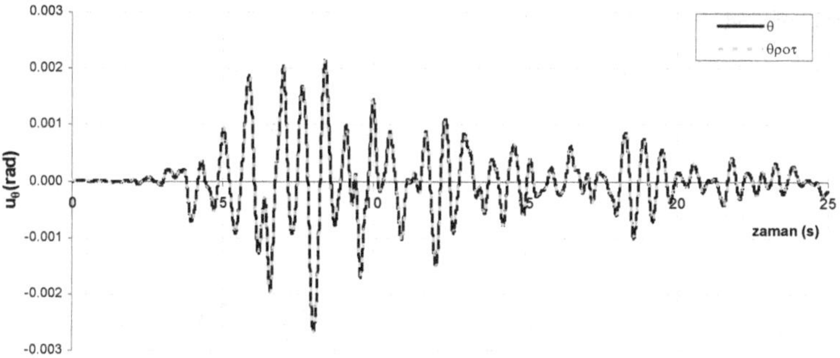

Şekil 5.22: Ω=1.1620, Loma Prieta 58235 kaydı kıyaslamalı bur. dönmesi tepkisi

Şekil 5.4.a da görülen duvarsız sistemde yapılan, Ω=1.1620, Loma Prieta 58235 kaydı altında, lineer olmayan analiz sonucunda zaman alanında yer değiştirme tepkisi

Şekil 5.21, sistemin burulma dönmesi ise yine depremin burulma bileşeni ve bu bileşen olmaksızın Şekil 5.22'de ifade edilmiştir.

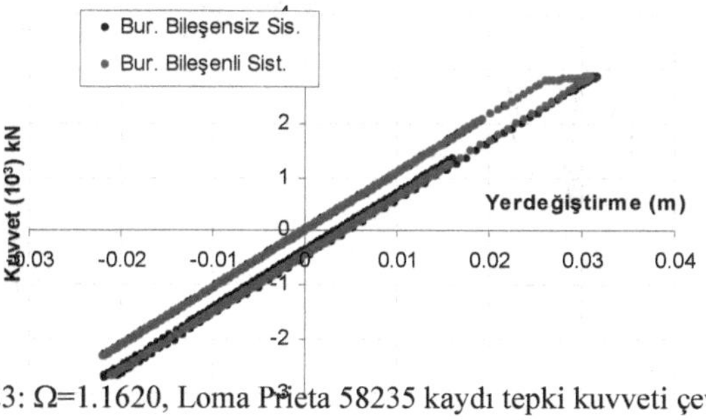

Şekil 5.23: Ω=1.1620, Loma Prieta 58235 kaydı tepki kuvveti çevrimsel değişimi

Duvarsız sistemin deprem etkisi altındaki lineer olmayan çevrimsel kesme kuvveti yer değiştirme ilişkisi ise Şekil 5.23'de ifade edilmiştir. Şekilden de görüldüğü gibi artan Ω parametresi ile kesme kuvveti çevrimsel değişimi daha daralmıştır. Böylece lineer olmayan bölgeye geçişlerin azalmakta olduğu görülmektedir.

Duvarsız sistemde yapılan, Ω=0.9623, Loma Prieta 58235 kaydı altında, lineer olmayan analiz sonucunda zaman alanında yer değiştirme tepkisi, Şekil 5.24, sistemin burulma dönmesi ise yine depremin burulma bileşeni ve bu bileşen olmaksızın Şekil 5.25'de ifade edilmiştir.

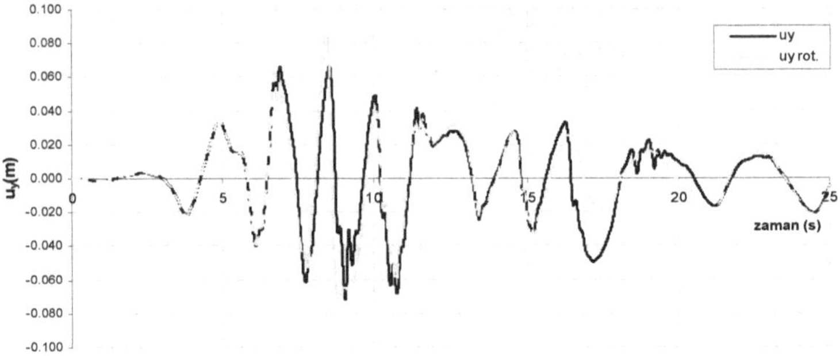

Şekil 5.24: Ω=0.9623, Loma Prieta 58235 kaydı kıyaslamalı yer değiştirme tepkisi

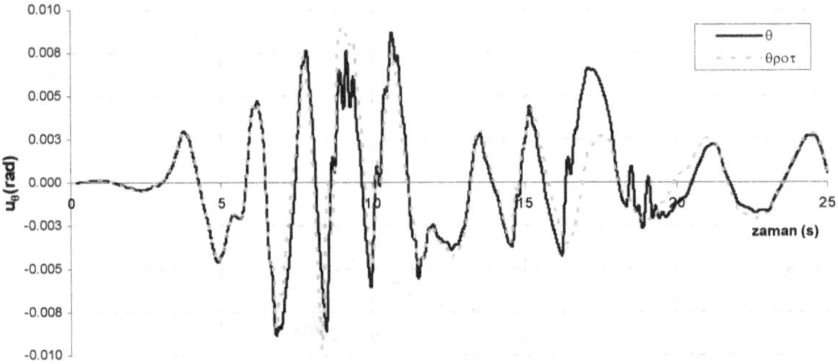

Şekil 5.25: Ω=0.9623, Loma Prieta 58235 kaydı kıyaslamalı burulma dönmeleri

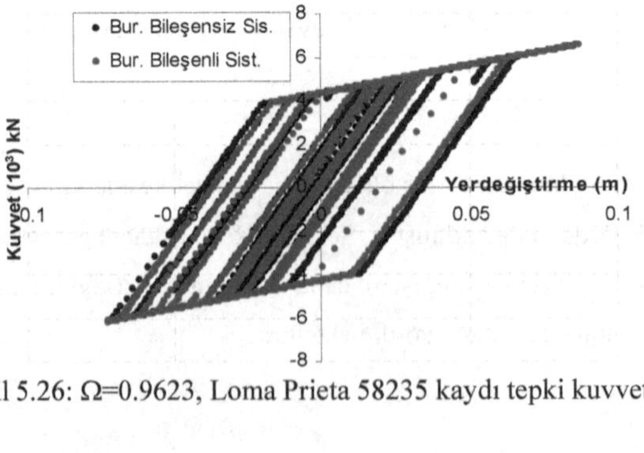

Şekil 5.26: Ω=0.9623, Loma Prieta 58235 kaydı tepki kuvveti çevrimsel değişimi

Duvarsız sistemin deprem etkisi altındaki lineer olmayan çevrimsel kesme kuvveti yer değiştirme ilişkisi ise Şekil 5.26'da ifade edilmiştir. Yer değiştirme ve burulma dönmeleri tepkilerinden Ω değerinin 1 değerinin altın inmesine paralel olarak lineer olmayan sistem davranışında artık stabilite bozukluklarının ortay çıkması işaretleri görülmektedir. Stabilitesi çok hassas hale gelen yapıda ise depremin burulma bileşeninin devreye girmesi gerek yer değiştirme gerekse burulma dönmelerinde çok daha önem arz eden değişimleri ortaya çıkarmaya başlamıştır. Şekil 5.26'da görülen çevrimsel kesme kuvveti tepkisinin değişimi ise bu farklılaşmayı daha açık şekilde göstermektedir.

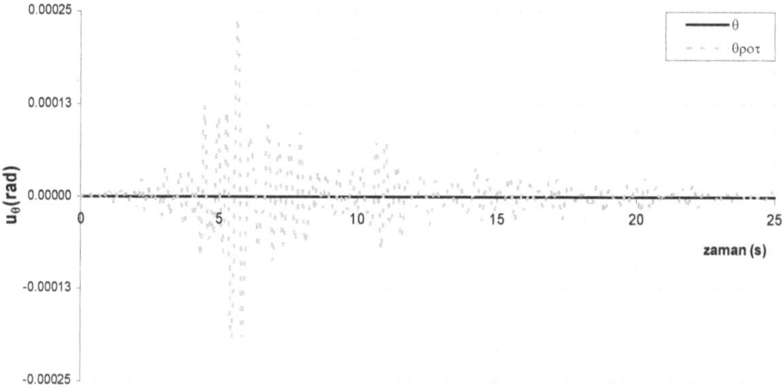

Şekil 5.27: Ω=1.5811, Whittier 24468 kaydı altında burulma tepkisi değişimi

Yukarıdaki Şekil 5.27'de görüldüğü gibi Ω=1.5811 parametresi için, Whittier 24468 kaydı altında burulma dönmesinin değişimi ifade edilmiştir. Bu sistemin özelliği, sistemin simetrik olmasıdır. Bu nedenle simetrik sistemde burulma dönmesinin ortaya çıkması beklenmemektedir. Ancak depremin burulma bileşenin etkisi ile hesapta olmayan burulma dönmesi sistemde ortaya çıkmaktadır. Şekil 5.4.b'de görülen, bir önceki sisteme y doğrultusundaki iki kenar aksından birine duvar ilave edilerek, sistemde yapılan lineer olmayan analiz sonucunda zaman alanında yer değiştirme tepkisi, Şekil 5.28'deki gibi elde edilmiştir. Daha öncede bahsedildiği gibi depremin ötelenme bileşeni olarak tabanda 5.3 eşitliği ile elde edilen ortalama deprem ötelenme ivme kaydı ve 5.4 eşitliği ile elde edilen depremin burulma bileşeni kullanılmıştır ve iki durum yarı duvarlı sistem için kıyaslamalı olarak verilmiştir. Sistemin her iki durumdaki kıyaslamalı burulma dönmesi tepkisi ise Şekil 5.29'da verilmiştir.

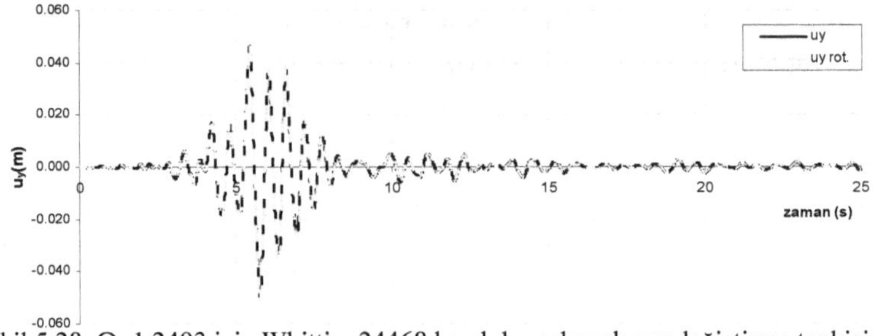

Şekil 5.28: Ω=1.2493 için Whittier 24468 kaydı kıyaslamalı yer değiştirme tepkisi

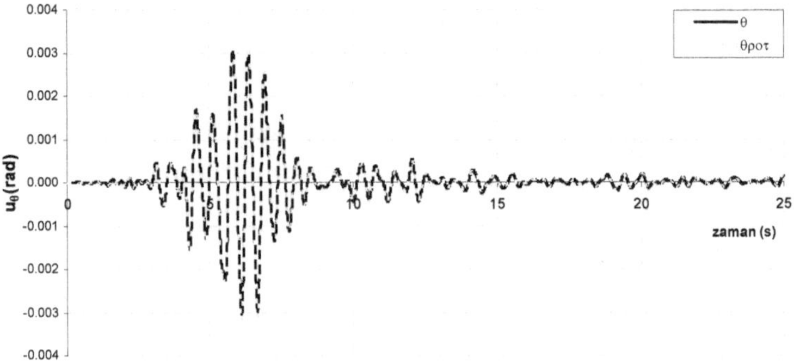

Şekil 5.29: Ω=1.2493 için Whittier 24468 kaydı kıyaslamalı bur. dönmesi tepkisi

Yarı duvarlı sistemin deprem etkisi altındaki lineer olmayan çevrimsel kesme kuvveti yer değiştirme ilişkisi ise Şekil 5.30'da ifade edilmiştir. Çevrimsel tepkideki farklılıklar daha net olarak görülebilmektedir.

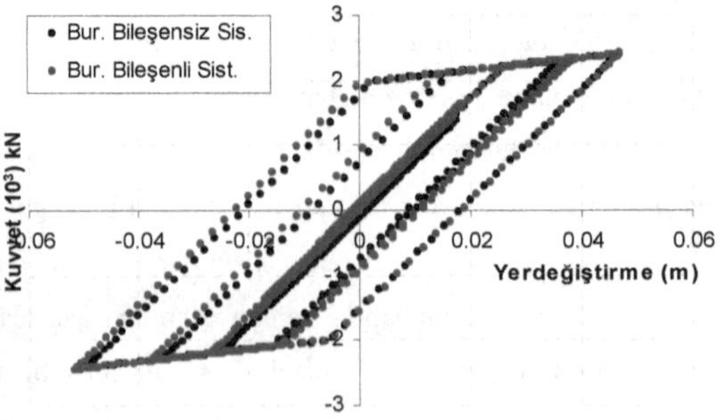

Şekil 5.30: Ω=1.2493 için Whittier 24468 kaydı, tepki kuvveti çevrimsel değişimi

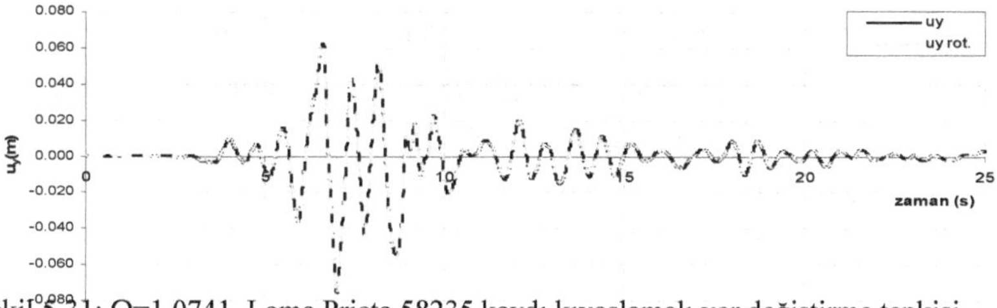

Şekil 5.31: Ω=1.0741, Loma Prieta 58235 kaydı kıyaslamalı yer değiştirme tepkisi

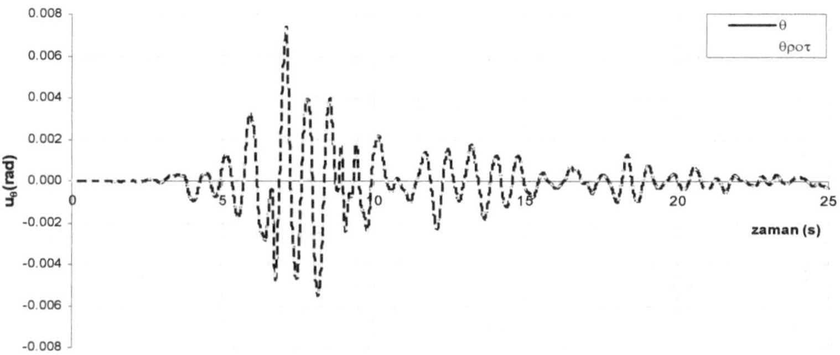

Şekil 5.32: Ω=1.0741, Loma Prieta 58235 kaydı kıyaslamalı bur. dönmesi tepkisi

Yarı duvarlı sistemde yapılan, Ω=1.0741, Loma Prieta 58235 kaydı altında, lineer olmayan analiz sonucunda zaman alanında yer değiştirme tepkisi, Şekil 5.31, sistemin burulma dönmesi ise yine depremin burulma bileşeni ve bu bileşen olmaksızın Şekil 5.32'de ifade edilmiştir.

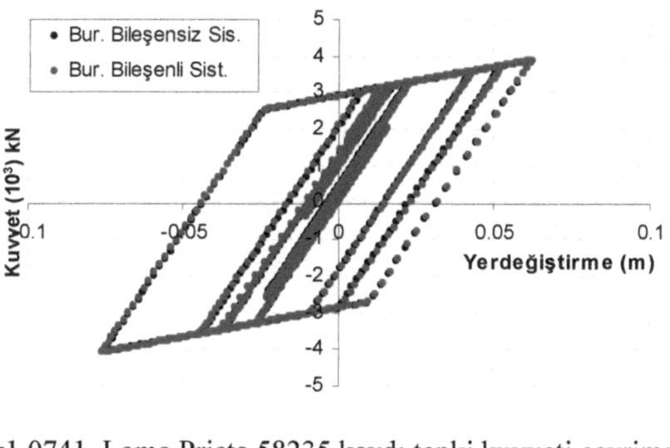

Şekil 5.33: Ω=1.0741, Loma Prieta 58235 kaydı tepki kuvveti çevrimsel değişimi

Yarı duvarlı sistemin deprem etkisi altındaki lineer olmayan çevrimsel kesme kuvveti yer değiştirme ilişkisi ise Şekil 5.33'de ifade edilmiştir. Sistemde tek aksta da olsa duvar olması sistemin simetrik olmasını engellemektedir. Bu yüzden tasarımda simetrik kabul edilse de önceki bölümlerde ifade edildiği gibi sistemde burulma tepkisi ortaya çıkar. Bu tepkinin ifade edilmesi ve sonrasında sisteme burulma bileşeni etkisi uygulanması sonucu ortaya çıkan burulma etkisinin, simetrik kabul yapılmasında ve beklenmeyen burulma etkisinin ortaya çıkması durumuna göre daha az etkili olduğu görülmektedir.

Şekil 5.4.c'de görülen, bir önceki sisteme y doğrultusundaki iki kenar aksından her birine duvar ilave edilerek, sistemde yapılan lineer olmayan analiz sonucunda zaman alanında yer değiştirme tepkisi, Şekil 5.34'deki gibi elde edilmiştir. Daha öncede bahsedildiği gibi depremin ötelenme bileşeni olarak tabanda 5.3 eşitliği ile elde edilen ortalama deprem ötelenme ivme kaydı ve 5.4 eşitliği ile elde edilen depremin burulma bileşeni kullanılmıştır ve iki durum yarı duvarlı sistem için kıyaslamalı olarak verilmiştir. Sistemin her iki durumdaki kıyaslamalı burulma dönmesi tepkisi ise Şekil 5.35'de verilmiştir. Tam duvarlı sistem, diğer kıyaslama yapılan sistemlere göre daha rijit olmasından dolayı sistemlerin davranışları ve lineer olmayan bölgeye geçişleri birbirinden oldukça farklıdır. Sistem davranışı daha fazla elastik sınırlar içinde kalmaktadır. Ancak duvar etkisi ile burulma dönmelerinde kayda değer artışlar oluşur. Depremin burulma bileşeninin de devreye girmesi bu etkisi bir miktar daha arttıran bir öneme sahiptir.

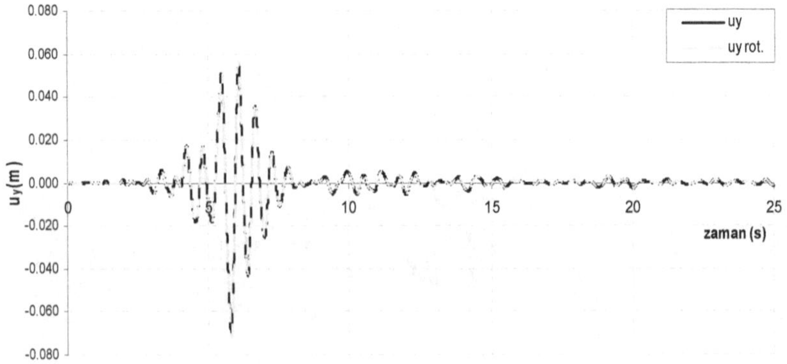

Şekil 5.34: Ω=1.2483 için Whittier 24468 kaydı kıyaslamalı yer değiştirme tepkisi

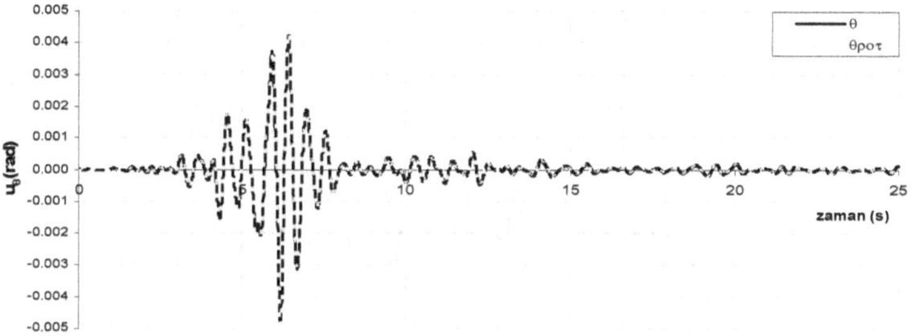

Şekil 5.35: Ω=1.2483 için Whittier 24468 kaydı kıyaslamalı bur. dönmesi tepkisi

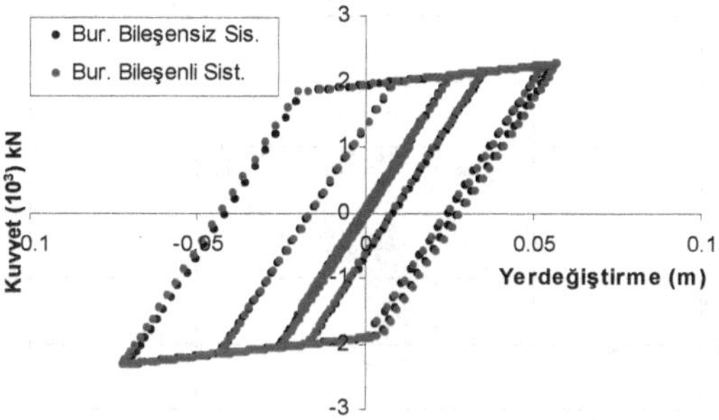

Şekil 5.36: Ω=1.2483, Whittier 24468 kaydı tepki kesme kuvveti çevrimsel değişimi

Tam duvarlı sistemin deprem etkisi altındaki lineer olmayan çevrimsel kesme kuvveti yer değiştirme ilişkisi ise Şekil 5.36'da ifade edilmiştir. Rijitliğin artması ile yer değiştirmelerinde azalmalar olan sistemde burulma parametresinin etkisi zayıflamaktadır.

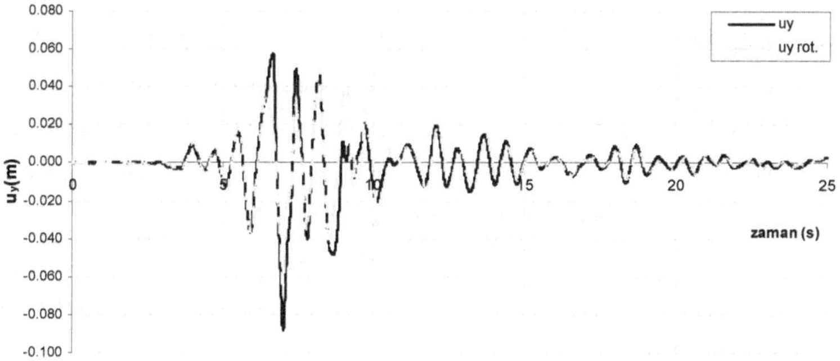

Şekil 5.37: Ω=1.0726, Loma Prieta 58235 kaydı kıyaslamalı yer değiştirme tepkisi

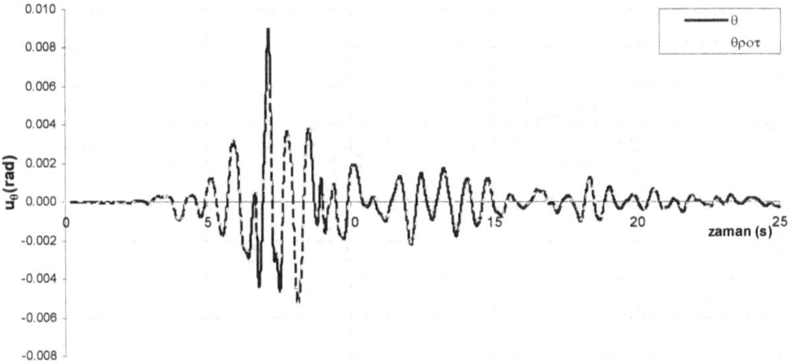

Şekil 5.38: Ω=1.0726, Loma Prieta 58235 kaydı kıyaslamalı bur. dönmesi tepkisi

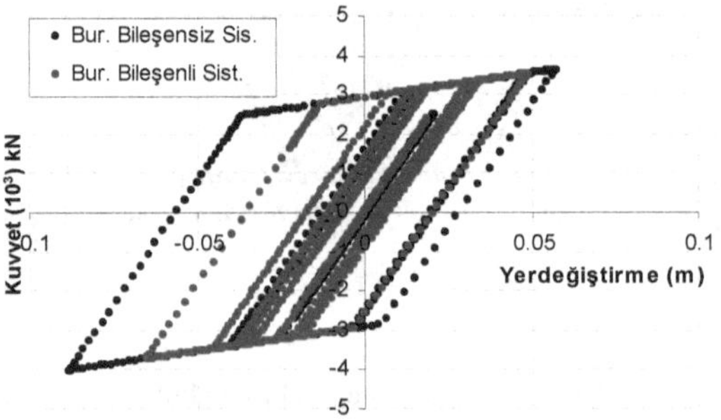

Şekil 5.39: Ω=1.0726, Loma Prieta 58235 kaydı tepki kuvveti çevrimsel değişimi

Tam duvarlı sistemin deprem etkisi altındaki lineer olmayan çevrimsel kesme kuvveti yer değiştirme ilişkisi ise Şekil 5.39'da ifade edilmiştir. Yer değiştirme ve burulma dönmeleri tepkilerinden Ω değerinin 1 değerine yaklaşmasına paralel olarak lineer olmayan sistem davranışında artık stabilite bozukluklarının etkileri daha görünür olarak ortaya çıkmaya başlamıştır. Stabilitesi dış etkilere daha duyarlı hale gelen yapıda ise depremin burulma bileşeninin devreye girmesi gerek yer değiştirme gerekse burulma dönmelerinde çok daha önem arz eden değişimleri ortaya çıkarmaya başlamıştır. Şekil 5.39'da görülen çevrimsel kesme kuvveti tepkisinin değişimi ise bu farklılaşmayı açık şekilde göstermektedir.

5.5 Analiz Sonuçlarının Parametrik Değerlendirilmesi

Yapılan analizlerin sonucunda, duvarlı, yarı duvarlı ve tam duvarlı sistemlerin, depremin burulma bileşeni etkisinde genel davranışları parametrik olarak değerlendirilmiştir. Sistemlerin burulma bileşeni altında, maksimum yerdeğiştirme (u_{ymax}) ile dış merkezlik oranı (e_x/b) arasındaki değişimi Şekil 5.40'da gösterilmiştir.

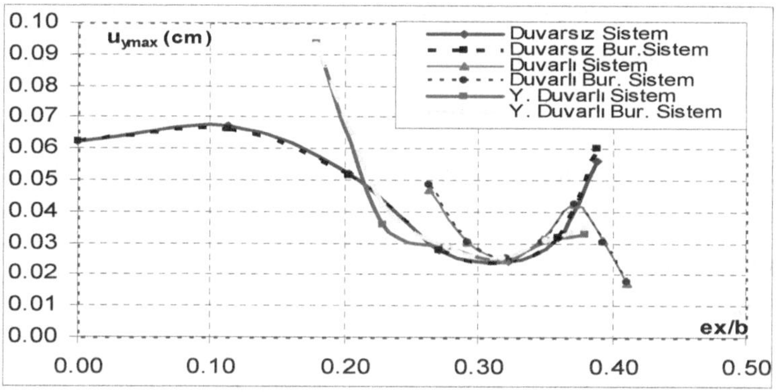

Şekil 5.40: Sistemlerin burulma bileşeni etkisi varken ve yokken, maksimum yerdeğiştirme (u_{ymax}) ile dış merkezlik oranı (e_x/b) arasındaki değişimi

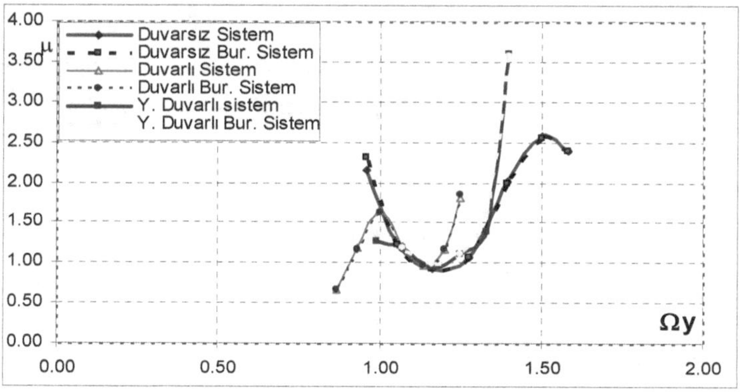

Şekil 5.41: Sistemlerin burulma bileşeni etkisi varken ve yokken, süneklik (μ) ile burulma frekansı oranı (Ω_y) arasındaki değişimi

Yukarıdaki, Şekil 5.40'dan da görülebileceği gibi sistemin burulma bileşeni devreye girse de genel davranışı birbirinden çok uzak değildir. Maksimum yer değiştirmelerde yaklaşık %4-%10 arasında değişimler olmaktadır. Dış merkezlik oranı (e_x/b) yaklaşık 0.30 değerini aldığında grafikte dönüşler görülmektedir. Yarı duvarlı sistemdeki burulma bileşeninin, dış merkezlik oranı (e_x/b) parametresi değeri yaklaşık 0.2~0.3 değeri arasında iken daha etkili olmaya başladığını gözlemlemekteyiz. Sistemlerin burulma bileşeni altında, süneklik (μ) ile burulma frekansı oranı (Ω_y) arasındaki değişimi Şekil 5.41'de ifade edilmiştir. Değişimler Ω parametresinin artması ile artmaya başladığı gözlemlenmiştir. Bu durumda da yarı duvarlı sistemde Ω_y=1.11~1.14 aralığında daha etkili olmaya başladığı gözlemlenmektedir.

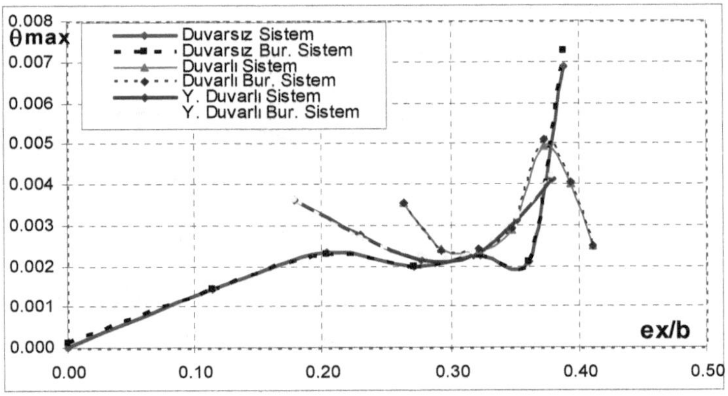

Şekil 5.42: Sistemlerin burulma bileşeni etkisi var ve yokken, maksimum burulma dönmesi (θ_{max}) ve dış merkezlik oranı (ex/b) parametreleri arasındaki değişim

Tam duvarlı, yarı duvarlı ve duvarsız sistemlerin burulma bileşeni etkisi varken ve yokken, maksimum burulma dönmesi (θ_{max}) ve dış merkezlik oranı (e_x/b) parametreleri arasındaki değişimi Şekil 5.42'de gösterilmiştir. Duvarsız simetrik sistemde burulma etkisi beklenmezken, depremin burulma bileşeni devreye girdiğinde burulma dönmesi etkisi söz konusu olabilmektedir. Diğer burulma dönmesi değişimleri ise maksimum yer değiştirme değişimlerine paralel olarak seyretmektedir. Burulma dönmelerindeki değişimler yaklaşık %3~%8 arasında seyretmektedir. Dış merkezlik oranı (e_x/b) yaklaşık 0.35~0.42 arlığındayken değişimler daha belirgin bir hal almaktadır.

6. SONUÇLAR

Bu çalışmada gerek simetrik, gerekse planda asimetrik olan çeşitli yapı tiplerinin malzeme davranışı bakımında lineer olması ve olmaması durumları için burulmaya neden olan sebepler deprem etkisi altında dinamik olarak incelenmiştir. Çünkü ülkemizin büyük bir bölümü deprem riski etkisi altında olmasından dolayı yapılar sadece statik dış yüklere değil aynı zamanda dinamik karakterde olan deprem etkilerine maruz kalmaktadırlar. Dolayısı ile burulma davranışının asıl etkili ve ciddi olarak hissedileceği durum yapının deprem etkisi altında olacağı durumdur. Yapılan çalışmalar çeşitli düzensizliklere sahip yapıların deprem etkisi altında burulma sebebi ile beklenmeyen göçme ve ağır hasar riski barındırdığını göstermiştir. Ülke genelinde yapı sistemlerinde daha önceki bölümlerde bahsedilen çeşitli depremde oluşabilecek hasar kaynakları mevcuttur. Bunların bir kısmı bilinmekte olduğundan yönetmeliklerde basit bir hesap adımı ile yansıtılması hedeflenmiştir. Ancak yönetmelikte yer alan burulma tepkisi için eklenecek ek eşdeğer statik hesap yaklaşımı çok kaba kalmakta ve burulma etkisini ortaya çıkaracak olan önceki bölümlerde detaylı olarak incelenen kaynakların davranışta yapacağı değişikleri yansıtamamaktadır.

Yapılan çalışmada, söz konusu dinamik dış etkiler altında genel olarak bilinen ve bilinmeyen burulma kaynakları ortaya matematik olarak konulmuş, yazılan program algoritmaları bu etkileri yansıtacak şekilde düzenlenmiştir. Daha sonra çeşitli yapı sistemleri için lineer olan ve olmayan modeller kurulmuş, bu modellere burulma kaynakları yansıtılmış, yazılan program sayesinde sistemler çeşitli yapı konfigürasyonları için analiz edilerek değişimler parametrik olarak izlenmiştir.

Daha önceki bölümlerde detaylı şekilde ifade edildiği gibi malzeme bakımından lineer kabul edilen ve edilmeyen sistemler arasında gerek hesaplama gerekse davranış olarak ciddi farklar söz konusudur. Lineer davranış kabulü küçük ve orta şiddette yapıya etkiyen deprem etkileri için lineer elastik sınırın çoğu zaman aşılmaması veya aşılsa bile ciddi ölçüde fark meydana getirecek seviyelere çıkmadığı görülmüştür. Ancak büyük nitelikli depremlerde durum farklıdır. Bu durumda burulma etkilerinin de tetiklemesi ile yapıda ciddi manada lineer elastik sınır aşılmaktadır. Bunun sonucu olarak adım

adım devre dışı kalan düşey taşıyıcı elemanlar, yapının gerek ötelenme, gerekse burulma davranışını direkt etkileyen rijitlik matrislerinde depremin ilerlemesine paralel olarak sürekli değişen bir karakter izlemektedirler. Binanın rijitlik merkezi de bu duruma paralel olarak dinamik değişimler göstermektedir. Dolayısı ile lineer davranışın yapı tepkisini yansıtmada, büyük hatta yer yer orta şiddetli depremlerde yeterli olduğunu söylemek gerçekçi değildir. Deprem yönetmeliklerinde ise lineer ötesi durumu yansıtabilen herhangi bir kural veya açıklama bulunmamaktadır.

Lineer davranan sistem modelleri incelendiğinde, belli bir aksta diğer akslara göre giderek artan boyutlar, sistemi artışın bulunduğu aksta ötelenmeye karşı daha emniyetli hale getireceği düşünülürken, sadece bir aksta artan boyutlar, sistemdeki dış merkezlik oranını da giderek artmaktadır. Bunun sonucu olarak yapıdaki burulma dönmelerinin artması kaçınılmaz hale gelmektedir. Böylece zayıf akstaki yer değiştirmeler artmakta ancak kesitler bu etkiyi taşımak için giderek daha yetersiz bir hal almaktadır. Sistemde kat adedinin artması ise kat toplam yer değiştirmesi ve dönmesinin artmasına sebep olmaktadır. Kat kesme kuvveti değişimi daha dar bir aralıkta yer almaya başlarken burulma dönmelerinin artmasına bağlı olarak kat burulma momentinde ciddi artışlar gözlenmektedir. İlerleyen burulma dönmeleri sistemin stabilitesini adım adım bozmaktadır. Bu nedenle artan dış merkezlik oranı, artan kat adedine ve lineer değişime paralel olarak sistemin stabilitesini giderek bozmakta ve burulma periyodunun etkinliğinin artması ile göçmeye doğru götürmektedir. Düzensiz planlı yapılarda, özellikle zayıf kalan akstaki elemanlar, her adımda daha büyük burulma kuvvetlerinin etkisine maruz kalmakta olduğundan, artan burulma etkilerinin sonucu olarak daha hızlı şekilde sistemin taşıma kapasitesindeki katkılarının kaybolması söz konusu olmaktadır. Dolayısı ile bu elemanların özellikle güçlendirme çalışmalarında yapılan mantolama veya yerel güçlendirme gibi tekniklerle güçlendirilen kısımda olmayan, zayıf tarafta kalan elemanları sembolize ettiği, deprem etkisi ile beklenmeyen şekilde burulma etkisi ile göçebileceği görülmektedir.

Malzeme bakımından lineer olmayan sistem modelleri hazırlanarak çeşitli yapı sistemlerinin burulma davranışları parametrik olarak incelenmiştir. Bu durumda yapıyı uygun şekilde değerlendirebilmek için yapı modellerinde duvarlarda 4. bölümde açıklandığı gibi bilineer olarak modellenerek hesaplara dahil edildiğinde önemli sonuçlara ulaşılmıştır. Basit sistemlerde duvarların katkısı, artan dış merkezlik oranı ile orantılı olarak daha belirgin hale gelmekte ve sistemin süneklik gereksinimi parametresi üzerinde ciddi değişimler oluşturmaktadır. Çünkü duvarlar boy ve yapı itibari ile sistem davranışlarında kayda değer bir etkiye sahiptir. Ancak deprem etkisi gibi dinamik bir etki söz konusu olduğunda sistemin davranışı duvarların dikkate alınması ile ciddi farklılıklar arz etmektedir. Duvar rijitlikleri sisteme ötelenme açısından katkı yapmakla birlikte düzensiz dağılımları burulma davranışında kayda değer farklılaşmalar ortaya çıkarmaktadır. Dördüncü bölümde detaylı olarak ifade edildiği gibi e_x/b oranı 0.30~0.40 aralığında sistem burulmasında ciddi değişimler gözlenmektedir. Aynı şekilde Ω yani burulma frekansları oranı için sistemin 1.2-1.4 aralığında, burulma etkisi dolayısı ile süneklik gereksiniminde kayda değer artışlar olduğu görülmektedir. Artan Ω değerleri yansıttığı burulma etkisine paralel olarak sistemin süneklik gereksinimini arttırarak ve 1.13~1.15 değerini kritik eşik yaparak daha aktif bir rol oynamakta olduğu görülmektedir.

Buradaki önemli noktalardan biri duvarların simetrik sistemlerde oluşturduğu burulma davranışı ile ilgilidir. Simetrik sistemlerde teorik olarak binanın dinamik etkiler altında burulma davranışı göstermesi beklenmemektedir. Ancak önceki bölümlerde yapılan analiz sonuçlarında da ifade edildiği gibi, duvarların gerek boylarının uzun olması gerekse bina genelinde önemli bir alan kaplaması nedeni ile sahip oldukları büyük rijitlik, yapının dinamik etkilere karşı ilk anda ortaya çıkan tepkisinde kayda değer bir burulma tepkisine sahip olmasına neden olmaktadır. Bu durumun sonucu olarak dinamik burulma dönmesi etkinliğini arttırmakta, taban burulma momentleri artmakta, yer değiştirmeler beklenenden farklı mertebelere ulaşmaktadır. Depremin ivmesi arttıkça duvarların hızlı şekilde rijitliğini kaybetmesi, bir süre sonra maksimum yer değiştirme miktarına ulaşıldığında tamamen göçmeleri ile bina davranışındaki katkılarının kaybolması söz konusu olmaktadır. Ancak depremin karakterine göre değişmekle birlikte, duvarların devre dışı kalmasına dek yapıdaki düşey taşıyıcı elemanların akma sınırlarının aşılması ile sistem davranışının baştaki hale gelmesi ihtimali kalmamaktadır.

Bu durumda yapılan hesaplama ve dinamik analizlerde de görüldüğü gibi duvar rijitliklerinin belli bir oranda taşıyıcı sisteme katkı sağlaması, kat planındaki duvar yerleşimlerine bağlı olarak, tasarım aşamasında binanın burulma potansiyelinde artışlar yapmak isabetli olacaktır. Yapının özellikle tasarım aşamasında duvarların tamamının sadece belli akslara yönelmesi engellenmeli mümkün mertebe her iki yatay aksta da duvar dağılımı dengeli şekilde yapılmalıdır. Özellikle güçlendirme yapılan binalarda şayet düşey taşıyıcı elemanlardan dolayı burulma etkisi oluşuyorsa, bu istenmeyen etkiyi azaltmak için zayıf akstaki duvar elemanların çeşitli güçlendirme teknikleri kullanılarak rijitliklerinin arttırılması böylece her iki yatay aksta da rijitlik dağılımının dengelenmesi bu sayede beklenmeyen burulma etkilerinin azaltılması mümkün olabilecektir. Duvarların deprem etkisine karşı katkısı olması için optimal yerleştirilmesi düşünülürde, bu optimallık deprem karakteristiğine göre farklı olacaktır. Çünkü her depremin yapıda oluşturacağı tepkiler farklı olacaktır.

Depremin kendi oluşturduğu dalga mekanizmasının da yapılarda beklenmeyen bir burulma etkisine sebep olabileceği son bölümde yapılan analizlerde gösterilmiştir. Depremin sadece yatayda beklenen iki serbestlik derecesindeki titreşiminin yanı sıra bu etkilere ek olarak dönme bileşenin de olduğu gösterilmiştir. Genelde yapılarda tasarım aşamasında yapılan hesaplamalarda beklenmeyen ve hesaplara katılmayan depremin dönme bileşeninin etkisi yapı tepkisinde %10 seviyelerine dek çıkan değişiklikler yapabilmektedir. Ülkemizde depremin dönme bileşeninin etkisiyle ilgili olarak hiçbir çalışma ortaya konmamış ve bu nedenle yönetmeliklerde bu nedenle dikkate alınmamıştır. Özellikle çok yüksek yapılarda yada yer değiştirmelere hassas yapılarda depremin dönme bileşeni önem kazanmaktadır. Bu nedenle dinamik hesap için kullanılan sprektral hesaplama veya zaman alanında hesapta deprem kaydının ötelenme bileşenlerinin kullanılması bu açıdan yetersizdir. Yapının niteliğini belirleyen parametrelere bağlı olarak hesaplanacak olan depremin dönme bileşeninin zaman alanında hesaplamalara eklenmesi bu eksikliğin giderilmesi için yararlı olacaktır. Özellikle lineer olmayan davranış kabulleri yapılarak gerçekleştirilen hesaplamalarda dönme bileşeni yapıdaki bazı elemanların elastik sınırın ötesine geçmesinde belirleyici olabilecektir.

KAYNAKLAR

[1] **De la Llera, J., C. and Chopra, A., K.,** 1995. Estimation of accidental torsion effects for seismic design of buildings, *Journal of Structural Engineering (ASCE)*, **121,** 102-114.

[2] **De la Llera, J., C. and Chopra, A., K.,** 1996. Inelastic behaviour of asymmetric multi-storey buildings, *Journal of Structural Engineering (ASCE),* **122,** 597-606.

[3] **De la Llera, J., C. and Chopra, A., K.,** 1995. Understanding the inelastic seismic behaviour of asymmetric plan buildings, *Earthquake Engineering and Structural Dynamics*, **24,** 549-572 .

[4] **De la Llera, J., C. and Chopra, A., K.,** 1994. Using accidental eccentricity in code-specified static and dynamic analyses of buildings, *Earthquake Engineering and Structural Dynamics*, **23,** 947-967.

[5] **De la Llera, J., C. and Chopra, A., K.,** 1995. A simplified model for analyses and design of asymmetric-plan building, *Earthquake Engineering and Structural Dynamics*, **24,** 549-572 .

[6] **Sadek , A., W. and Sobaih.,** 1992. Approximate seismic analysis of inelastic asymmetric structures, *Engineering Structures*, **14**, 49-62.

[7] **Sederat, H. and Bertero, V., V.,** 1990. Effect of torsion on the nonlinear seismic response of multi-storey structures, Proc., *4.th U.S. National Conference on EQ Engineering,* Earthquake Eng. Inst., Oakland, California, USA, May 20-24, 421-429.

[8] **Sederat, H.,** 1989. Effects of torsion on the seismic response of structures, PhD *Thesis*, University of California, Berkeley, USA.

[9] **Wood, S., Stark, R. and Creer, S.,** 1991. Collapse of eight-story RC building during 1985 Chile earthquake, *Journal of Structural Engineering (ASCE)*, **117(2),** 600-619.

[10] **Erdik, M., O.,** 1975. Torsional effects in dynamically excited structures, *Ph.D Thesis*, Department of Civil Engineering, Rice University, Houston, Texas, USA.

[11] **Kan, C., L. and Chopra, A., K.,** 1981. Torsional coupling and earthquake response of simple elastic and inelastic systems, *Journal of Structural Engineering (ASCE)*, **107,** 1569-1588.

[12] **Bozorgnia, Y. and Tso, W., K.,** 1986. Inelastic earthquake response of asymmetric structures, *Journal of Structural Engineering (ASCE)*, **112(2),** 338-399.

[13] **Bertero, R., D.,** 1995. Inelastic torsion for preliminary seismic design, *Journal of Structural Engineering (ASCE)*, **121(8),** 1183-1189.

[14] **Mittal, A., K.,** 1995. Effective strength eccentricity concept for inelastic analysis of asymmetric structures, *Earthquake Engineering and Structural Dynamics* , **24,** 69-84.

[15] **Gomez, R., Ayala, G. and Jaramillo, D.,** 1987. Respusta seismica de edificios asimetricos, Institute de Ingenieria, *Internal Report,* UNAM, Mexico City.

[16] **Tso, K., W. and Ying, H.,** 1990. Additional seismic inelastic deformation caused by structural asymmetry, *Earthquake Engineering and Structural Dynamics* , **19,** 243-258.

[17] **Goel, K. and Chopra, A., K.,** 1990. Inelastic seismic response of one-storey, asymmetric-plan systems: Effects of stiffness and strength distribution, *Earthquake Engineering and Structural Dynamics,* **19,** 949-970.

[18] **Collina, J.,** 1999. Effects of torsion factors on simple non-linear systems using fully-bidirectional analyses, *Earthquake Engineering and Structural Dynamics* , **28,** 691-706.

[19] **Chandler, M., Correnza, C. and Hucthinson, L.,** 1996. Seismic torsional provisions: influence on element energy dissipation, *Journal of Structural Engineering (ASCE)*, **122(8),** 494-500.

[20] **Paulay, T.,** 1998. Torsional mechanism in ductile building system, *Earthquake Engineering and Structural Dynamics,* **27,** 1101-1121.

[21] **Çelik, T.,** 1977. Elastic-plastic analysis of complete structures with shear walls and frames, *PhD Thesis*, University of Aston, Birmingham, U.K.

[22] **Özer, E., Pala, S., Orakdöğen, E. ve Girgin, G.,** 1999. Deprem bölgelerindeki mevcut betonarme yapıların deprem güvenliklerinin belirlenmesi ve rehabilitasyonu, *Teknik Rapor*, **TDV/TR 028-45**, İstanbul, Türkiye.

[23] **Tezcan, S. and İpek, M.,** 1995. A reconnaissance report – 1995 Dinar Turkey earthquake, *Technical Report,* **TDV/DR 95-001,** Istanbul, Turkey.

[24] **Aydoğan, M., Altan, M., Hasgür, Z., Gündüz, N., Taşkın B., Toz, G., Şeker, D., İyidiker, A., İyidiker, H. ve Duran, Z.,** 1995. 1 Ekim 1995 Dinar deprem raporu, *Teknik Rapor*, **TDV/DR 95-002,** İstanbul, Türkiye.

[25] **Tezcan, S.,** 1996. Probability analysis of earthquake magnitudes, *Technical Report*, **TDV/TR 96-001**, Istanbul, Turkey.

[26] **Gençoğlu, S., Özmen, B. ve Güler, H.,** 1996. Yerleşim birimleri ve deprem, *Teknik Rapor*, **TDV/KT 96-001**, İstanbul, Türkiye.

[27] **Hasgür, Z.,** 1996. Deprem risk analizinde kullanılan azalım ilişkileri, *Teknik Rapor*, **TDV/TR 96-002**, İstanbul, Türkiye.

[28] **Özaydın, K.,** 1996. Yer hareketleri üzerine yerel zemin koşullarının etkisi ve zemin büyütmesi, deprem risk analizinde kullanılan azalım ilişkileri, *Teknik Rapor*, **TDV/TR 96-003**, İstanbul, Türkiye.

[29] **Eyidoğan, H. ve Barka, A.,** 1996. Deprem ve deprem kaynakları, *Teknik Rapor*, **TDV/TR 96-004**, İstanbul, Türkiye.

[30] **Tezcan, S. and Teri, L.,** 1996. Shear wave propagation and liquefaction in layered soils, *Technical Report*, **TDV/TR 96-005**, Istanbul, Turkey.

[31] **Aydan, Ö. and Kumsar, H.,** 1997. A site investigation of Dinar earthquake of October 1, 1995, *Technical Report*, **TDV/DR 97-003**, Istanbul, Turkey.

[32] **Özmen, G., Yüzügüllü, Ö. ve Zorbozan, M.,** 1997. Yeni deprem yönetmeliğinin prefabrike yapılar bakımından incelenmesi, *Teknik Rapor*, **TDV/TR 97-006**, İstanbul, Türkiye.

[33] **Tezcan, S. ve Köylüoğlu, A., M.,** 1997. Prefabrike inşaat teknikleri sempozyumu, *Teknik Rapor*, **TDV/KT 97-002**, İstanbul, Türkiye.

[34] **Rossenbueth, E.,** 1960. A seismic provisions for the federal district, Mexico. Proc. *2nd. World Conference Earthquake Engineering*, Tokyo, Japan, July 1960, 2009-2026.

[35] **Rossenblueth, E.,** 1957. Considerations on torsion, overturning and drift limitations, *Proc. SEAOC Conference*, 36-38, Cornado, Mexico, May 18-23.

[36] **Housner, G., W. and Outinen, H.,** 1958. The effect of torsional oscillations on earthquake stresses, *Bull. Seismological Society of America*, 221-229.

[37] **Gluck, J., Reinhorn, A. and Rutenberg, A.,** 1979. Dynamic torsional coupling in tall building structures, *Proc. Institution of Civil Engineers*, **67(2)**, 411-424.

[38] **Rutenberg, A. and Pekau, O., A.,** 1983. Earthquake response of asymmetric buildings: a parametric study, *Proc. 4th Canadian Conference on Earthquake Engineering*, Vancouver, Canada, May 1983, 271-281.

[39] **Diaz-Molina, I.,** 1988. Dynamic torsional behaviour of inelastic systems, *MSc. Thesis*, Department of Civil Engineering, Carnegie Mellon University, Pittsburgh, USA.

[40] **Tso, W., K. and Sadek, A., W.,** 1985. Inelastic seismic response of simple eccentric structures, *Earthquake Engineering and Structural Dynamics*, **19**, 243-258.

[41] **Tanabashi, R., Kobori, T. and Kaneta, K.,** 1962. Nonlinear torsional vibration of structures due an earthquake, *Disaster Prevention Research Institute Bulletin*, **56**, Kyoto University, Kyoto, Japan.

[42] **Shibata, A., Onose, J. and Shiga, T.,** 1969. Torsional response of buildings to strong earthquake motions, *Proc. 4 th World Conference Earthquake Engineering*, Santiago, Chile, January 1969, 123-138.

[43] **Shiga, T.,** 1970. Torsional response of structures to earthquake motion, Proc., *U.S. Japan Seminar on Earthquake Engineering*, Sendai, Japan, March 1970, 156-171.

[44] **Moghadam A., S.,** 1998. Seismic torsional responses of asymmetrical multi-storey frame buildings, *PhD Thesis*, McMaster University, Ontario, Canada.

[45] **Cardona, R.,** 1977. Sobre la respuesta torsional de edificios de cordante, *MSc. Thesis*, Faculty of Engineering, UNAM, Mexico, DF.

[46] **Kan, C., L. and Chopra, A., K.,** 1979. Linear and nonlinear earthquake response of simple torsionally coupled systems, *Technical Report,* **UCB/EERC-79/03**, Earthquake Engineering Research Centre, University of California, Berkeley, USA.

[47] **Palazzo, B. and Fraternali, F.,** 1988. Seismic ductility demand in buildings irregular in plan, a new single storey nonlinear model, *Proc. 9thWorld Conference Earthquake Engineering*, Tokyo Kyoto, Japan, August 2-9, 43-48

[48] **Yamazaki, Y.,** 1981. Inelastic torsional response of structures subjected to earthquake ground motions, *Technical Report,* **UBC/EERC-80/07**, Earthquake Eng. Research Centre, University of California, Berkeley, USA.

[49] **Irvine, H., M. and Kountouris, G., E.,** 1979. Inelastic seismic response of a torsionally unbalanced single-storey building model, *Technical Report,* **R79-31,** Department of Civil Engineering, Massachusetts Institute of Technology, USA.

[50] **Irvine, H., M. and Kountouris, G., E.,** 1980. Peak ductility demands in simple torsionally unbalanced building models subjected to earthquake excitation, *Proc. 7th World Conference Earthquake Engineering*, Istanbul, Turkey, September 1980.

[51] **Bozorgnia, Y. and Tso, W., K.,** 1986. Inelastic earthquake response of buildings, *Journal of Structural Engineering*, ASCE, **112**, 383-400.

[52] **Tso, W., K. and Bozorgnia, Y.,** 1986. Effective eccentricity for inelastic response of buildings, *Earthquake Engineering and Structural Dynamics*, **14**, 413-427.

[53] **Tso, W., K. and Bozorgnia, Y.,** 1984. Inelastic response of eccentric buildings subjected to bidirectional ground motions, *Proc. 8th World Conference Earthquake Engineering*, San Francisco, USA, July 1984, 203-210.

[54] **Tso, W., K. and Sadek, W., K.,** 1985. Inelastic seismic response of simple eccentric structures, *Earthquake Engineering and Structural Dynamics*, **19**, 243-258.

[55] **Shobet, G.,** 1986. Ductility demand in asymmetric structures, *MSc. Thesis*, Faculty of Civil Engineering, Technion, Israel Institute of Technology, Haifa, Israel.

[56] **Bruneau, M. and Mahin, S., A.,** 1990. Normalising inelastic seismic response of structures having eccentricities in plan, *Journal of Structural Engineering* ASCE, **116**, 3358-3379.

[57] **Meli, R.,** 1986. Evaluation of performance of concrete buildings damaged by the September 19, 1985 Mexico earthquake, *The Mexico Earthquake 1985-Proc., Int. Conf., M. Cassaro and E., M., Romero, eds., ASCE,* New York, May 1986, 308-327.

[58] **Bruneau, M. and Mahin, S., A.,** 1987. Inelastic seismic response of structures with mass or stiffness eccentricities in plan, *Technical Report*, **UBC/EERC 87/2,** Earthquake Research Center, University of California, Berkeley, USA.

[59] **Bruneau, M. and Mahin, S., A.,** 1990. A method to achieve parametric independence on the seismic inelastic response of torsionally coupled systems, *Proc. 9 th European Conference Earthquake Engineering*, Moscow, Russia, August 1990, 33-42.

[60] **Syamal, P. and Pekau, O., A.,** 1985. Dynamic response of bilinear asymmetric structures, *Earthquake Eng. and Structural Dynamics*, **13**, 527-541.

[61] **Yiaslas, I., I. and Marathias, P., P.,** 1988. Ductility demand of one storey eccentric structures subjected to seismic motion, *Journal of Applied Mechanics (ASME)*, **150**, 9-15.

[62] **Goel, K. and Chopra, A., K.,** 1990. Inelastic earthquake response of one-storey asymmetric plan systems, *Technical Report,* **UBC/EERC-90/14**, Earthquake Engineering Research Centre, University of California, Berkeley, USA.

[63] **Rutenberg, A., Shobet, G. and Eisenberger, M.,** 1987. Inelastic seismic response of code designed asymmetric structures, *Technical Report,* **303**, Faculty of Civil Engineering, Technion, Israel Institute of Technology, Haifa, Israel.

[64] **Fajfar, P. and Krawinkler, H.,** 1992. Nonlinear seismic analysis and design of reinforced concrete buildings, Taylor&Francis, London, U.K.

[65] **Hart, G. and Wong, K.,** 2000. Structural Dynamics for Structural Engineers, John Wiley&Sons, Los Angeles, USA.

[66] **Fardis, M., N., Bousias, G., Franchioni, G. and Panagiotakos, B.,** 1999. Seismic response and design of RC structures with plan-eccentric masonry infill, *Earthquake Engineering and Structural Dynamics*, **28**, 173-191.

[67] **Madan, A. and Reinhorn, A., M.,** 1997. Modelling of masonry infill panels for structural analysis, *Journal of Structural Engineering (ASCE)*, **123**, 1295-1302.

[68] **Güney, D., Boduroglu, M., H. ve Aydın, E.,** 2004. Dolgu duvarların simetrik ve asimetrik yapıların lineer olmayan davranışlarına etkisi, ACE 2004, *6th International Congress on Advances in Civil Engineering*, Istanbul, Turkey, October 6-8, 374-384.

[69] **Ashtiany, M., G. and Singh, M., P.,** 1986. Structural response for six correlated earthquake components, *Earthquake Engineering and Structural Dynamics,* **114**, 431-446.

[70] **Shakib, H. and Tohidi, R., Z.,** 2002. Evaluation of accidental eccentricity in buildings due to rotational component of earthquake, *Journal of Earthquake Engineering,* **6**, 431-445.

[71] **Newmark, N., M.,** 1969. Torsion in symmetrical buildings, *Proc. 4th World Conference Earthquake Engineering*, Santiago, Chile, January 1969, 19-32.

[72] **Velestos, A., S., Erdik, M. and Kuo, P.,** 1975. Response of structures to propagating ground motions, *Technical Report*, **22**, Structural Research at Rice, Rice University, Houston., TX, USA.

[73] **Luco, J., E.,** 1976. Torsional response of structures to obliquely incident seismic SH waves, *Earthquake Engineering and Structural Dynamics,* **4**, 207-219.

[74] **Iguchi, M.,** 1984. Earthquake response of embedded cylindrical foundations to SH and SV waves, *Proc. 8th World Conference Earthquake Engineering*, San Francisco, California, USA, July 1984, 1081-1088.

[75] **Luco, J. and Mita, A.,** 1987. Response of a circular foundations Torsional response of structures to obliquely incident seismic SH waves, *Earthquake Engineering and Structural Dynamics,* **4**, 207-219.

[76] **Velestos, A., S., Prasad, M. and Tang, Y.,** 1988. Design approaches for soil-structure interaction, *Technical Report*, **NCEER-88-0031**, Structural Research at Rice, Rice University, Houston., TX, USA.

[77] **De la Llera, J., C. and Chopra, A., K.,** 1994. Accidental torsion in buildings due to base rotational excitation, *Earthquake Engineering and Structural Dynamics*, **23,** 1003-1021.

[78] **Humar, J., L. and Kumar, P.,** 1999. Effect of orthogonal in plane structural elements on inelastic torsional response, *Earthquake Engineering and Structural Dynamics*, **28,** 1071-1097.

[79] **Panagiotakos, B. and Fardis, M., N.,** 2001. A displacement-based seismic design procedure for RC buildings and comparison with EC8, *Earthquake Engineering and Structural Dynamics*, **30**, 1439-1462.

[80] **Humar, J., L. and Kumar, P.,** 2000. A new look at the torsion design provisions in seismic building codes, Id.1707, *12th World Conference on Earthquake Engineering,* Auckland, New Zealand, Jan. 30- Feb. 4.

[81] **Paz, M.,** 1991. Structural Dynamics, Van Nostrand Reinhold Press, New York; USA.

[82] **Damjan, M. and Fajfar, P.,** 2005. On the inelastic seismic response of asymmetric buildings under bi-axial excitation, *Earthquake Engineering and Structural Dynamics*, **34,** 943-963.

[83] **Fajfar, P. and Damjan, M.,** 2004. Influence of ground motion intensity on the inelastic torsional response of asymmetric buildings, *Proc. of the 13th World Conference on Earthquake Engineering*, Vancouver, Canada, August 1-6.

[84] **Stathopoulos G. and Anagnostopoulos S., A.,** 2005. Inelastic torsion of multistorey buildings under earthquake excitations, *Earthquake Engineering and Structural Dynamics*, **34,** 1449-1465.

[85] **Zavoni, H., E. and Levya, A.,** 2003. Torsional response of symmetric buildings to incoherent and phase-delayed earthquake ground motion, *Earthquake Engineering and Structural Dynamics*, **32,** 1021-1038.

[86] **Ghayamghamian M., R. and Motosaka, M.,** 2003. The effects of torsion and motion coupling in site response estimation, *Earthquake Engineering and Structural Dynamics*, **32,** 691-709.

[87] **De la Llera, J., C., Vasquez J., Chopra, A., K. and Almazan, J., L.,** 2000. A macro-element model for inelastic building analysis, *Earthquake Engineering and Structural Dynamics*, **29,** 1725-1757.

More Books!

yes
I want morebooks!

Buy your books fast and straightforward online - at one of the world's fastest growing online book stores! Environmentally sound due to Print-on-Demand technologies.

Buy your books online at

www.get-morebooks.com

Kaufen Sie Ihre Bücher schnell und unkompliziert online – auf einer der am schnellsten wachsenden Buchhandelsplattformen weltweit!
Dank Print-On-Demand umwelt- und ressourcenschonend produziert.

Bücher schneller online kaufen

www.morebooks.de

OmniScriptum Marketing DEU GmbH
Heinrich-Böcking-Str. 6-8
D - 66121 Saarbrücken
Telefax: +49 681 93 81 567-9

info@omniscriptum.com
www.omniscriptum.com

OMNIScriptum

FSC
www.fsc.org
MIX
Papier | Fördert
gute Waldnutzung
FSC® C083411

Kolibri 360 GmbH
Ferdinand-Jühlke-Straße 7
99095 Erfurt, Deutschland
produktsicherheit@kolibri360.de

Druck:
CPI Druckdienstleistungen GmbH
im Auftrag der
Kolibri 360 GmbH
Ferdinand-Jühlke-Str. 7
99095 Erfurt